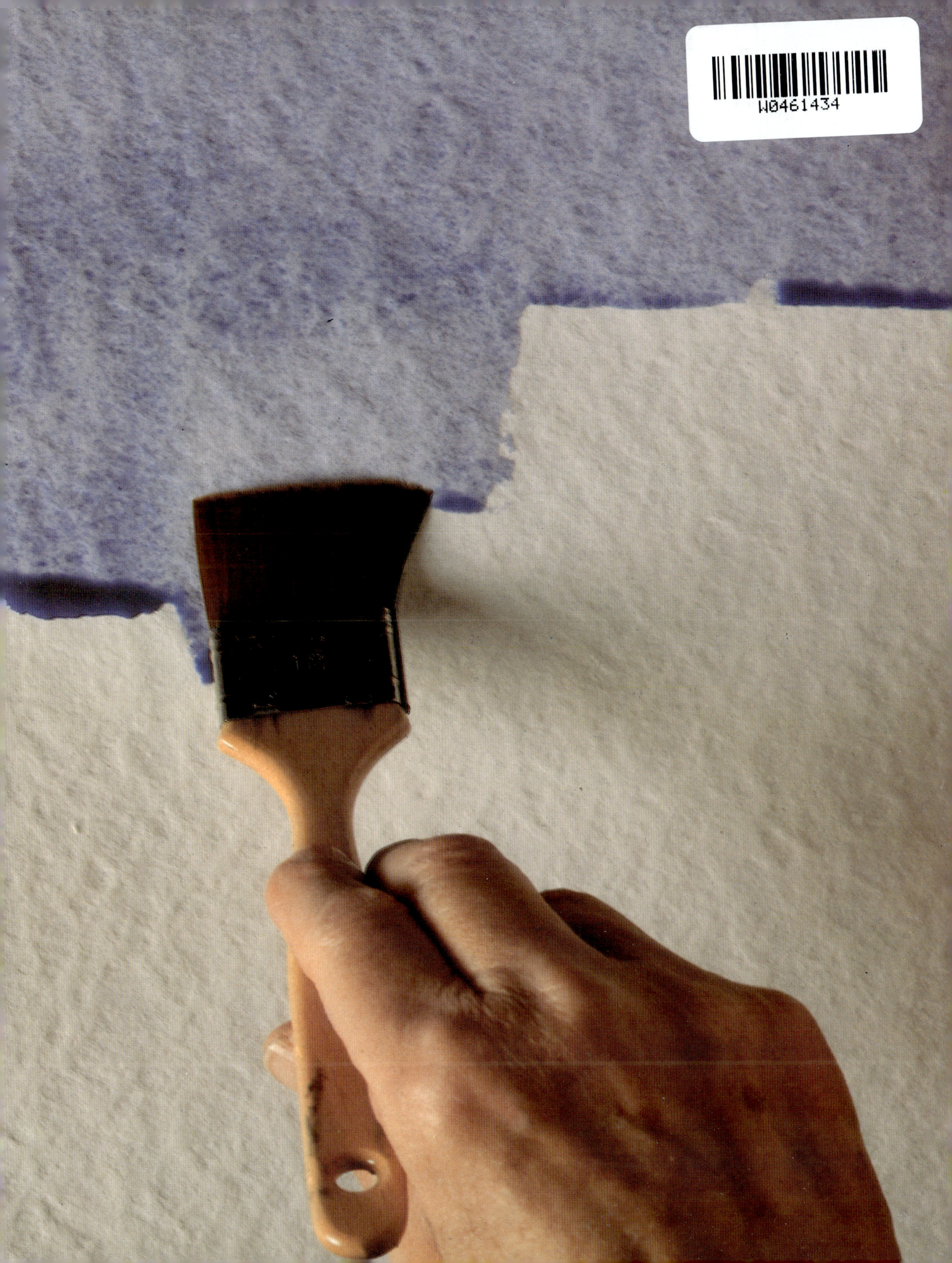

Abb. 1: Emili Tarrús, Landschaft in Blau (Ausschnitt), Privatsammlung. Mit freundlicher Genehmigung der Vereinigung der Aquarellmaler Kataloniens. Tarrús erreichte die duftige Ausarbeitung dieses Aquarells mit der Naß-in-Naßtechnik und einer kalten Farbenskala mit eindeutig blauer Dominanz.

Parramóns Aquarellmalschule

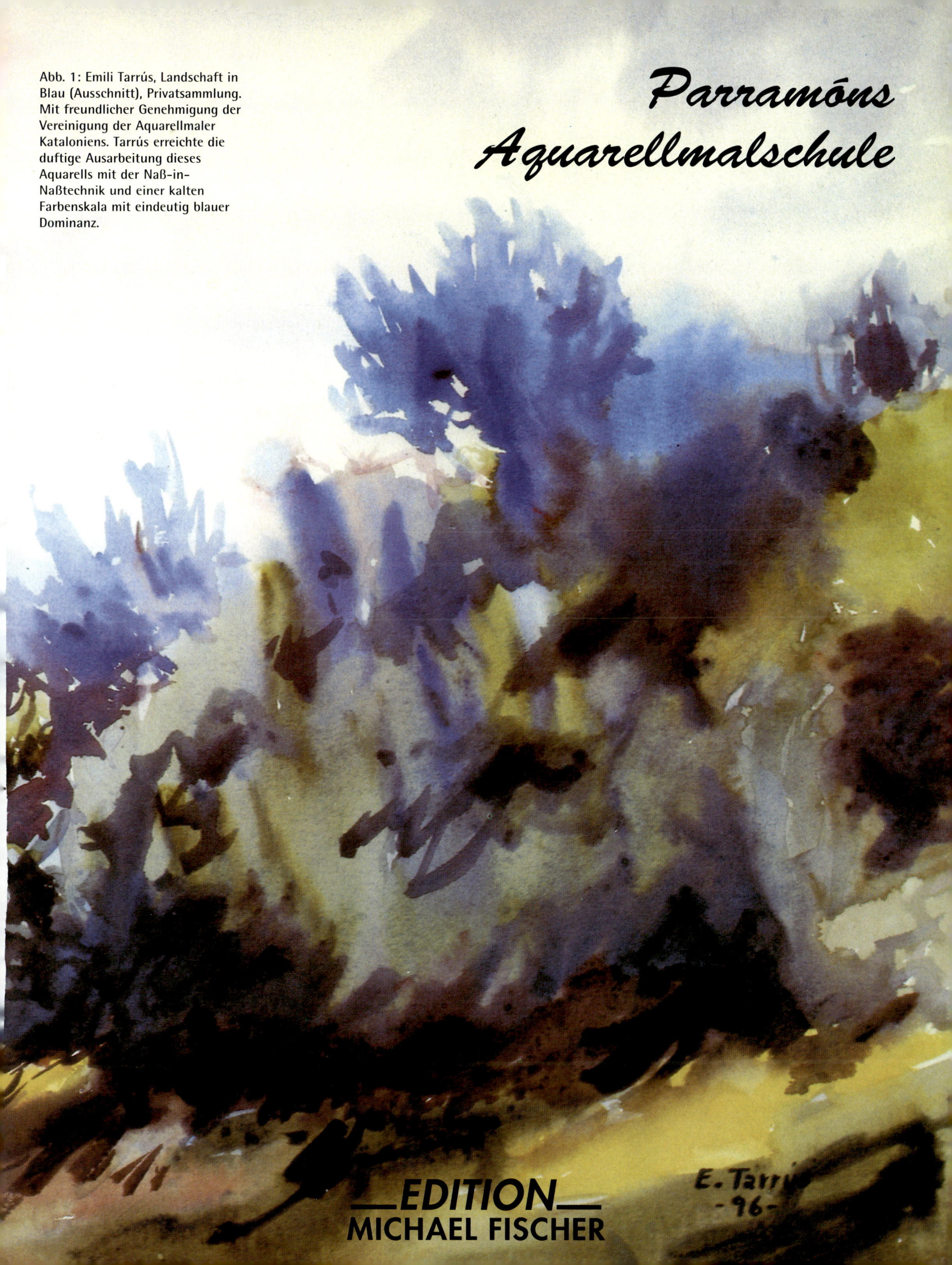

EDITION
MICHAEL FISCHER

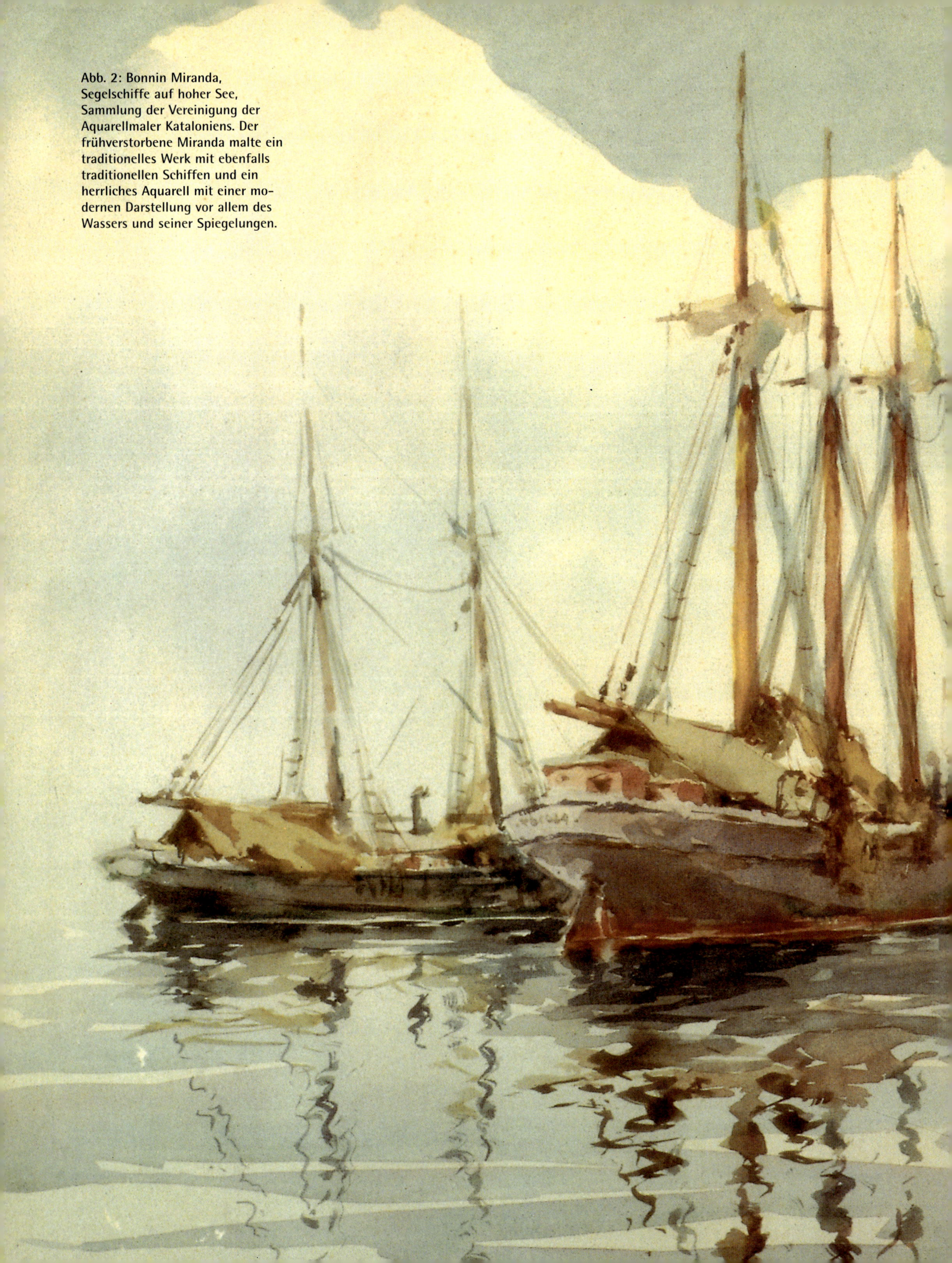

Abb. 2: Bonnin Miranda, Segelschiffe auf hoher See, Sammlung der Vereinigung der Aquarellmaler Kataloniens. Der frühverstorbene Miranda malte ein traditionelles Werk mit ebenfalls traditionellen Schiffen und ein herrliches Aquarell mit einer modernen Darstellung vor allem des Wassers und seiner Spiegelungen.

Parramóns Aquarellmalschule

Techniken und Farbe

Die besten Tips und Tricks Schritt für Schritt

José M. Parramón

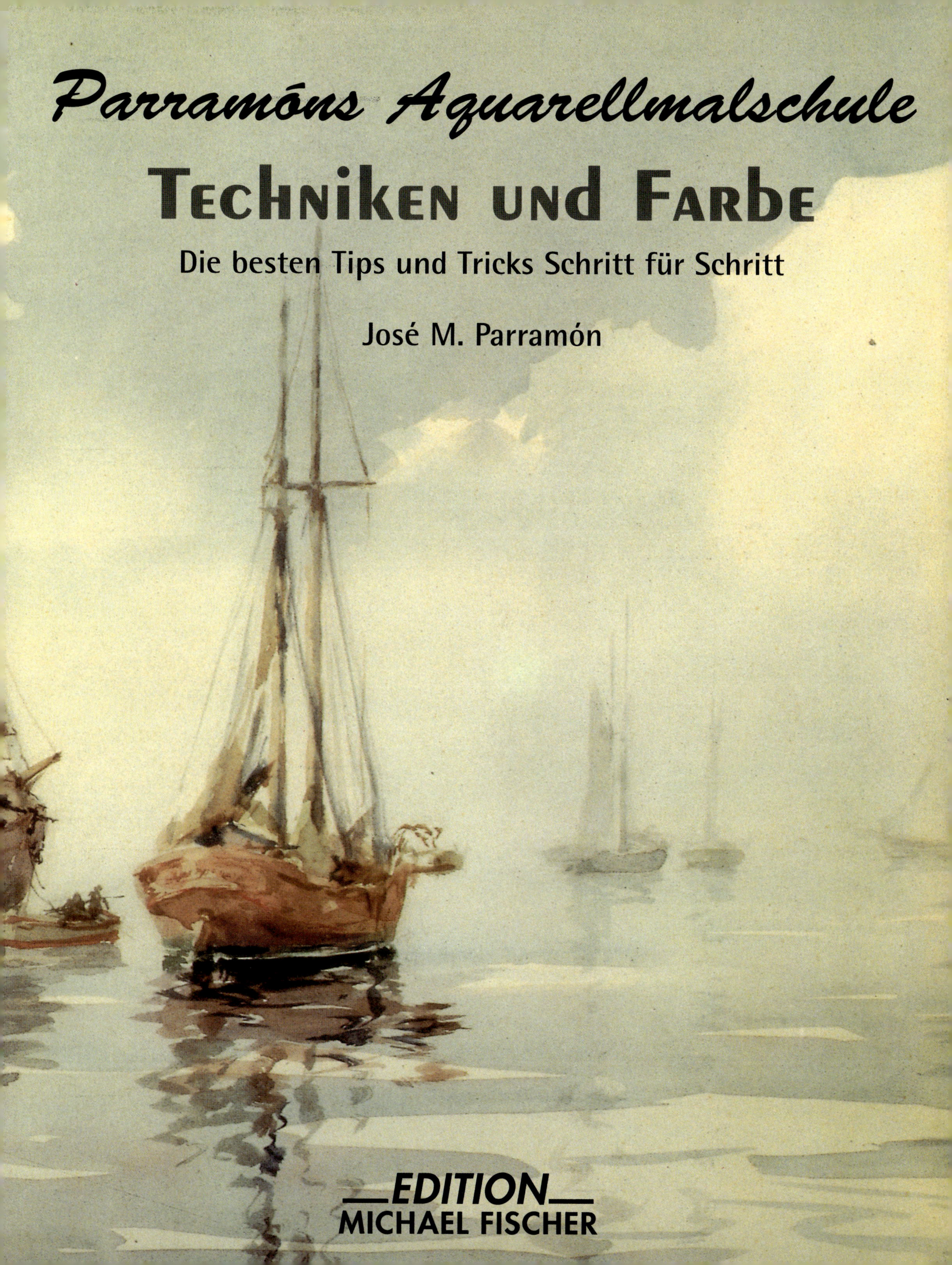

EDITION
MICHAEL FISCHER

Abb. 3: José M. Parramón (geb. 1919), Carboneras (Ausschnitt). Im Privatbesitz des Künstlers. Dieses Aquarell malte ich an einem Sommertag um die Mittagszeit bei herrlichem Sonnenschein. Dadurch erhielt ich diese warmen Farbkontraste. Das vollständige Werk ist auf Seite 95 als letztes Stadium einer schrittweisen Darstellung abgebildet.

Titel des Originalausgabe: „Técnicas y Color“ aus der Reihe „Curso Práctico de Pintura a la Acuarela“.
Aus dem Spanischen übertragen von Christa L. Cordes

1. Auflage 1997
Alle Rechte der deutschsprachigen Ausgabe bei
Edition Michael Fischer GmbH, München

Herausgeber: José M. Parramón Vilasaló
Texte: José M. Parramón, José Gaspar Romero und Gabriel Martín.
Einband: Gaspar Roméro und José M. Parramón
Fotos: Estudio F. Vila Masip

Herstellung und Satz:
Verlagsservice Henninger GmbH, Würzburg

ISBN 3-926651-49-0

Printed in Spain

Inhalt

3

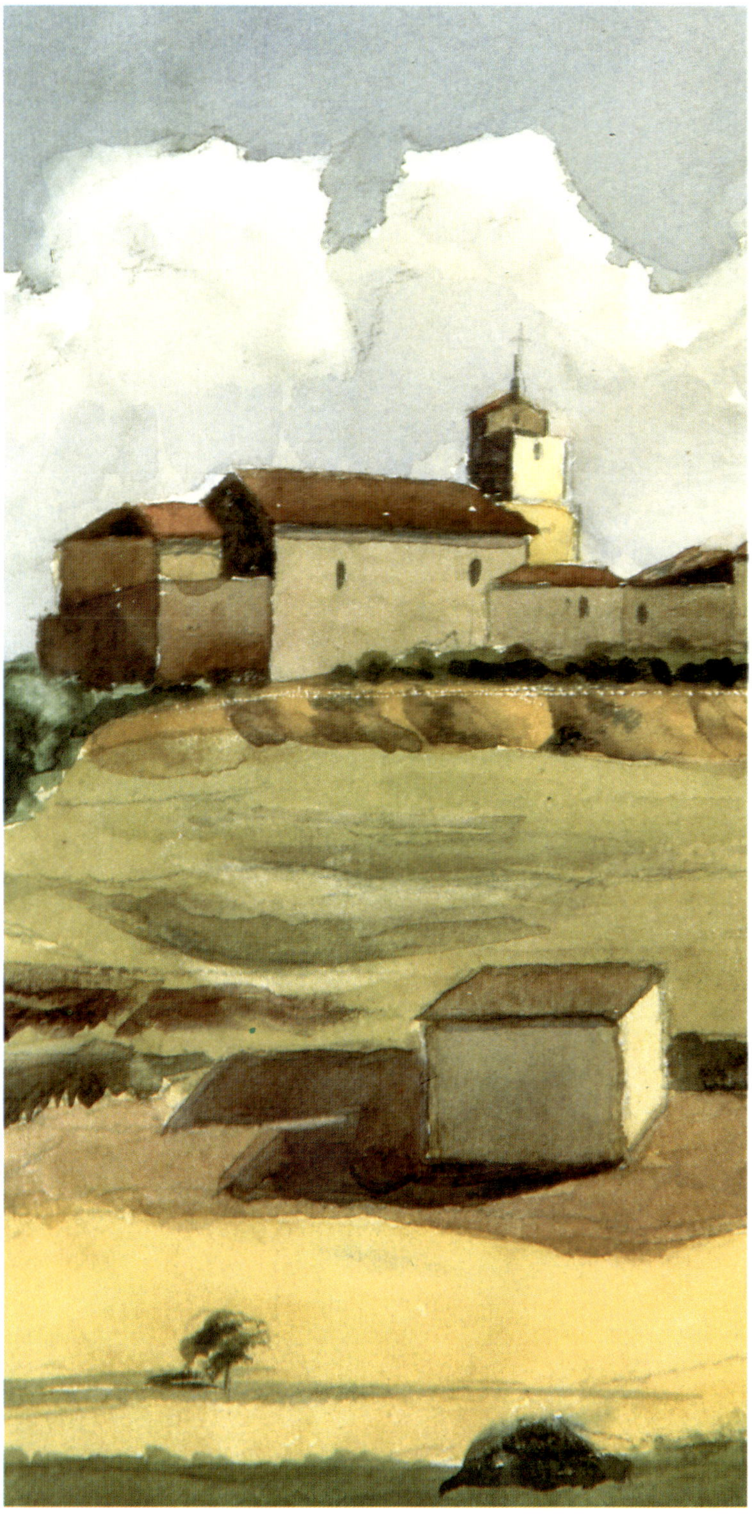

Einführung, 6
Die Techniken der Aquarellmalerei, 9
Zeichnen, zeichnen, zeichnen ..., 10
... um besser zu malen, 12
Wie man mit dem Pinsel malt, 14
Öffnen von Weiß auf feuchter Fläche, 16
Öffnen von Weiß auf trockener Fläche, 18
Striche mit der Spitze des Pinselstiels, 19
Öffnen von Weiß mit Sandpapier, Cutter und Klinge, 20
Radieren mit dem Schwamm, 21
Aussparen mit Rubbelgummi, 22
Maskieren mit Wachskreide, 24
Negatives Malen, 25
Die Technik des trockenen Pinsels, 26
Struktureffekte mit Salz, 28
Struktureffekte mit Terpentin, 30
Spezialeffekte mit dem Schwamm, 31
Die Technik des Pointillismus, 32
Niemals in der prallen Sonne!, 33
Einige Tricks aus dem Nähkästchen, 24

Die Farbenlehre, 37
Newton, Young und Helmholtz entdecken die Farbe, 38
Weshalb sehen wir die Farbe der Körper?, 40
Lichtfarben: Synthese durch Addition, 41
Pigmentfarben: Synthese durch Subtraktion, 42
Die Farben der Künstler, 43
Alle Farben aus drei Farben, 44
Wozu dienen die Komplementärfarben?, 45
Tonwertkontraste und Farbkontraste, 46
Skalenkontraste, 47
Die Simultankontraste, 48
Induktion von Komplementärfarben: Sukzessivbilder, 50
Praktische Anwendung, 51
Die Lokalfarbe und die tonale Farbe, 52
Die reflektierte Farbe und die Farbe des Lichts, 53
Kontraste und Atmosphäre, 54
Die Farbe der Schatten, 55
Malen wie ein Valorist, 56
Malen wie ein Kolorist, 57
Die Harmonisierung der Farben, 58
Eine Harmonieskala aus zwei Farben, 59
Die Harmonieskala der warmen Farben, 60
Die Harmonieskala der kalten Farben, 62
Die Harmonieskala der gebrochenen Farben, 64

Die Farben. Praktische Übungen, 66
Farbmuster aus drei Farben, 68
Mischungen mit drei Farben plus Schwarz, 70
Mischungen mit allen Farben, 72
Eine Landschaft mit drei Farben, 74
Anemonen mit drei Farben, 78
Ein Seestück mit allen Farben, 81
Eine Stadtlandschaft mit allen Farben, 86
Eine Landschaft mit allen Farben, 90
Danksagungen, 96

Einführung

4

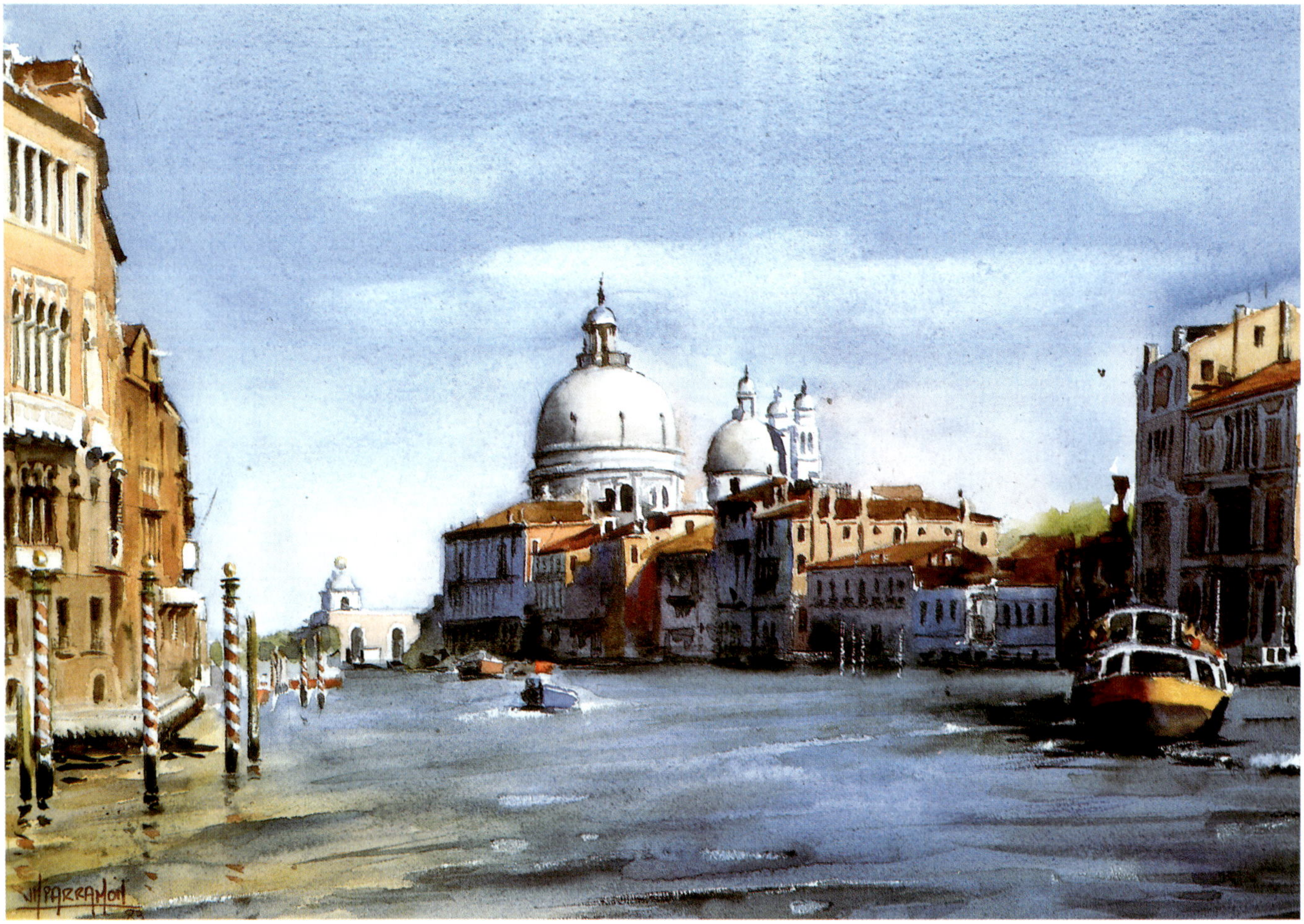

5

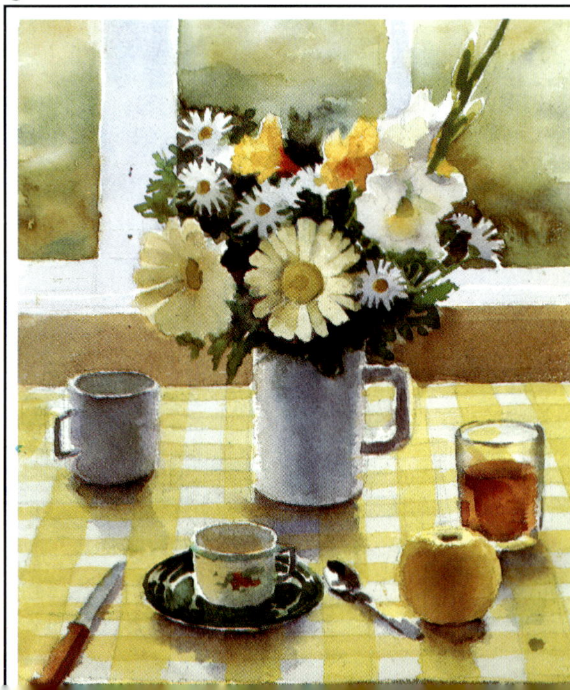

Abb. 4: José M. Parramón (geb. 1919), Der Canale Grande in Venedig. Im Privatbesitz des Künstlers. Diesen typischen Blick auf den Canale Grande malte ich von der Mitte einer Brücke. Die Sonne beleuchtet die Szene von rechts und erzeugt das goldgelbe Licht und die blauen Schatten, die neben dem Blau des Meeres als attraktives Spiel von Komplementärfarben die Formen ausdrücken.

Abb. 5: José M. Parramón, Frühstück mit Blumen. Im Privatbesitz des Künstlers. Beispiel für eine Harmonieskala der gebrochenen, schmutzigen Farben bei Gegenlicht und einem Schirm vor dem Modell, der den Blumenstrauß beleuchtet. Unmittelbare Aussparungen von Weiß ohne Zuhilfenahme von Rubbelgummi.

In diesem zweiten Buch von Parramóns Aquarellmalschule geht es um die Techniken und die Farben der Aquarellmalerei. Für den berühmten Maler Vincent van Gogh waren die Techniken ein Mysterium, das der Künstler so beherrschen muß, „daß die Leute sich täuschen und bei allen Heiligen schwören, daß wir gar keine Technik haben."
Van Gogh wollte damit sagen, daß die Technik nicht zu erkennen sein darf, daß sie für den Betrachter des Bildes unsichtbar bleiben muß.
Lluis Pascual, der Direktor des Odeon-Theaters in Paris, unterstreicht diese Auffassung, wenn er sagt:
„Mit der Technik ist es wie mit dem Glas: Wenn es sauber ist, bemerkt man es nicht."
Einverstanden. Damit entspricht er van Goghs Vorstellung, daß man die Technik nicht bemerken darf.
Zahlreiche Techniken, die wir Ihnen auf den folgenden Seiten vorstellen werden, sind ein integraler Bestandteil der Aquarellmalerei. Zum Beispiel die Technik, Weiß mit einem Pinsel und Saugpapier wieder zu öffnen; oder mit dem Fingernagel oder dem Schwamm, mit dem man auch zeichnen und verwaschen kann. Darüber hinaus werden Sie einige Spezialtechniken kennenlernen, zum Beispiel das Aussparen mit Rubbelgummi oder Wachskreide, Struktureffekte mit Salz oder Terpentin etc. Sie werden alle Schritt für Schritt anhand von Beispielen dargestellt und erklärt.
Bevor wir in die Materie eintreten, möchte ich darauf hinweisen, daß die Technik nur ein Mittel zum Malen ist und nicht das Ziel. Sie darf keinesfalls wichtiger werden als das, was Sie gerade malen.

Antón Martín, Professor für Aquarellmalerei der Vereinigung der Aquarellmaler Kataloniens, warf den Hobbymalern in einem Vortrag einmal vor, daß sie die Techniken und deren Anwendung mißbrauchen:

„Mir gefällt das Aussparen mit Rubbelgummi nicht. Mir gefallen auch viele Pinsel, die Tuschen, die Kugelschreiber, die Flecken oder die Sprenkelungen nicht. Überhaupt nichts, was wir mit dem Pinsel, der Farbe, dem Wasser, dem Lappen etc. anstellen können, ich eingeschlossen."

Dieser Ausspruch ist vielleicht etwas radikal. Trotzdem enthält er eine Philosophie, die es zu überdenken gilt. Lassen wir die Technik einen Moment beiseite, und sprechen wir von etwas anderem: der Farbenlehre in der Aquarellmalerei. Sie ist eine Wissenschaft, die man kennen muß. Nicht etwa weil Isaac Newton und Thomas Young herausfanden, daß Farbe Licht ist, und weil sie die Primärfarben und die Sekundärfarben entdeckten, sondern weil es um so entscheidende Dinge geht wie den Kontrast und die Atmosphäre, die Eigenfarben der Körper, die Induktion der Komplementärfarben, den Valorismus, den Kolorismus und die Harmonie der Farben, lauter Faktoren und Aspekte, die beim Malen mit Aquarellfarben äußerst wichtig sind.
Ich komme zum Schluß. Doch zuvor bitte ich Sie inständig, alle Übungen und Studien in diesem Buch in der Praxis mitzumachen. Auch wenn Ihnen nicht alles auf Anhieb gelingt, ist es keine verlorene Zeit. Der französische Kunstpädagoge Jean Guitton zitiert in diesem Zusammenhang einen Hinweis von Simone Weil für alle, die meinen, ein nicht wunschgemäß gelungenes Werk wäre reine Zeitverschwendung. Die Schriftstellerin spricht von Studenten, die stundenlang vergeblich nach der Lösung eines geometrischen Problems suchten. Und sie fährt fort: „Obwohl sie die Lösung nicht gefunden haben, sind sie jede Minute dieser Stunden in einem anderen, geheimnisvolleren Sinn vorangekommen ... dessen Früchte sie zu einem späteren Zeitpunkt ernten werden; man erfährt eine Zunahme der Intelligenz, der Beherrschung der jeweiligen Materie."

José M. Parramón

6

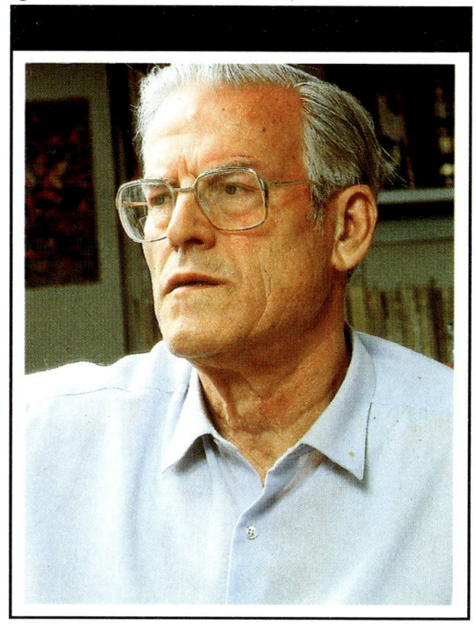

Abb. 6: José M. Parramón, der Autor dieser Aquarellmalschule und weiterer neununddreißig Bücher zum Thema Zeichnen und Malen, die in sechzehn Ländern übersetzt und veröffentlicht wurden, darunter in den Vereinigten Staaten, Japan und Rußland.

7

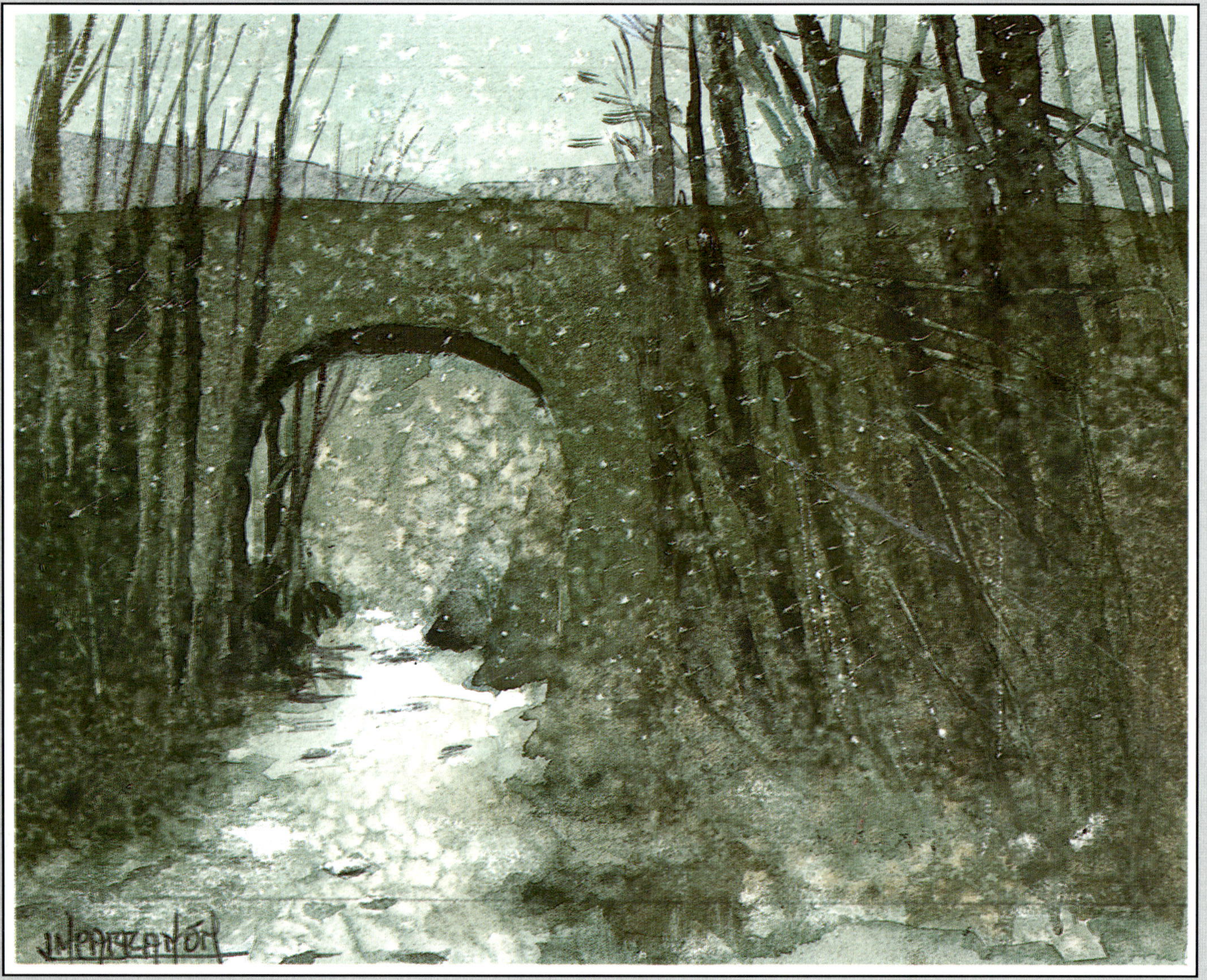

Abb. 7: „Struktureffekte mit Salz“ ist eine der Techniken, die in diesem Buch erklärt werden, und zwar Schritt für Schritt anhand dieser Landschaft bei Schneefall. Die Wirkung entsteht, indem man Kochsalz auf das noch feuchte Aquarell streut und den Eindruck von Flocken anschließend mit einem Cuttermesser verstärkt.

DIE TECHNIKEN DER AQUARELLMALEREI

Aquarellfarben gehören zu jenen Medien, mit denen man in zahlreichen Techniken arbeiten kann. Einige beziehen sich speziell auf dieses Medium, so das Absaugen von Farbe und das Öffnen von Weiß auf feuchter oder trockener Fläche und das Zeichnen mit dem abgeschrägten Pinselstiel (oder mit einem Fingernagel, wie Turner es vor mehr als zweihundert Jahren tat). Auch etwas so Ungewöhnliches wie das Aussparen von Weiß mit Rubbelgummi bzw. Wachskreide und die Anlage bestimmter Strukturen mit Terpentin oder Kochsalz. Auf den folgenden Seiten werden Sie über fünfundzwanzig Techniken kennenlernen. Wichtig ist, daß Sie sie in der Praxis selbst ausprobieren.

Zeichnen, zeichnen, zeichnen ...

Bereits im ersten Band von Parramóns Aquarellmalschule habe ich wiederholt darauf hingewiesen, wie wichtig korrektes Zeichnen für die Aquarellmalerei ist.
Bei der Arbeit mit Aquarellfarben zeichnet und malt man gleichzeitig. Cézanne sagte in diesem Zusammenhang: „Wenn man malt, zeichnet man." Er stellte auch eine Regel auf – erinnern Sie sich? –, nach der man alle Körper anlegen kann. „In der Natur ist alles auf drei Grundformen aufgebaut: dem Würfel, dem Zylinder und der Kugel." Und er fügte hinzu: „Man muß diese einfachen Formen zeichnen lernen, dann gelingt einem anschließend alles, was man darstellen will." (Abb. 8)
Zeichnen Sie die Würfel oder Quadrate, als wären es „Kästen", und stecken Sie alle Körper hinein, die Sie zeichnen möchten, angefangen von einem Auto oder einem Bus über ein Päckchen Tabak, einen Bauernhof bis zu einem Blumentopf.
Zeichnen Sie, zeichnen Sie immer wieder.

8

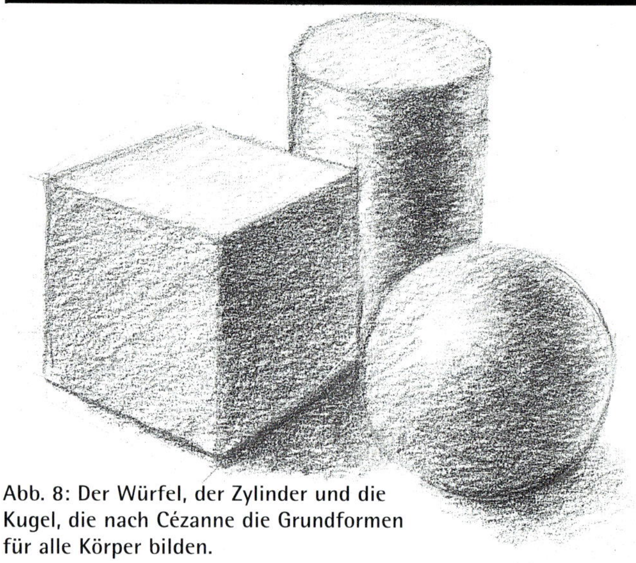

Abb. 8: Der Würfel, der Zylinder und die Kugel, die nach Cézanne die Grundformen für alle Körper bilden.

9

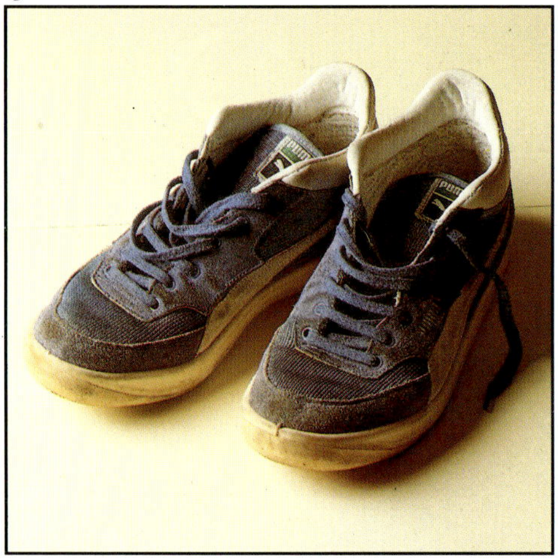

10
DER RAHMEN

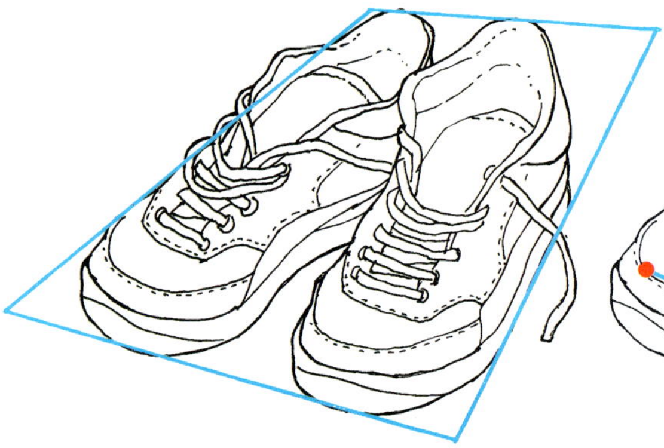

11
DIE ABSTÄNDE

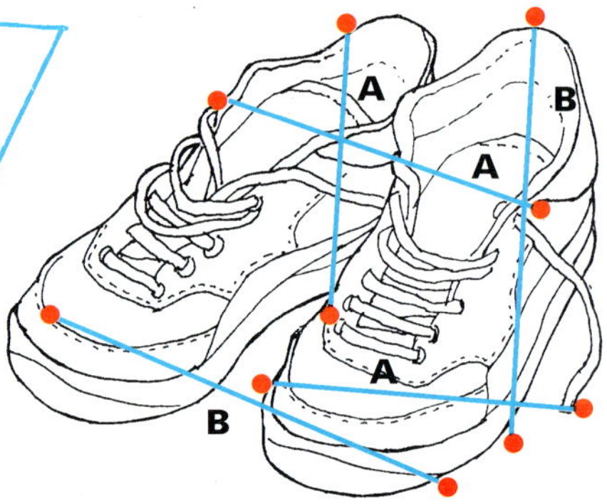

12
DIE ANHALTSPUNKTE

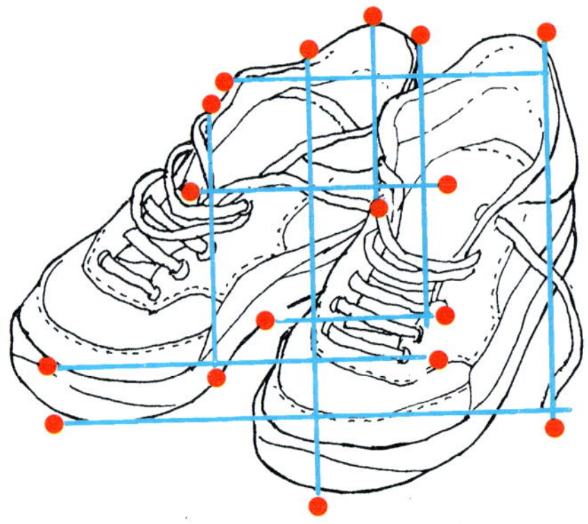

13
DIE GEGENFORM

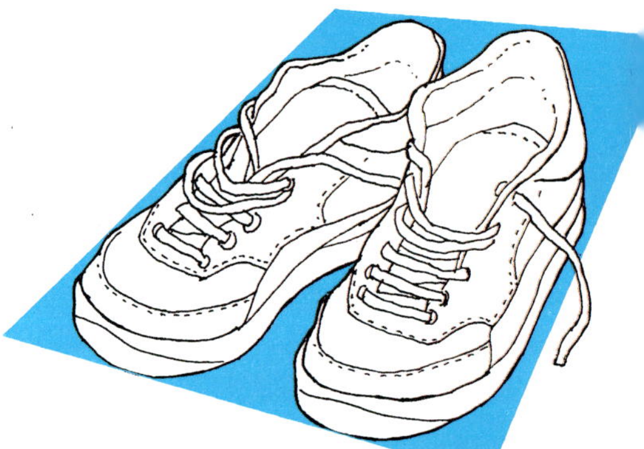

Abb. 9 und 10: Das Modell und sein „Rahmen", hier ein perspektivisches Rechteck, das Höhe und Breite des Modells bestimmt.

Abb. 11: Die Maße eines Modells lassen sich leichter ermitteln, wenn man nach vergleichbaren Abständen sucht, in diesem Fall die Abschnitte A und B.

Abb. 12: Solche Anhaltspunkte bzw. Übereinstimmungen gibt es bei jedem Modell. Dazu muß man Stellen oder Formen ermitteln, die auf einer gemeinsamen Waagerechten oder Senkrechten liegen.

Abb. 13: Die Gegenform besteht aus den leeren Flächen zwischen dem Rahmen und den Umrissen des Modells. Man muß sie sich vorstellen, um zu einem guten Aufbau der Zeichnung zu gelangen.

14

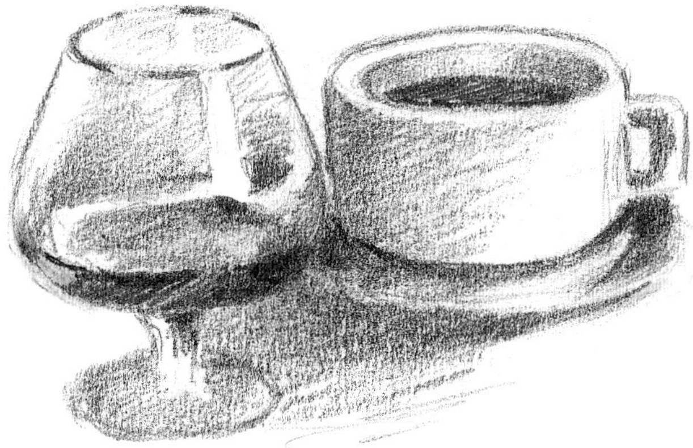

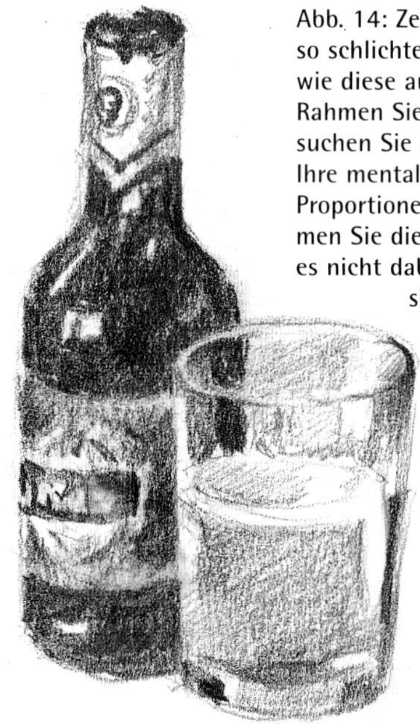

Abb. 14: Zeichnen Sie bitte mit. Stellen Sie so schlichte und leicht erreichbare Modelle wie diese auf Ihrem Arbeitstisch bereit. Rahmen Sie sie ein, ermitteln Sie die Maße, suchen Sie nach Anhaltspunkten, auf die Sie Ihre mentale Berechnung der Maße und Proportionen stützen können, und bestimmen Sie die Gegenformen. Aber belassen Sie es nicht dabei. Wagen Sie sich an das Gesicht eines Mitbewohners. Nur Mut! Ein Gesicht besteht aus einem Oval. Der Abstand zwischen dem einen Auge und dem anderen Auge beträgt die Breite eines dritten Auges. Die Höhe der Stirn entspricht dem Abstand zwischen den Brauen und der unteren Nasenkante bzw. der Nasenkante und dem Kinn. Probieren Sie es aus! Zeichnen Sie bitte!

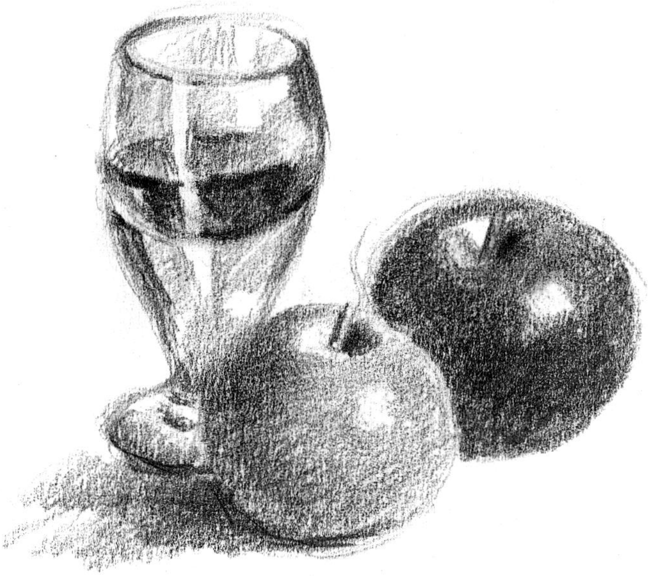

Stellen Sie sich die Form vor, mit der Sie das Modell umrahmen können: einen Würfel für den Bauernhof, einen Zylinder für eine Flasche, ein Rechteck für einen Blumentopf oder eine Spezialform für ein Paar Schuhe (Abb. 9 und 10, gegenüber).
Suchen Sie gleichzeitig nach Anhaltspunkten. Das heißt, finden Sie Stellen Ihres Modells, die waagerecht oder senkrecht übereinstimmen. Es gibt sie garantiert, und sie helfen einem beim Aufbau der Zeichnung (Abb. 12).
Stellen Sie sich schließlich die Gegenform vor, also die leeren Flächen, die das Modell innerhalb seiner Umrahmung umgeben (Abb. 13).
Erinnern Sie sich stets an diese vier Punkte, die Ihnen das Zeichnen Ihres Modells erleichtern:

1. **Umrahmen des Modells**
2. **Berechnung der Maße und Proportionen**
3. **Auffinden von Anhaltspunkten**
4. **Vorstellung der Gegenform.**

Damit ist alles gesagt. Sie brauchen die Ratschläge nur noch in die Praxis umzusetzen und zeichnen, was Sie gerade vor Augen haben: eine Kaffeetasse, ein Glas etc. bis zum Gesicht Ihrer Schwester, Ihrer Frau, Ihres Sohnes...
Aber weshalb das alles? Die Antwort finden Sie auf der folgenden Seite.

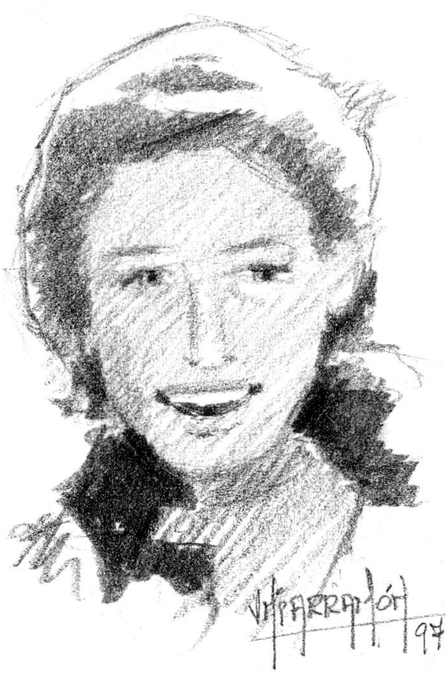

... um besser zu malen

Ja, das ist die Antwort: Zeichnen, zeichnen, zeichnen – um besser zu malen.
Als Professor für Zeichnen und Malen habe ich mich häufig der Tatsache gegenüber gesehen, daß meine Studenten sobald wie möglich aufs Zeichnen verzichten und zum Malen übergehen wollten. Das ist nicht möglich. Deshalb weise ich in diesem Band wie in allen weiteren über die Aquarellmalerei immer wieder auf die Notwendigkeit hin, viel zu zeichnen. Van Gogh sagte in diesem Zusammenhang: „Die Gesetze über die Proportionen, das Spiel von Licht und Schatten und die Perspektive muß man kennen, um malen zu können. Fehlen einem diese Kenntnisse, ist jeder Kampf vergeblich, und man bringt niemals etwas zustande."
Man muß täglich arbeiten und zeichnen. Der große englische Künstler Sir Joshua Reynolds, der 1768 in London die Königliche Akademie der Künste gründete, erklärte gegenüber seinen Schülern:
„In Ihrer Hand muß sich immer ein Bleistift befinden."
Alle großen Künstler waren gewillt, ständig zu lernen und zu zeichnen, um besser malen zu können. Van Gogh schrieb in einem Brief an seinen Bruder Theo zum Thema Figurenzeichnen: „Falls fünfzig Zeichnungen nicht reichen, werde ich hundert anfertigen; und falls diese immer noch nicht reichen, werde ich weitermachen, bis ich das erhalten habe, was ich wollte."
Auf dieser und der folgenden Seite finden Sie drei Aquarelle von Gaspar Romero, dem ehemaligen Präsidenten

Abb. 15: J. Gaspar Romero (geb. 1918), Venedig. Im Privatbesitz des Künstlers. Eine relativ schlichte Zeichnung aufgrund der Symmetrie des Modells, bei dem nahezu keine Perspektive vorhanden ist. Eine Schwierigkeit ergab die Berechnung der Maße und Proportionen für die Lage der Tür und der Fenster, die Gaspar Romero mit sicheren Strichen zeichnete, um dann leichter malen zu können.

15

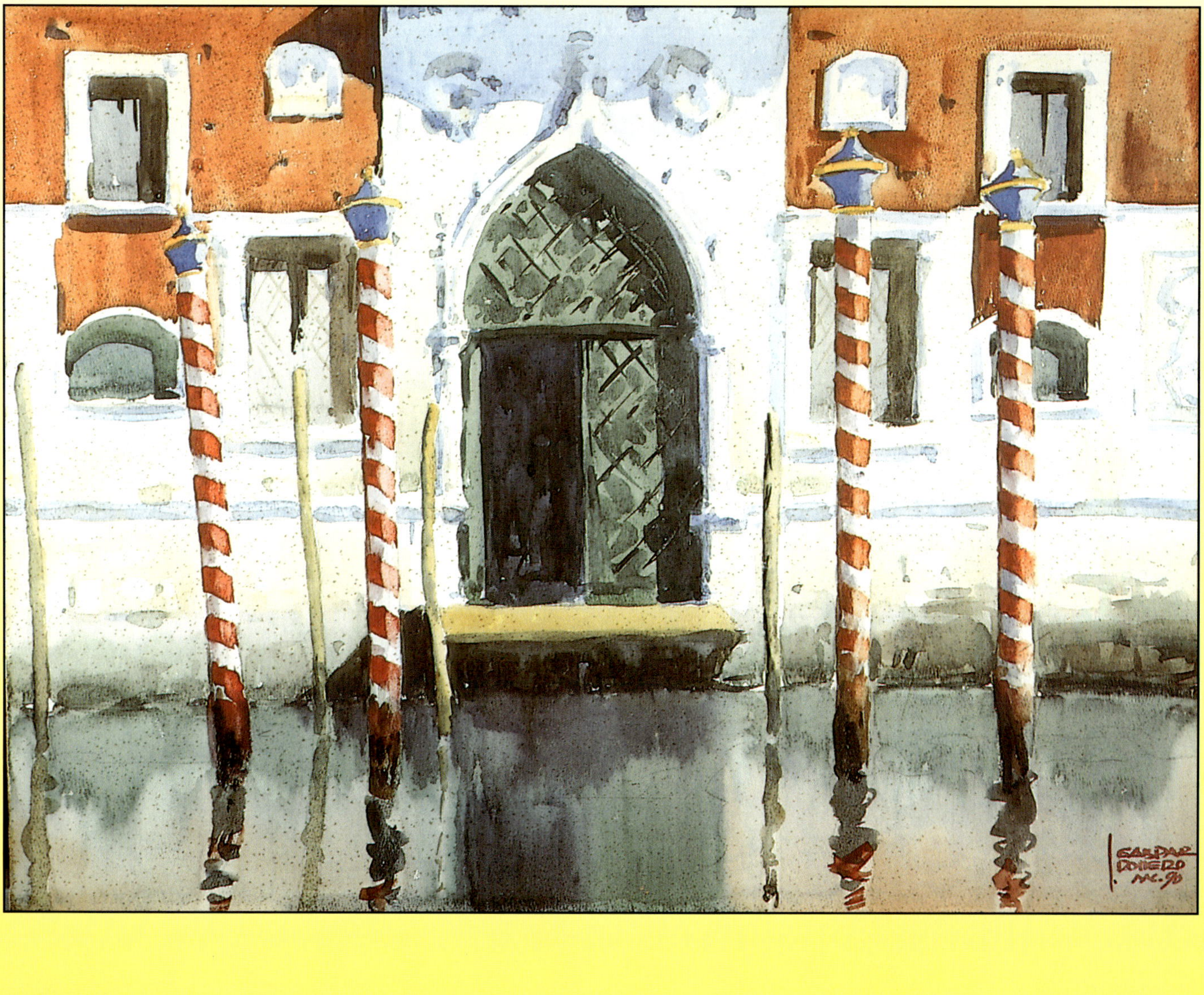

der Vereinigung der Aquarellmaler Kataloniens. Sie sind ein hervorragendes Beispiel für eine gute Malerei, weil Gaspar Romero auch ein guter Zeichner ist. Für das Aquarell von Venedig (Abb. 15) hat er das Thema zunächst vorgezeichnet, die Abstände und Proportionen berechnet und jeden Körper und jedes Element mit seinen exakten Maßen am richtigen Ort angelegt: die Verankerungspfähle, die Fenster, die Tür, der Sockel, die Schatten, die Reflexe, alles hat seine korrekte Lage, seine richtigen Maße und Proportionen und ist perfekt gezeichnet. Anschließend konnte Gaspar Romero um so besser malen, denn er brauchte sich nur noch um seine herrliche Farbgebung und seine wunderbaren Kontraste zu sorgen.

Ein weiteres Beispiel ist das Aquarell von Abbildung 16. Hier ist die Zeichnung komplizierter als bei dem venezianischen Motiv. Der Künstler mußte das Problem der Abstände und Proportionen sowie der Volumen und der Perspektive lösen, was ihm mit Hilfe des Spiels von Licht und Schatten dank einer perfekten Eingangszeichnung mühelos gelang.

Gaspar Romero wies mir gegenüber darauf hin, daß man beim Malen einer Stadtszene nicht nur die Gebäude korrekt aufbauen muß. Man muß auch auf die Fahrzeuge achtgeben, die zwangsläufig immer vorhanden sind.

Ein anderes Beispiel für die Arbeit nach einem Modell ist der weibliche Akt von Abbildung 17, der innerhalb einer Sitzung des Künstlerkreises von Sant Lluch entstand. Dieser Kreis veranstaltet regelmäßig Sitzungen zum Zeichnen nach einem Modell. Die Pose bleibt die ganze Woche gleich und wird zwischen drei und maximal zehn Minuten eingehalten. Das setzt gute Kenntnisse in der Berechnung der Maße und Proportionen und der Ermittlung der Farben und der Tonwerte voraus. In diesem Fall malte Gaspar Romero zunächst mit einer helleren Fleischfarbe und fügte unmittelbar darauf die dunklere Farbe für die Schatten hinzu. Solche Übungen, die nur wenige Minuten dauern, sind eine ausgezeichnete Schulung für den Geist und die Hand.

Es führt kein Weg daran vorbei: Man muß üben und zeichnen, wie es alle großen Meister taten. Ingres kopierte noch mit sechsundachtzig Jahren ein Detail von Giotto und antwortete auf die Frage nach dem Grund: „Um zu lernen."

16

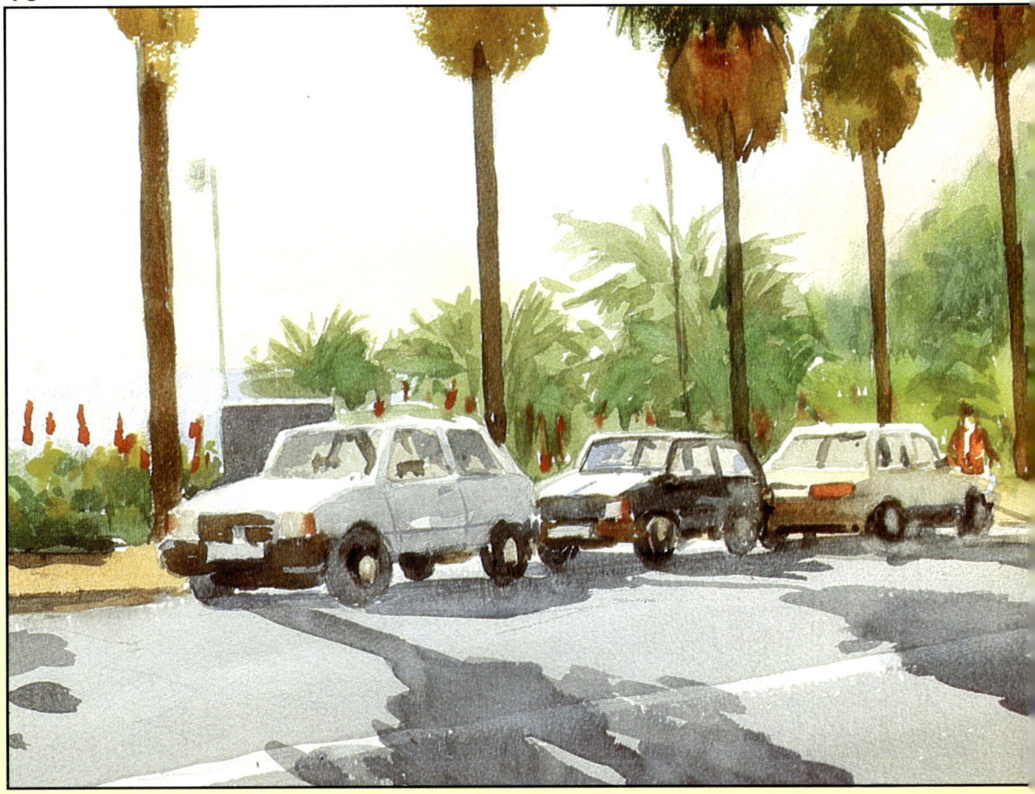

17

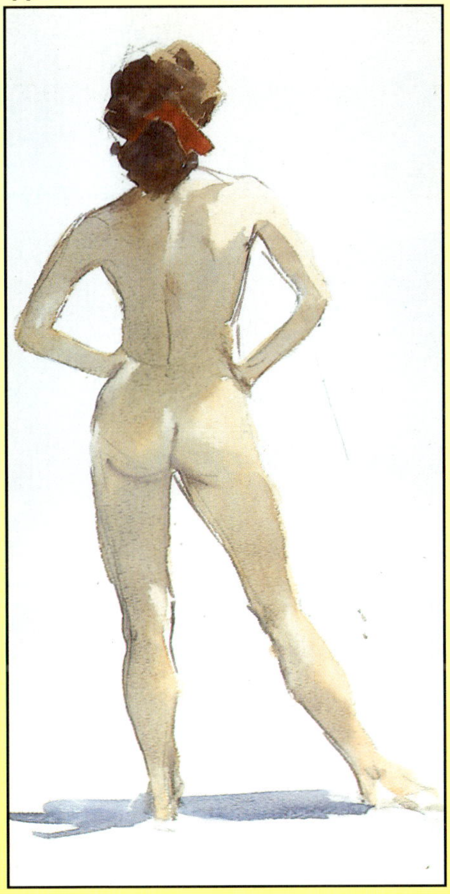

Abb. 16: J. Gaspar Romero, Sonniger Morgen in Miramar, Privatsammlung. Bei einer Stadtszene kann man auf Fahrzeuge nicht verzichten. Die Zeichnung der Autos, der Busse, der Lastwagen etc. mit ihren Kühlern, Stoßstangen, Scheinwerfern, Fenstern und Rädern muß sorgfältig erfolgen, damit man anschließend um so besser malen kann.

Abb. 17: J. Gaspar Romero, Weiblicher Akt. Im Privatbesitz des Künstlers. Skizze nach einem Modell, für die fünf Minuten zur Verfügung standen. Dazu sagt Gaspar Romero: „Die begrenzte Zeit und die Pflicht, innerhalb weniger Augenblicke fertig zu werden, zwangen mich, ohne Vorzeichnung zu arbeiten und die Gestalt mit einem braunen Stift zu umreißen, nachdem das Modell bereits die nächste Pose eingenommen hatte." Ja, man muß viel zeichnen, um besser malen zu können.

Wie man mit dem Pinsel malt

18

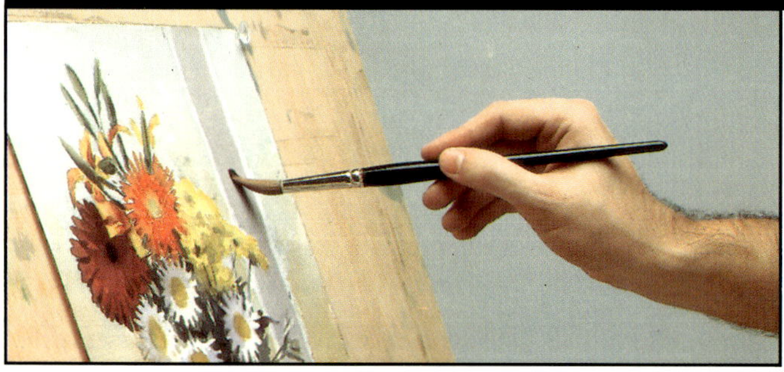

19

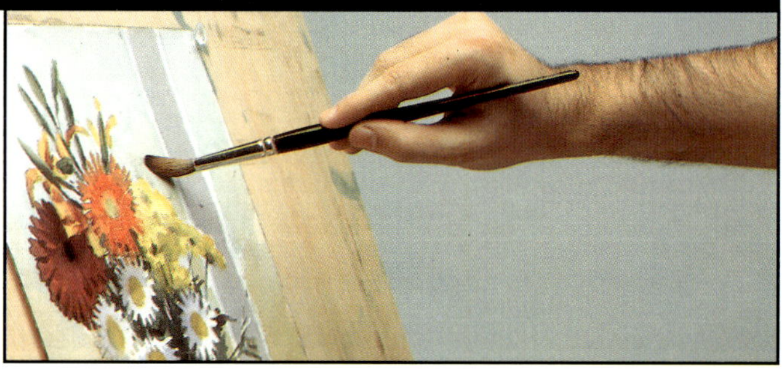

Wie hält man also die dicken Rotmarderpinsel Nr. 12 oder 14 und die dünnen Rotmarderpinsel Nr. 3 oder 4 oder die Pinsel aus Synthetikfasern? Oder die Flachpinsel, deren Haarkörper zwischen 1,5 cm und 4 cm breit sein können? Jeder hat seine Besonderheit. Normalerweise faßt man den Pinsel wie einen Schreibstift, allerdings etwas höher. Nur für ein ziemlich kleines Detail rutscht man wesentlich tiefer, beinahe bis an die Zwinge heran. Aber das wissen Sie natürlich längst. Trotzdem sollten Sie sich die folgenden Abbildungen ansehen.

Abb. 18: Die normale Haltung des Pinsels beim Malen mit Aquarellfarben. Man faßt ihn wie einen Bleistift oder einen Federhalter, nur erheblich höher.

Abb. 19: Dieselbe Haltung wie zuvor, aber mit leicht gedrehter Hand, um seitlich mit dem Pinsel malen zu können. Dies geschieht praktisch instinktiv und ergibt sich aus dem jeweiligen Detail.

20

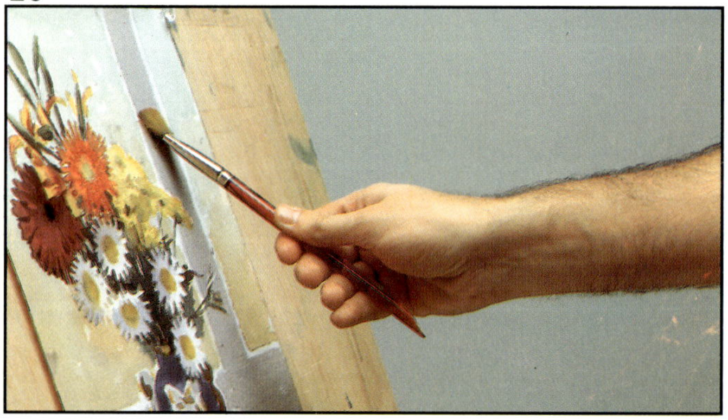

Abb. 20: Hier ist die Haltung verändert. (Der Rundpinsel wurde gegen den Flachpinsel aus Synthetikfasern von 1,5 cm Breite getauscht.) Der Stiel liegt jetzt in der Hand, was das Anlegen senkrechter und spontaner Striche erleichtert. Diese für die Bleistiftzeichnung und Ölmalerei übliche Haltung ist bei der Aquarellmalerei weniger verbreitet.

21

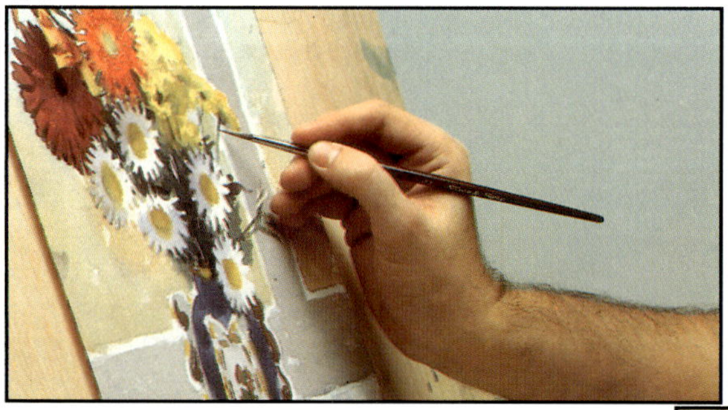

Abb. 21: Je kleiner oder konkreter ein Umriß oder ein Detail sind, desto näher rückt man an den Malgrund heran und desto geringer wird der Abstand zwischen der Hand und dem Haarkörper. Anders ausgedrückt: Man faßt den Pinsel weiter unten und stützt die Hand auf die Malfläche.

22

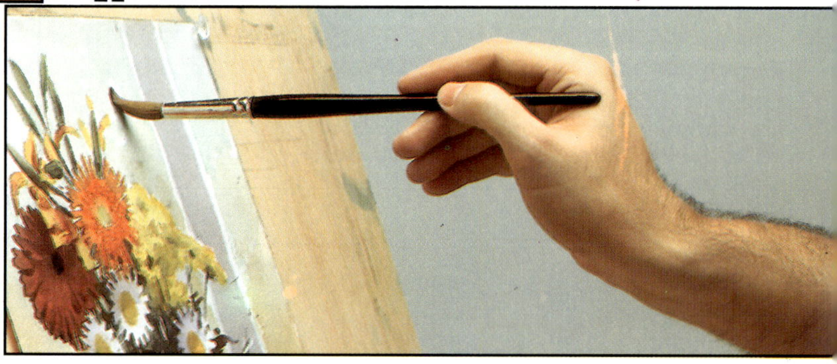

23

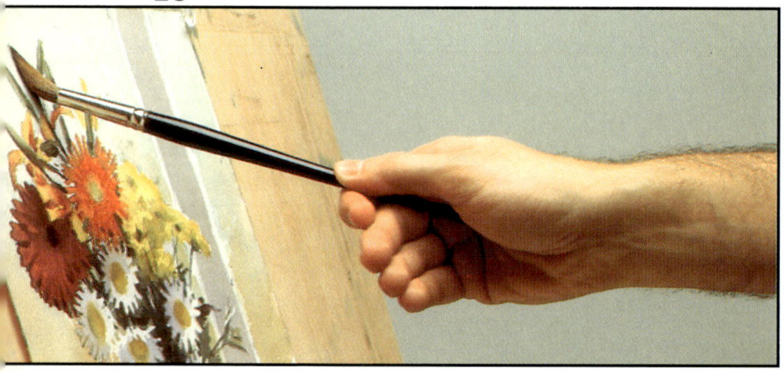

Abb. 22: Umgekehrt: Je freier und spontaner der Pinselstrich ist und je mehr Sicherheit der erfahrene Maler beim Zeichnen mit dem Pinsel besitzt, desto höher faßt er den Stiel.

Abb. 23: Hier liegt der Pinselstiel ebenfalls innen, wird aber ziemlich weit oben gefaßt. Dies ist eine geläufigere Arbeitsweise als die auf Abbildung 20 gezeigte.

24
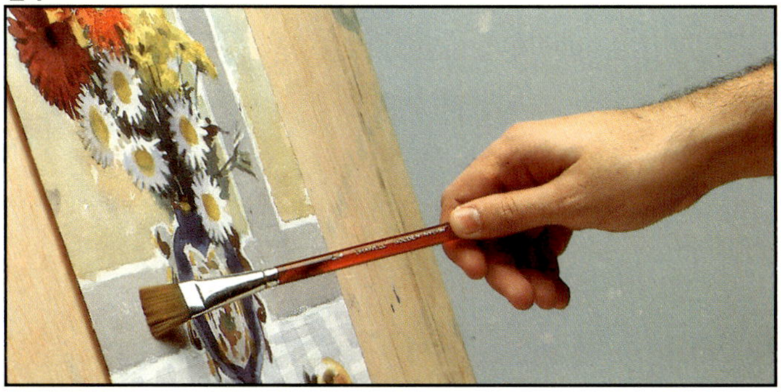
Abb. 24: Wie auf Abbildung 19 ist die Hand leicht gedreht. Diesmal handelt es sich um einen 1,5 cm breiten Flachpinsel aus Synthetikfasern, der beinahe an der Spitze gefaßt wird.

25
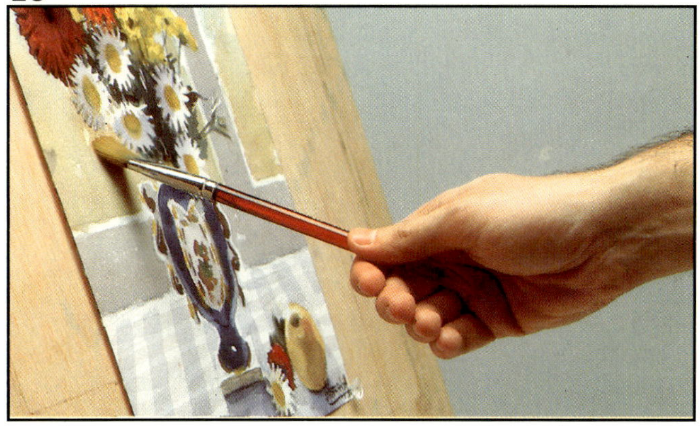
Abb. 25: Erneut liegt der Stiel des Flachpinsels in der Hand und wird beinahe ganz an der Spitze gefaßt.

26
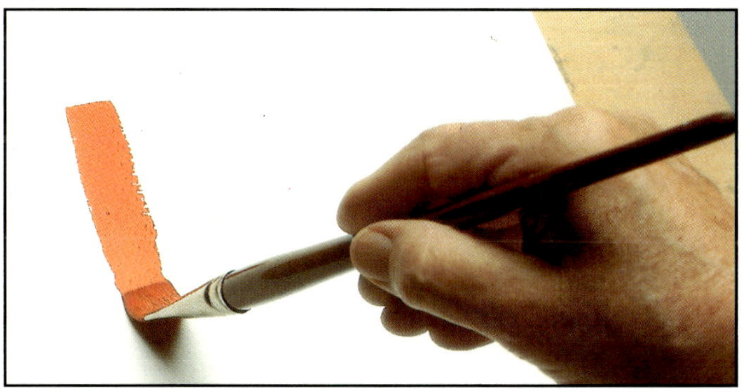
Abb. 26: Hier male ich einen roten Streifen mit einem Flachpinsel aus Rotmarderhaar von 2 cm Breite und fasse ihn ziemlich weit oben. Der Stiel ist 30 cm lang.

27
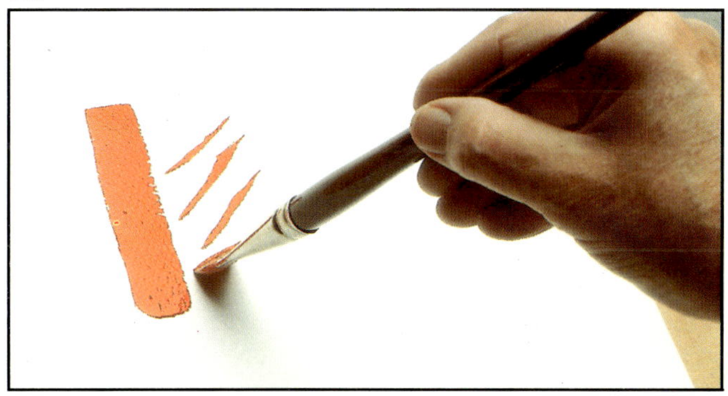
Abb. 27: Mit dem Flachpinsel kann man Streifen, gleichförmige Flächen und Abstufungen anlegen sowie Punkte, Striche und Linien zeichnen. Für letztere muß man den Haarkörper senkrecht zur Malfläche aufsetzen.

28
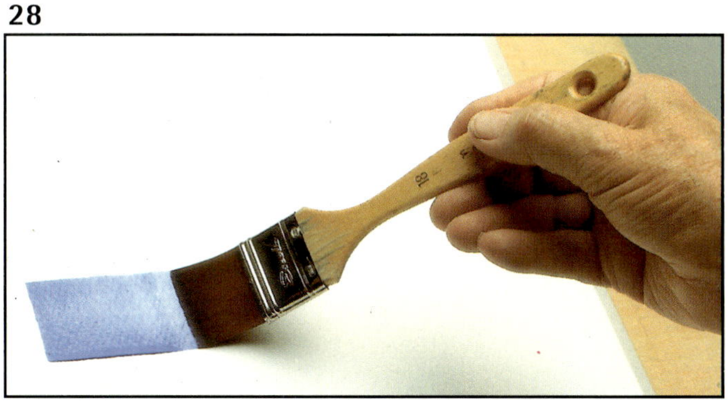
Abb. 28: So hält man einen 4 cm breiten Flachpinsel, um einen Streifen, einen gleichförmigen Fond oder eine Abstufung anzulegen. Es ist die geeignete Haltung zum Anfeuchten des Papiers, Malen von Hintergründen, Himmel etc.

29
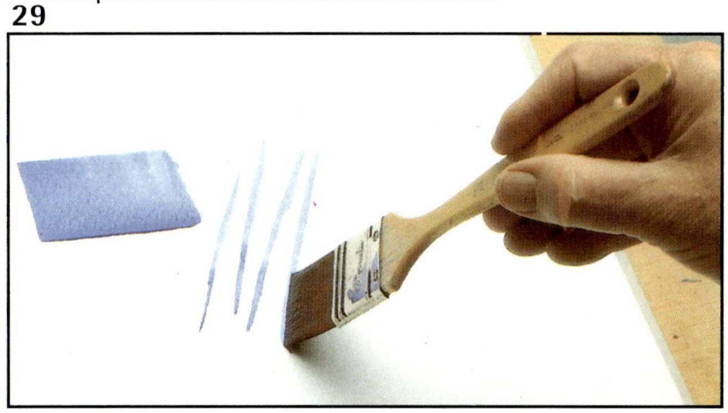
Abb. 29: Derselbe Pinsel beim Ziehen von Strichen. Dazu faßt man ihn etwas anders und hält ihn fast senkrecht zur Malfläche.

Abb. 30 und 31: Hier wird der Haarkörper zwischen Daumen und Zeigefinger fächerförmig gespreizt, um in einer Variante der Technik des trockenen Pinsels zu malen (Abb. 31).

30
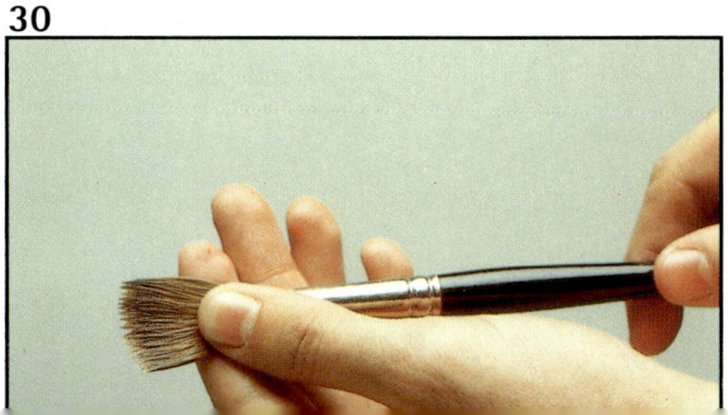

31
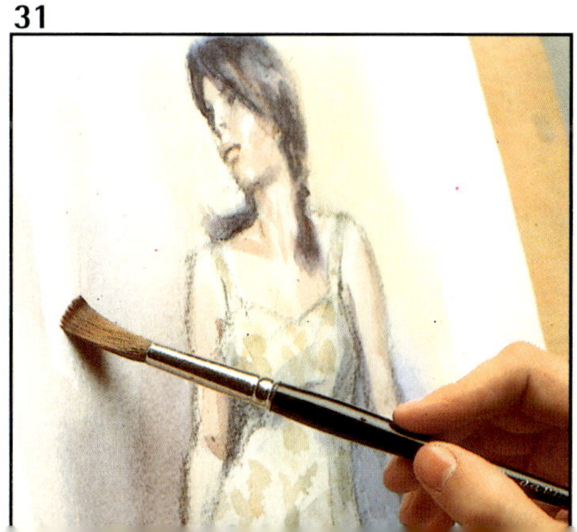

Öffnen von Weiß auf feuchter Fläche

Wie Ihnen bekannt, wird Weiß bei der Aquarellmalerei von der Farbe des Papiers wiedergeben. Anders ausgedrückt: Die Verwendung von Deckweiß ist verboten. Mit der richtigen Wassermenge verdünnte Aquarellfarben sind so transparent, daß das Weiß des Papiers durchscheint und für den gewünschten Helligkeitsgrad der Farbe oder des Tonwerts sorgt. Es gibt mehrere Techniken, Weiß bei der Aquarellmalerei auszusparen, angefangen von der direkten Methode, eine Stelle gar nicht erst zu bemalen, bis zum nachträglichen Hervorholen von Weiß mit der Spitze eines Pinselstiels oder einem Fingernagel. Man kann die gewünschte Stelle auch mit Rubbelgummi aussparen. Davon wird später die Rede sein. Konzentrieren wir uns zunächst auf die Technik, Weiß aus einer feuchten Fläche wieder hervorzuholen, was während der Arbeit am Aquarell geschehen muß.

Dabei geht man folgendermaßen vor: Während die kürzlich gemalte Stelle noch feucht ist (Abb. 32), reinigt man den Pinsel, drückt ihn sorgfältig aus und trocknet ihn mit einem Lappen oder Küchenpapier. Anschließend legt man ihn unter leichtem Druck auf die entsprechende Stelle und beobachtet, wie die Farbe immer schwächer wird, bis das Weiß des Papiers wieder auftaucht (Abb. 33). Zum Abschluß kann man zum Beispiel die kleine Wolke von Abbildung 34 zeichnen.

Normalerweise verwendet man für diese Technik denselben Rotmarderpinsel, mit dem man auch malt. Ist die aufzuhellende Fläche sehr groß, sollte man lieber zum 1,5 cm breiten Synthetikfaserpinsel greifen, der härter und daher effektiver ist.

Mit einem solchen Flachpinsel öffne ich das Weiß und zeichne auf den Abbildungen 35 bis 37 die Wolken. Dieselbe Technik kann man auch einsetzen, um eine kürzlich gemalte Stelle zu dämpfen oder aufzuhellen, solange sie noch feucht ist. In diesem Fall braucht man den Pinsel vorher

32

33

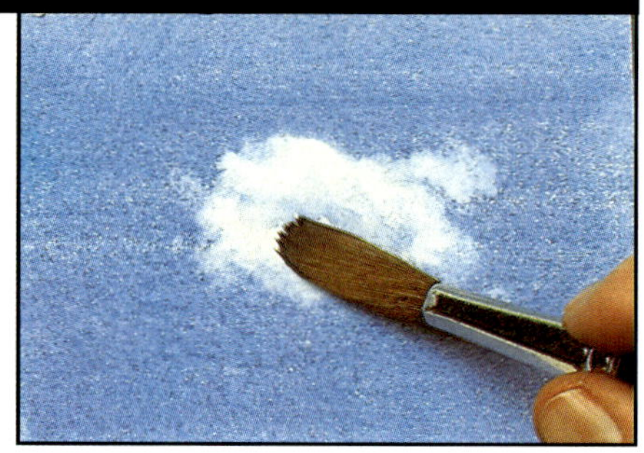

34

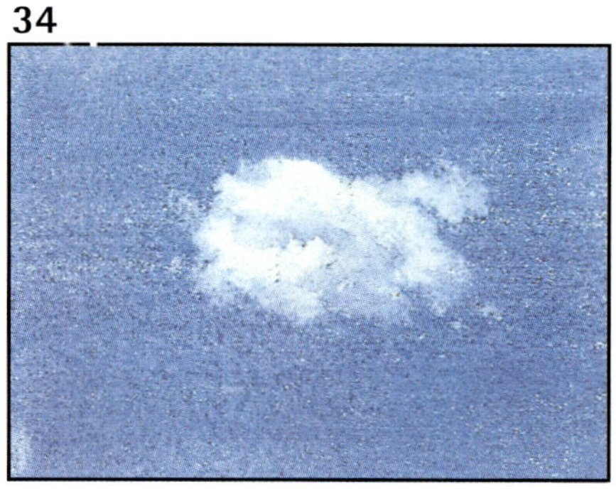

Abb. 32 bis 34: Malen Sie eine Lasur, zum Beispiel einen blauen Himmel (Abb. 32). Reinigen Sie den Pinsel mit Wasser, drücken Sie ihn in einem Papiertuch oder einem Lappen aus, und legen Sie ihn auf die noch feuchte Fläche (Abb. 33). Der Haarkörper saugt die Farbe ab und holt das Weiß wieder hervor, so daß Sie eine mehr oder weniger präzise kleine Wolke malen können (Abb. 34).

35

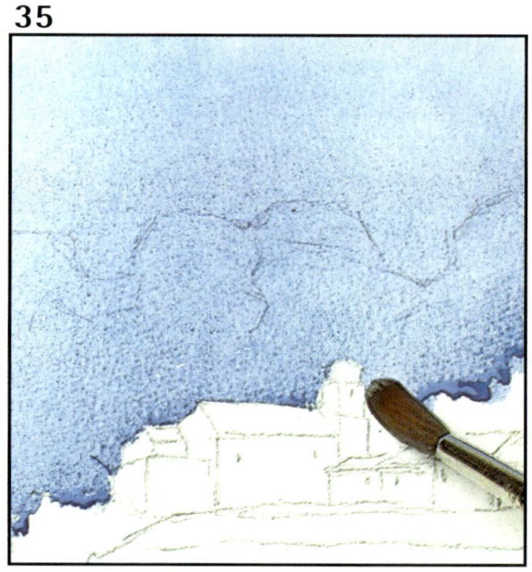

Abb. 35 bis 37: Versuchen Sie nun, Weiß auf einer feuchten Fläche wieder hervorzuholen und große Kumuluswolken zu malen. Zu diesem Zweck habe ich eine kleine Farbnotiz von 20 x 25 cm als Aquarell angefertigt. Ich habe die ganze Fläche für den Himmel mit einer Lasur aus Ultramarinblau und einer Spur Karmin überzogen (Abb. 35), die Farbe mit dem ausgedrückten Pinsel rasch wieder abgesaugt und die oberen Umrisse der Wolken sowie deren Schatten präzisiert (Abb. 36). Zum Abschluß habe ich eine leichte Mischung aus Ultramarinblau, Karmin und Paynesgrau für die Schatten hinzugefügt (Abb. 37).

36

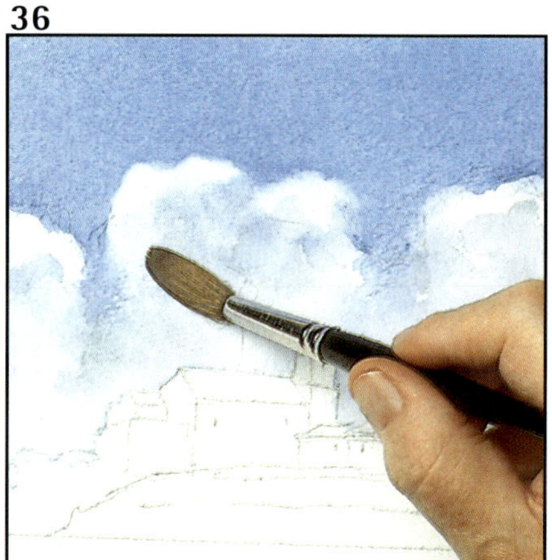

37

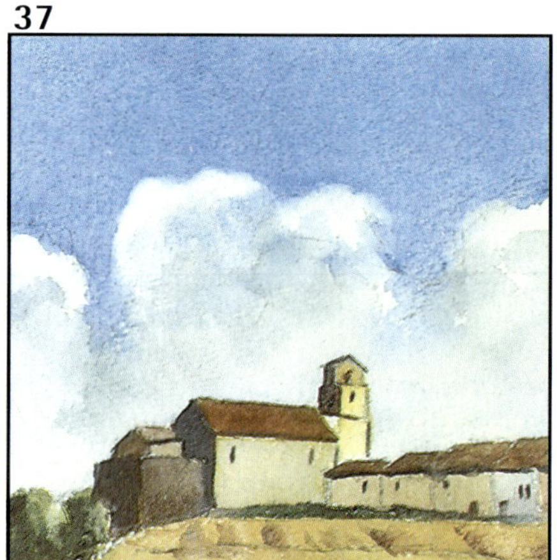

38

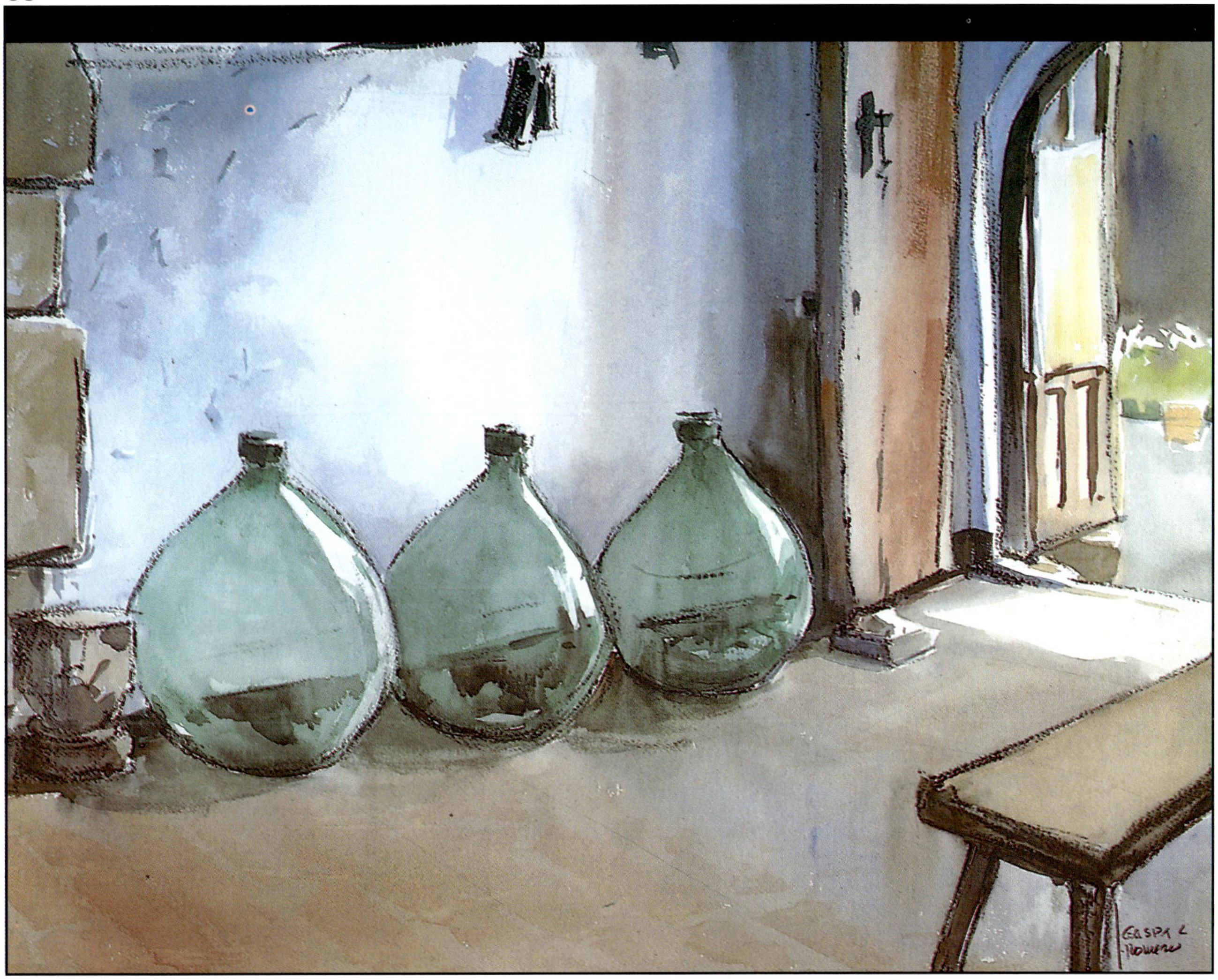

nicht zu reinigen. Es reicht, wenn man ihn in einem Lappen ausdrückt und ohne allzu großen Druck auf die gewünschte Stelle legt. Das oben abgebildete Aquarell von Gaspar Romero (Abb. 38) ist ein ausgezeichnetes Beispiel für die beschriebene Technik, die hier neben direkten Aussparungen für die Glanzlichter an den drei großen Glasballons angewendet wurde. Gaspar Romero hat damit die Farbe im Zentrum der Ballons gedämpft. Dazu hat er zunächst den allgemeinen Ton angelegt und die Farbe anschließend wieder etwas abgesaugt. Dadurch hat er die Transparenz des Glases verstärkt (Abb. 39). Dieselbe Technik hat er auch für die Vorderkante der Tür verwendet, also für den hellsten senkrechten Streifen, sowie für die Lichtreflexe vor den Glasballons auf dem Boden (Abb. 40).

Abb. 38 bis 40: J. Gaspar Romero, Glasballons, Privatsammlung. Der erfahrene Aquarellmaler saugt häufig Farbe von der feuchten Fläche wieder ab. Aber nicht, um Weiß zu öffnen, sondern um einen Ton zu dämpfen oder abzuschwächen. Bei diesem herrlichen Aquarell erkennen wir, wie Gaspar Romero im Zentrum der Karaffen (Abb. 38 und 39), zu deren Füßen auf dem Boden (Abb, 38 und 40) und an der Vorderkante der Tür (Abb. 38) Farbe in dieser Technik abgesaugt hat.

39

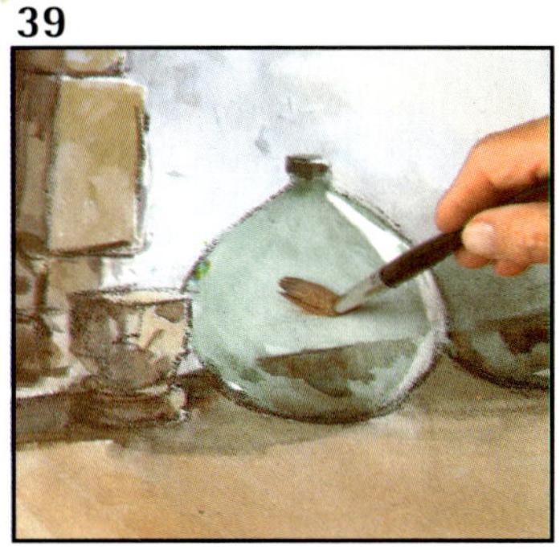

40

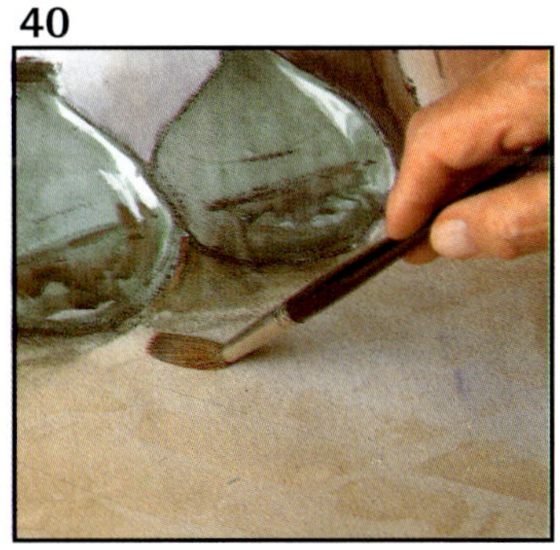

Öffnen von Weiß auf trockener Fläche

Um Weiß auf einer bereits getrockneten Fläche zu öffnen, feuchtet man die Stelle wieder an (Abb. 41), saugt die Farbe mit dem ausgedrückten Pinsel ab (Abb. 42), fügt weiteres Wasser hinzu und entfernt die restliche Farbe mit Saugpapier (Abb. 43).
Die Abbildungen 44 bis 47 zeigen, wie man das Weiß in einem bereits getrockneten Bild wieder hervorholt. Ich hatte beschlossen, nachträglich noch einen Baum in das Aquarell von Abbildung 44 aufzunehmen. Dazu feuchtete ich also einen senkrechten Streifen an, saugte die Farbe mit Pinsel und Küchenpapier ab (Abb. 45 und Abb. 46), retuschierte den Hintergrund und erhielt das Ergebnis, das Sie auf Abbildung 47 sehen.
Mit dieser Methode läßt sich das Weiß grundsätzlich auf jeder trockenen Fläche wieder hervorholen. Löst sich die Farbe nicht recht, kann man eventuell mit Lauge nachhelfen. Achtung: Lauge muß stets mit einem Synthetikfaserpinsel aufgetragen werden, da sie ätzt und einen Naturhaarkörper verderben würde.

41

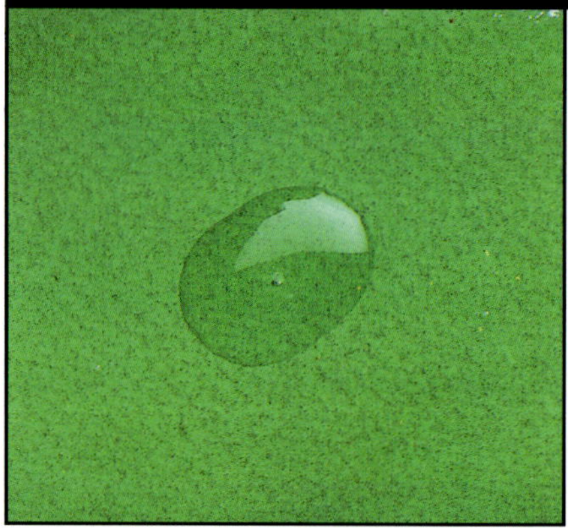

42

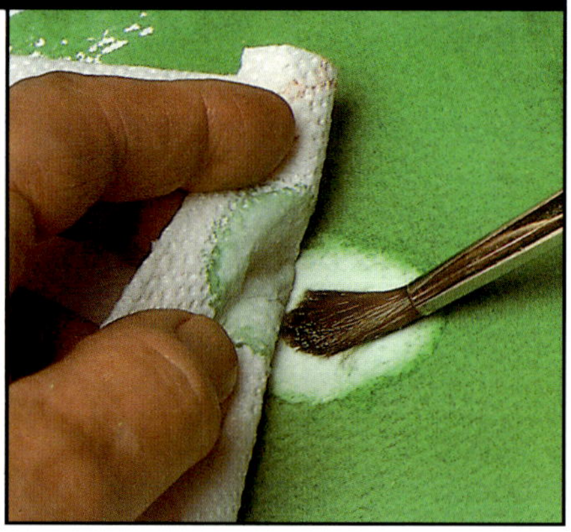

43

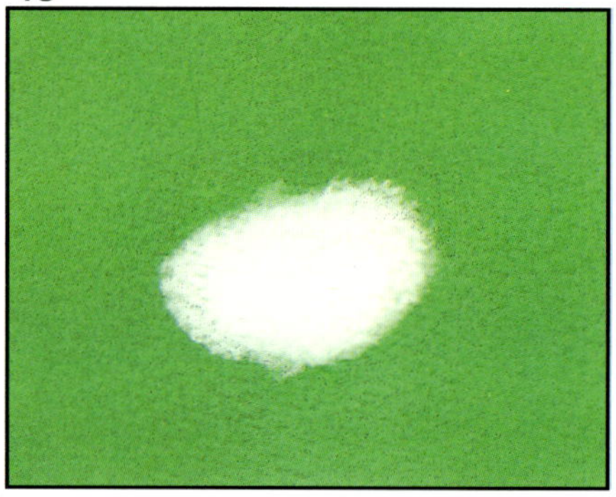

Abb. 41 bis 43: Dieselbe Technik wie zuvor, nur daß man das Papier zuvor anfeuchtet, um die Farbe aufzuweichen. Anschließend saugt man sie mit dem Synthetikfaserpinsel und einem Papiertuch vorsichtig ab. Im einzelnen: Man feuchtet das Papier mit einem Tropfen Wasser an (Abb. 41), wartet, bis die Wirkung eingetreten ist, und saugt die Farbe mit dem sauberen ausgedrückten Synthetikfaserpinsel ab (Abb. 42). Zum Abschluß trocknet man die Stelle mit Küchenpapier (Abb. 43) und wiederholt das Verfahren, bis das gewünschte Weiß aufgetaucht ist.

44

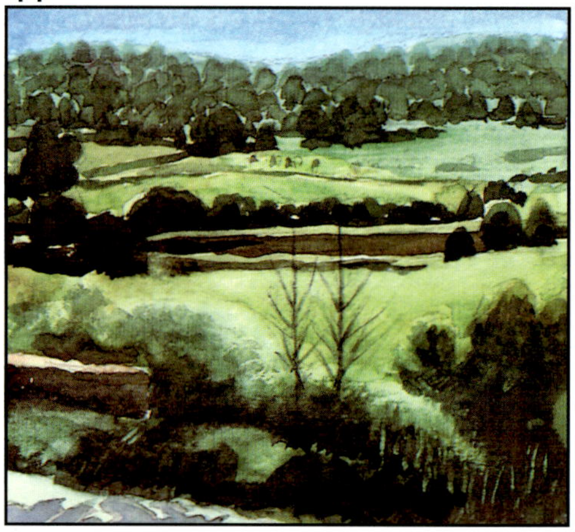

45

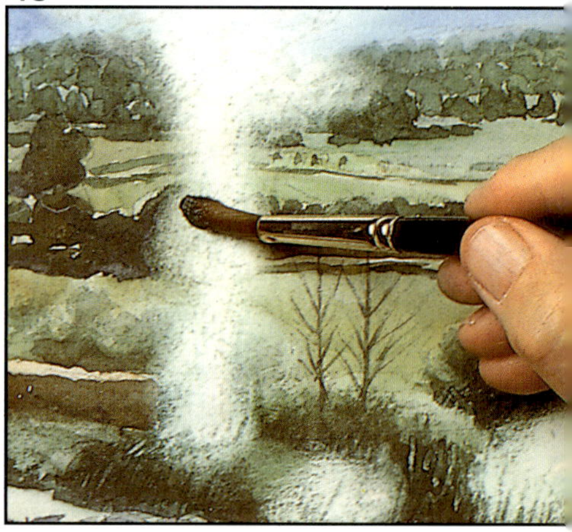

46

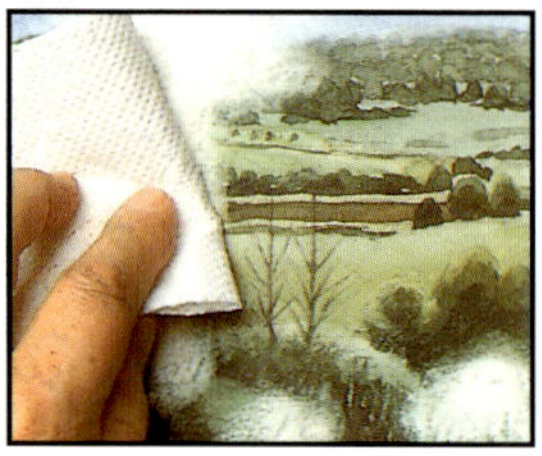

Abb. 44: Mit der Technik, Weiß auf trockener Fläche wieder hervorzuholen, kann man in gewissen Fällen drastische Veränderungen an einem Bild vornehmen, wie ich es bei dieser Landschaft vorhabe. Ich werde einen Baum sowie einige Pflanzen und Blumen im Vordergrund einfügen.

47

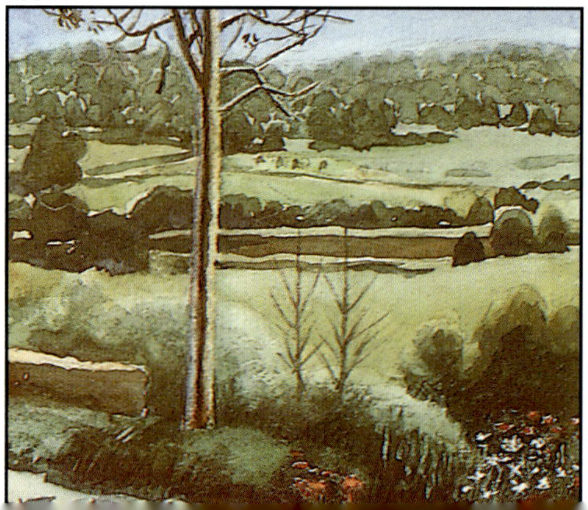

Abb. 45 und 46: Ich feuchte die Fläche für den Baum und die Pflanzen mit Wasser an, warte, bis sich die Farbe gelöst hat, und reibe vorsichtig mit dem Synthetikfaserpinsel über die Stelle. Anschließend entferne ich die Farbe mit dem ausgedrückten Pinsel und Saugpapier.

Abb. 47: Zum Abschluß male ich den Baum, die Pflanzen und die Blumen und retuschiere den Hintergrund, bis ich ein zufriedenstellendes Ergebnis erhalten habe.

Striche mit der Spitze des Pinselstiels

In einem Aquarell findet man gelegentlich hellere Striche, die sich von einem erheblich dunkleren Untergrund abheben (Abb. 48 bis 51).
Diese Striche zieht man normalerweise mit dem Fingernagel. So hielt es W. Turner, und viele zeitgenössische Aquarellmaler ahmten es nach, u.a. Guillermo Fresquet (Abb. 49).
Allerdings braucht man nicht unbedingt den Fingernagel zu benutzen. Es geht auch mit der Spitze eines Pinselstiels, den man zu diesem Zweck abschrägt, oder noch besser mit der abgeschrägten Spitze eines Schildpattstiels, wie auf Abbildung 50 zu sehen.
Voraussetzung für alle Methoden ist, daß man eine dunkle deckende Farbschicht hat, die außerdem noch relativ feucht ist. Sonst klappt es nicht. Der Strich öffnet sich nur, wenn die Farbe ziemlich dick ist und noch etwas Feuchtigkeit enthält, allerdings nicht zuviel. Hat man einen mittleren Ton, der darüber hinaus noch sehr feucht ist, erscheint der Strich positiv, also dunkler als der Fond.
Diese Technik funktioniert auf Papier mit feinem, mittleren und grobem Korn. Sie hat den Vorteil, daß man sie notfalls rückgängig machen kann, indem man den Strich oder die Striche übermalt, falls sie nicht nach Wunsch gelungen sind. In eine bereits getrocknete Fläche kann man Striche ziehen, indem man die Stelle zuvor anfeuchtet und anschließend mit dem Fingernagel oder der Pinselspitze hineinkratzt.

48

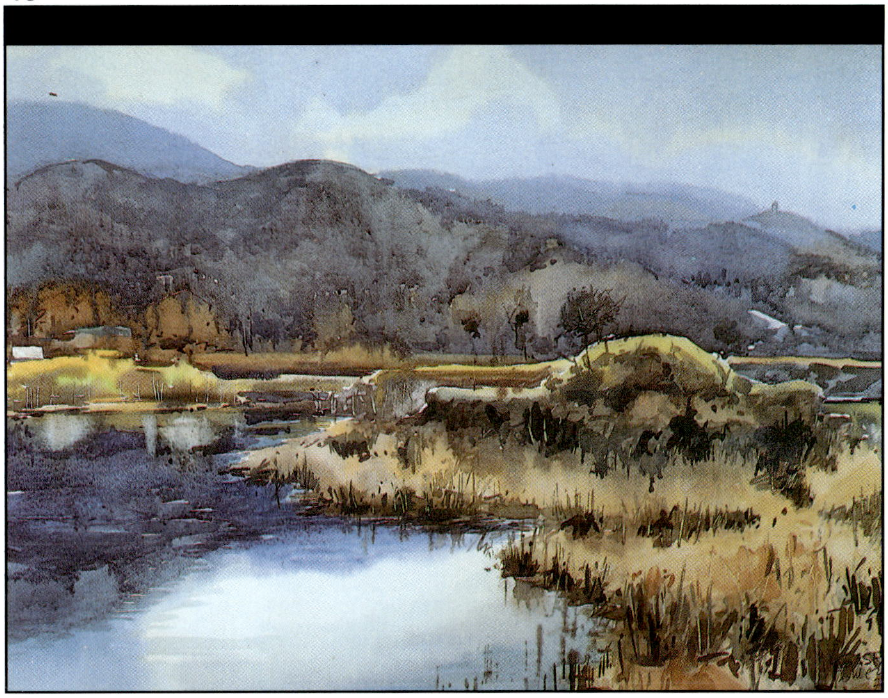

49

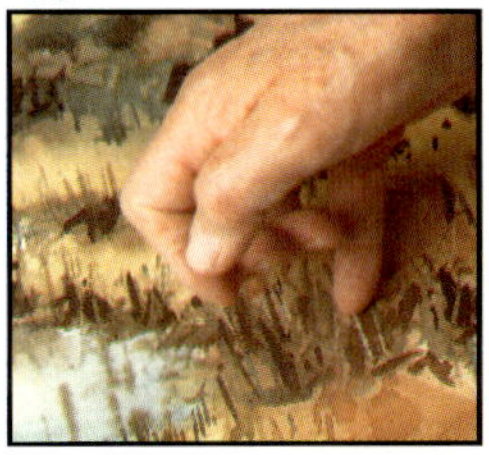

50

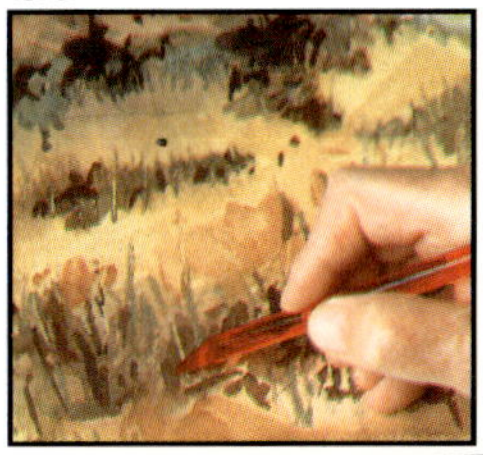

51

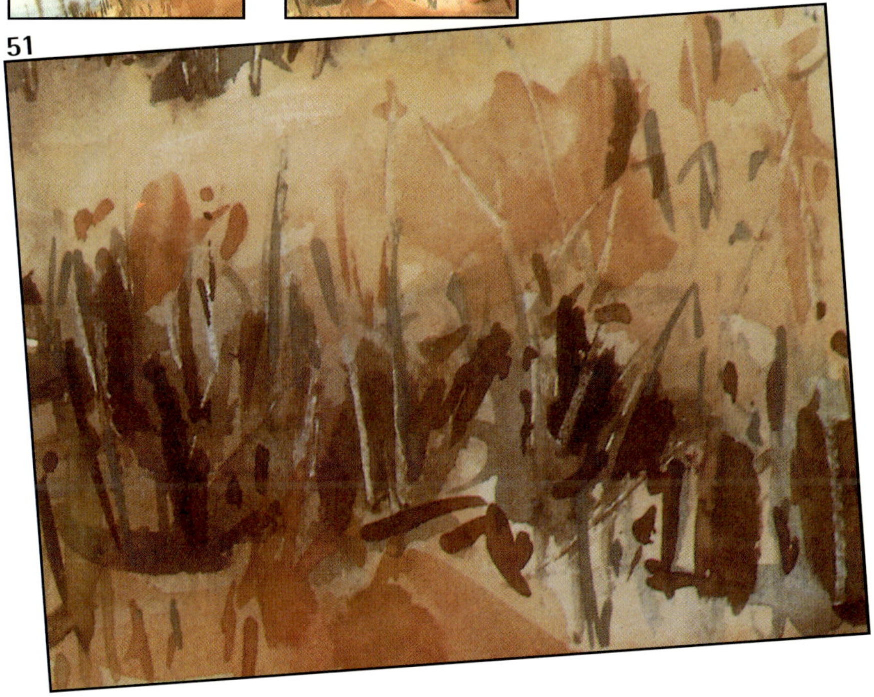

Abb. 48 bis 51: J. Gaspar Romero, Gegenlicht, Privatsammlung. Die Technik, mit dem abgeschrägten Pinselstiel weiße oder helle Striche in einen dunklen Fond zu zeichnen, setzt zwei Dinge voraus: eine gut deckende Farbschicht und den richtigen Feuchtigkeitsgrad.

Öffnen von Weiß mit Sandpapier, Cutter und Klinge

Bei dieser Technik schabt man mit dem Sandpapier, dem Cuttermesser oder der Rasierklinge vorsichtig über das Papier, rauht die Fasern etwas auf und öffnet einen Strich oder eine kleine Fläche, je nachdem, welches Instrument man verwendet.

Die Abbildungen 52 bis 55 zeigen, wie man Weiß bei einem Faltenwurf wieder hervorholt (Abb. 52). Man kann das Sandpapier flach (Abb. 53), mit der Kante oder zusammengefaltet verwenden (Abb. 54). Das Ergebnis zeigt Abbildung 55.

Die englischen Aquarellmaler öffneten häufig nachträglich Weiß in ihren Bildern und benutzten dafür eine Rasierklinge, die wir heute durch ein Cuttermesser ersetzen. Das Verfahren ist ganz einfach: Man legt die Cutterspitze an die entsprechende Stelle und zieht sie in der gewünschten Richtung über das Papier. Auf diese Weise entstehen ein Schiffsmast, ein Lichtfleck, ein Zweig, ein Grashalm oder ein vollständiges Spinnennetz (Abb. 56 bis 59). Allerdings sollte man nicht zu stark aufdrücken.

Mit der Rasierklinge erhält man eine ähnliche Wirkung wie mit Sandpapier. Auf den Abbildungen 60 bis 62 sehen Sie, wie man die Klinge hält: Man drückt sie leicht zwischen Daumen, Zeige- und Mittelfinger und streicht über die Stelle, an der man das Weiß öffnen möchte.

52

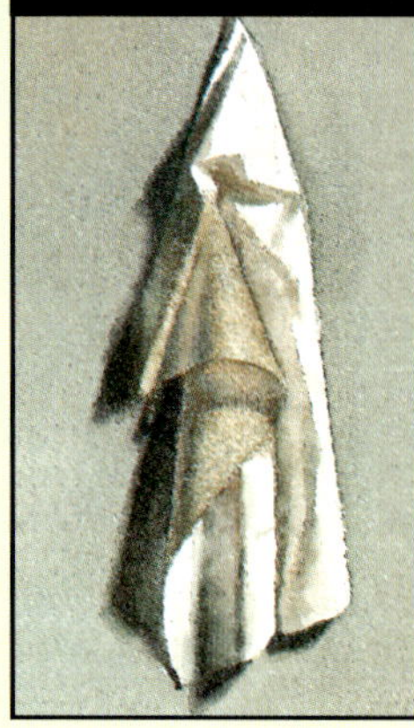

53

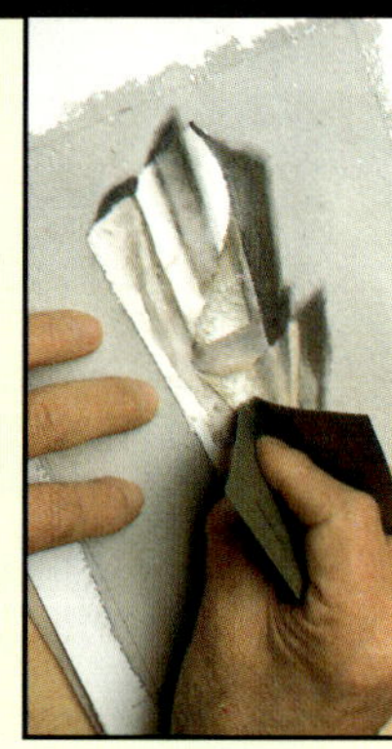

54

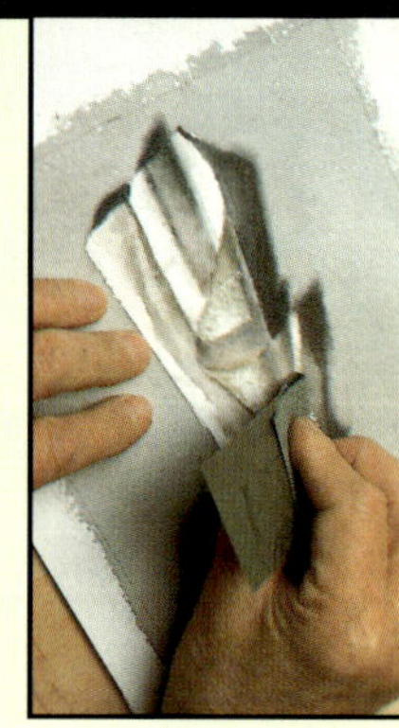

55

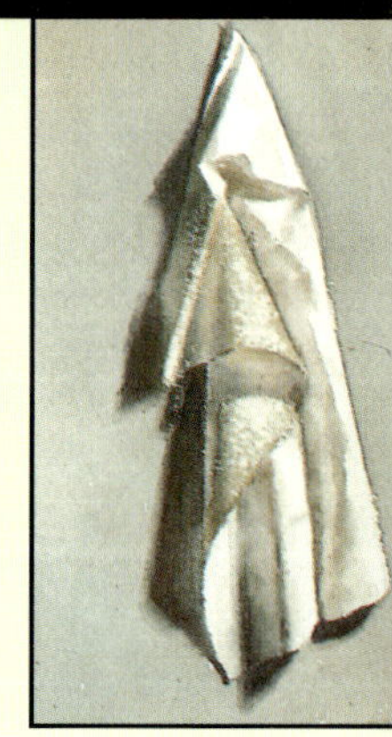

Abb. 52 bis 55: Ein Beispiel für das Öffnen von Weiß mit Sandpapier. Auf Abbildung 52 sehen Sie einen Faltenwurf als Aquarell. Auf den nächsten beiden Abbildungen wird das Weiß durch Reiben mit Sandpapier wieder hervorgeholt (Abb. 53 und 54); Abbildung 55 zeigt das fertige Ergebnis.

56

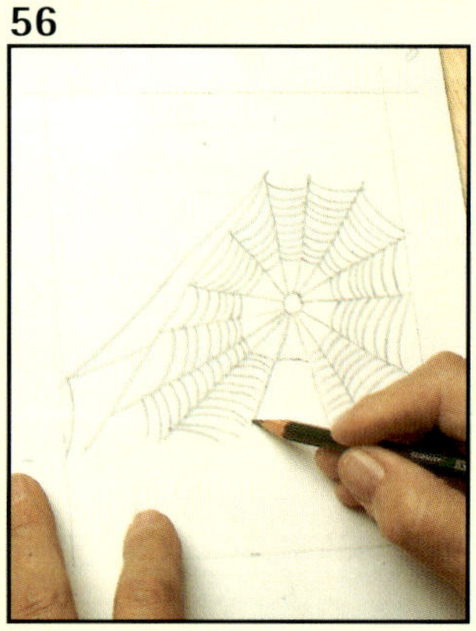

57

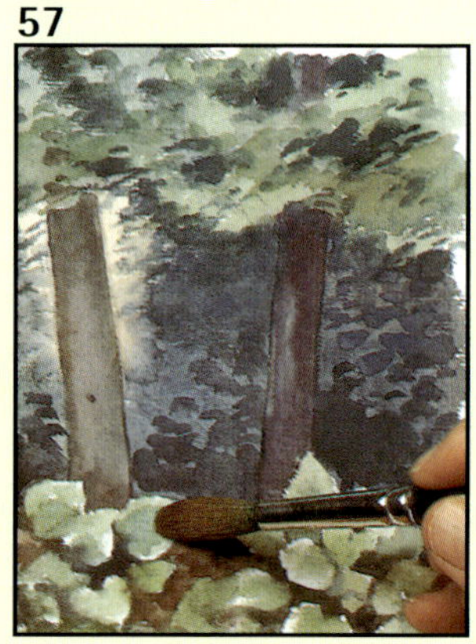

58

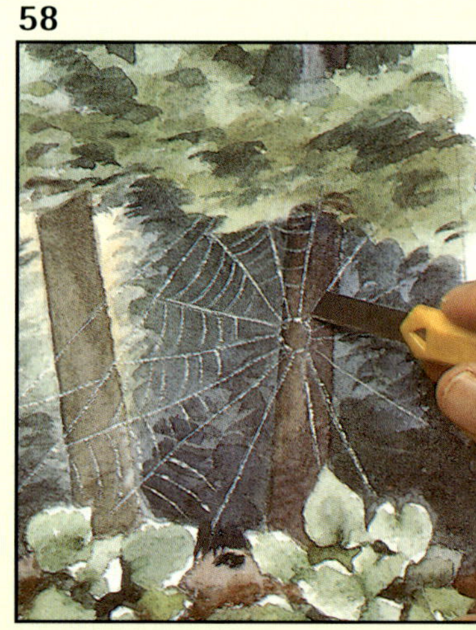

59

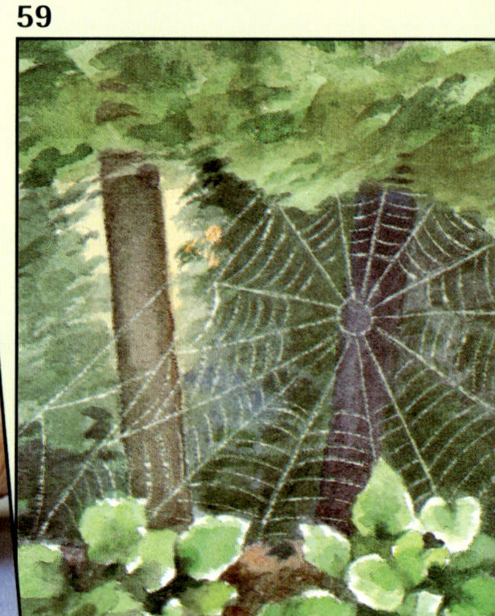

Abb. 56 bis 59: Öffnen von Weiß mit einem Cuttermesser, um ein Spinnennetz zu zeichnen. Abbildung 56 zeigt die Vorzeichnung. Es folgen der Fond mit der Vegetation (Abb. 57), die Zeichnung des Spinnennetzes mit dem Cuttermesser (58) und das fertige Netz (Abb. 59).

Abb. 60 bis 62: Öffnen von Weiß mit einer Rasierklinge. Beachten Sie, wie man die Klinge beim Streichen über das Papier hält.

60

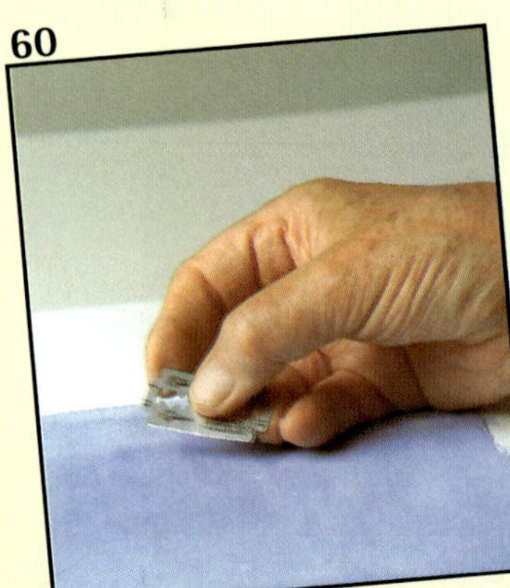

61

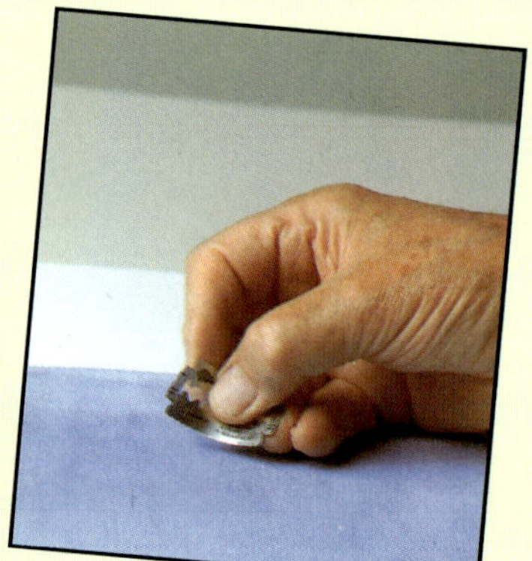

62

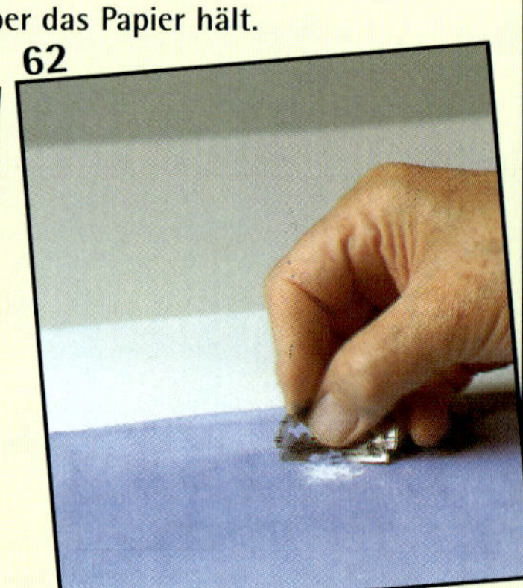

Radieren mit dem Schwamm – heikle Angelegenheit

Hier eine zweifellos heikle Technik, deren Aufwand ein wenig abschrecken könnte. Es geht darum, eine größere mißlungene Stelle mit Hilfe von Schwamm und Wasser zu entfernen, sie neu zu malen und dabei die Reste der vorigen Aquarellfarben zu nutzen.
Ich habe dieses Verfahren selber für eine große Aquarellfläche benutzt, die mir nicht oder zumindest nicht besonders gut gelungen war. Es handelte sich um eine ziemlich komplizierte Stelle mit einigen Fichten und Tannen, die unbedingt präziser gezeichnet werden mußte, damit sie sich nicht in einem Gewirr von Formen und Farben verlor (Abb. 63). Ich hatte schon vorgehabt, das Aquarell zu zerreißen. Andererseits war mir das restliche Bild mit der Wiese, den Bäumen und den Häusern zur Linken recht gut gelungen; es gefiel mir. Deshalb versuchte ich, es zu retten, und beschloß, es mit der Schwammtechnik zu probieren.
Zunächst tauchte ich die mißlungene Fläche des Aquarells in eine Schüssel mit Wasser (es hätte auch ein Spülbecken sein können) und wässerte sie eine ganze Weile, damit die Farbe weich wurde (Abb. 64). Anschließend rieb ich die Stelle unter Wasser vorsichtig mit dem Schwamm (Abb. 65). Langsam löste sich die Farbe, bis die gesamte Fläche praktisch weiß wurde (Abb. 66). Das war's schon. Die Technik mit dem Schwamm hatte funktioniert. Ich konnte die gereinigte Stelle problemlos neu übermalen.

63

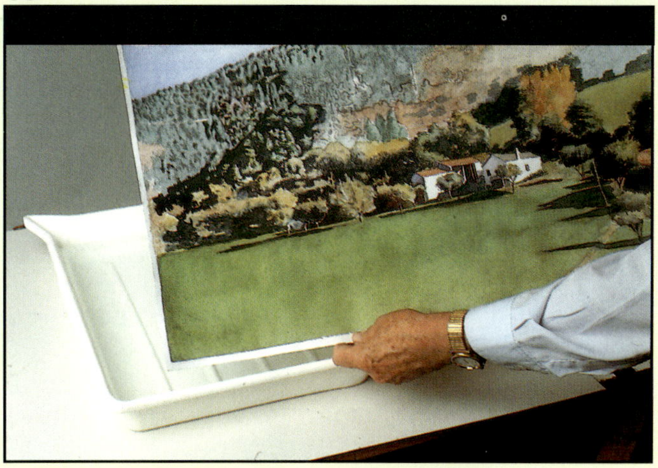

64

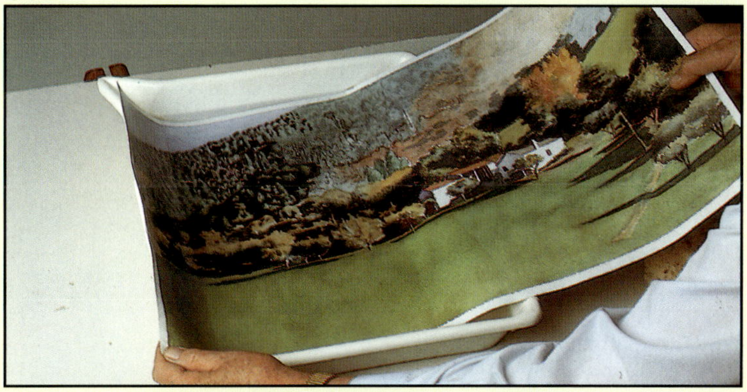

65

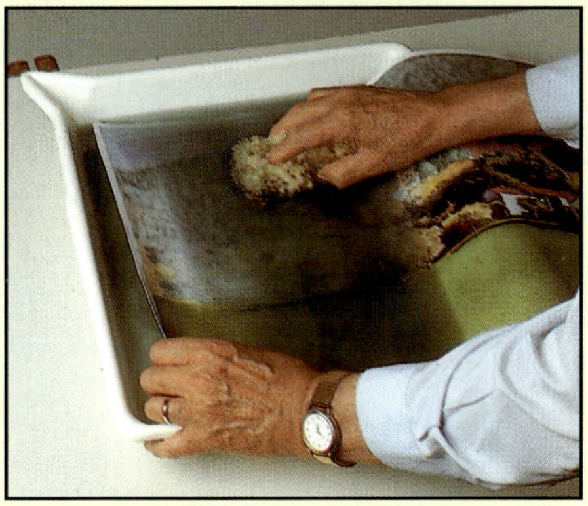

66

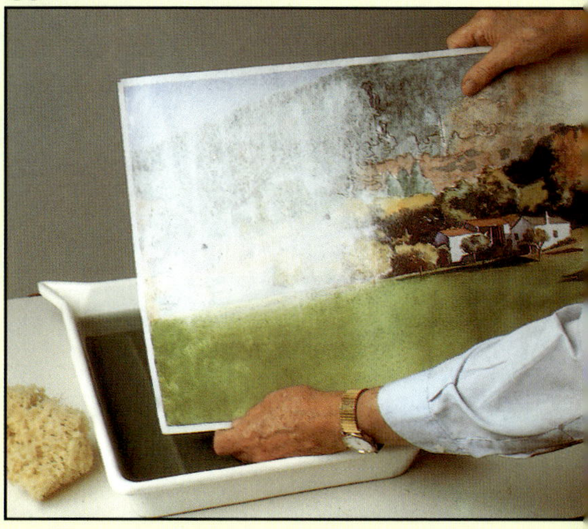

Abb. 63 bis 66: Hier das Aquarell, das ich teilweise mit dem Schwamm wieder entfernen möchte (Abb. 63). Zunächst tauche ich die entsprechende Stelle in eine Schüssel mit Wasser und weiche sie eine Weile ein (Abb. 64). Anschließend reibe ich behutsam mit dem Schwamm darüber, entferne die Farbe (Abb. 65) und erhalte schließlich das Weiß des Papiers zurück (Abb. 66).

Aussparen mit Rubbelgummi

Rubbelgummi besteht aus Latex mit Ammoniak und ist grau oder ocker gefärbt, damit man ihn beim Auftragen besser sieht. Verfolgen Sie auf den nebenstehenden Abbildungen, wie man Margeriten malt und die weißen Blütenblätter und die gelbe Krone dabei mit Rubbelgummi ausspart.

Abbildung 68 zeigt das Modell. Auf Abbildung 69 wurde der Rubbelgummi schon mit einem Synthetikfaserpinsel in die Vorzeichnung aufgetragen. Einen Rotmarder- oder Rindshaarpinsel darf man nicht dafür verwenden, da der getrocknete Rubbelgummi den Haarkörper beschädigen würde. Auch den Synthetikfaserpinsel sollte man unmittelbar nach Gebrauch mit Wasser reinigen. Ist der Gummi zu stark getrocknet, braucht man den Haarkörper nur einige Minuten in Azeton zu tauchen und kann ihn anschließend mit Wasser ausspülen. Abbildung 70 zeigt den Hintergrund mit den grünen Blättern und Stielen sowie die geschützten Margeriten. Im folgenden Stadium von Abbildung 71 wurde der Rubbelgummi mit einem Radierer oder durch Reiben mit den Fingern wieder entfernt. Im fertigen Aquarell sind die Schatten der Blütenblätter und die gelbe Krone auf dem zuvor ausgesparten Weiß angelegt (Abb. 72).

Verwendet man den Rubbelgummi selten, trocknet er aus, weil sein Ammoniakanteil verfliegt. Zur Weiterverwendung braucht man nur einige Tropfen Ammoniak hinzuzugeben.

67

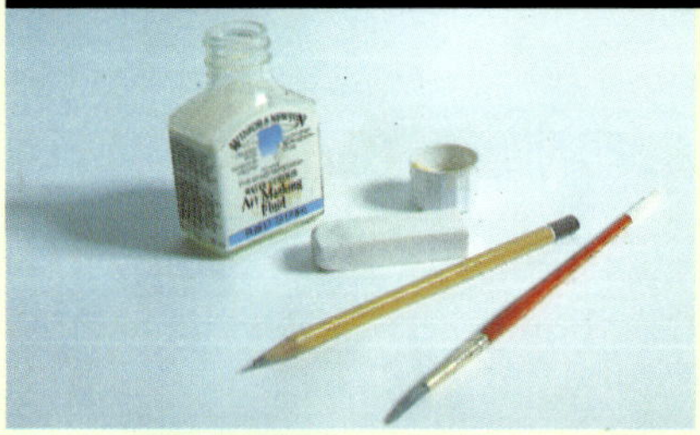

Abb. 67: Das Material: Rubbelgummi, normaler Radiergummi und ein Synthetikfaserpinsel. Der Rubbelgummi trocknet zu einem wasserdichten Latexfilm in Grau oder Ocker und spart die abgedeckten Stellen beim Malen mit Aquarellfarben aus.

68

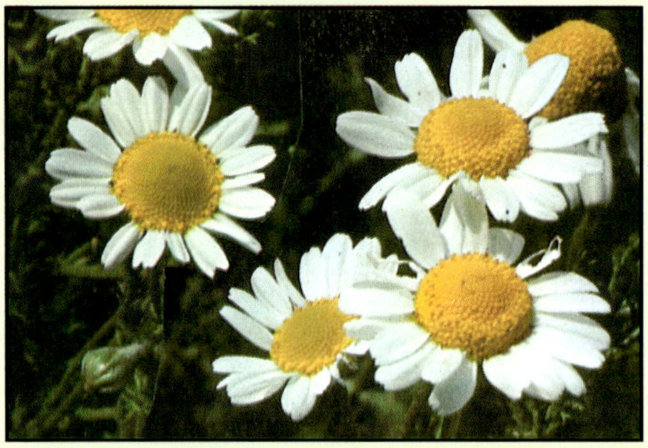

Abb. 68: Beispiel für das Aussparen mit Rubbelgummi. Dies ist das Modell.

69

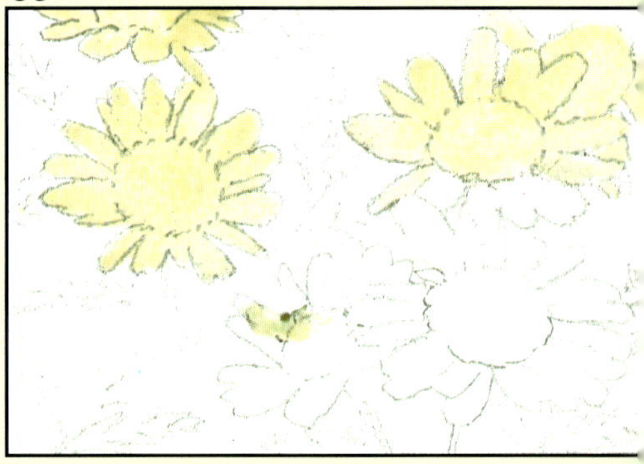

Abb. 69: Ich zeichne die Margeriten und trage Rubbelgummi mit dem Synthetikfaserpinsel auf.

70

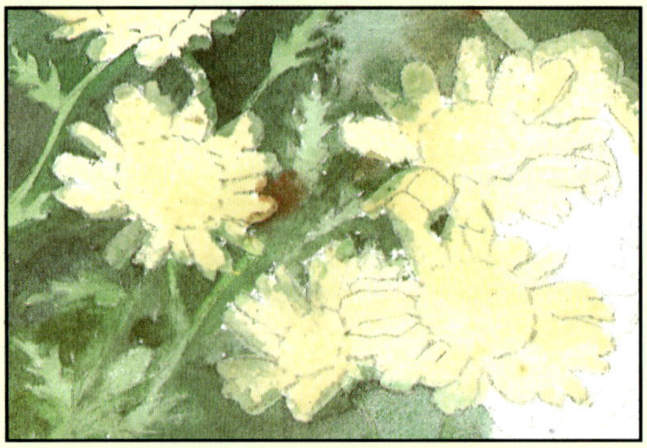

Abb. 70: Ohne Rücksicht auf die Blüten male ich den Hintergrund aus den Stielen und Blättern. Anders ausgedrückt: Ich übermale die ausgesparten Blütenblätter und Kronen einfach mit Farbe.

71

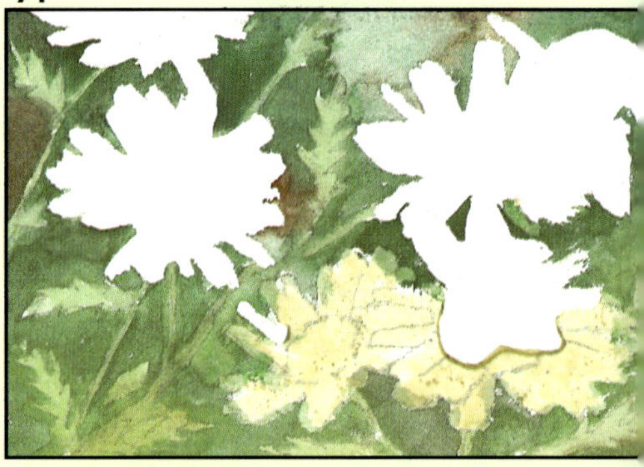

Abb. 71: Nachdem der Hintergrund fertig ist, entferne ich den Rubbelgummi mit dem Mittelfinger oder einem Radierer.

72

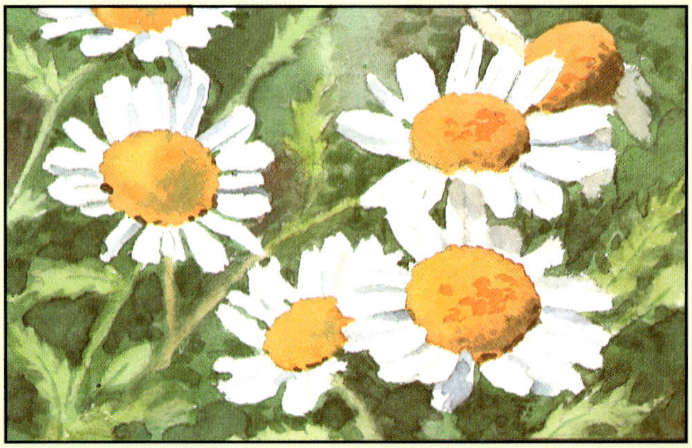

Abb. 72: Zum Abschluß retuschiere ich die Stellen, die mit Rubbelgummi ausgespart waren, male einige Schatten auf die Blütenblätter und die Kronen, und erzeuge bzw. verstärke die Kontraste innerhalb der Stiele und Blätter des Hintergrunds.

73

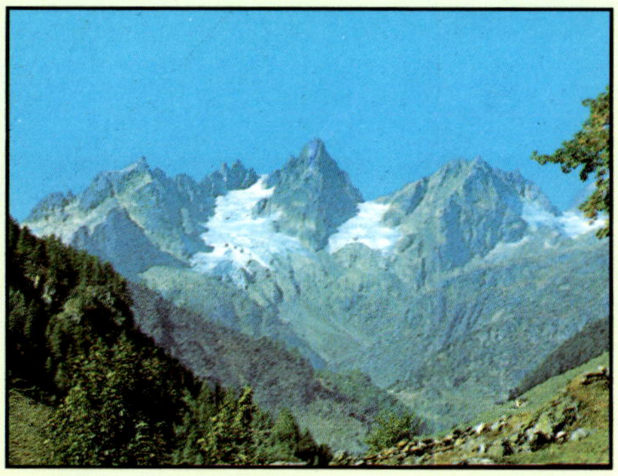

Die Abbildungen 73 bis 75 zeigen die Verwendung von Rubbelgummi für eine Landschaft bei Schneefall.
Einigen Aquarellmalern ist der Kontrast zwischen den mit Rubbelgummi ausgesparten weißen Stellen und dem restlichen Bild zu groß. Diesen Mangel kann man durch Retuschieren der Begrenzungen oder der Formen korrigieren, wie ich es bei dieser Landschaft und auch bei den Margeriten getan habe. Betrachten Sie zum Beispiel Gaspar Romeros Aquarell mit einem Motiv der Stadt Bern (Abb. 76), und schauen Sie sich anschließend die beiden vergrößerten Ausschnitte an (Abb. 77 und 78). Der obere Ausschnitt zeigt die Uhr, wie Romero sie in seinem Originalbild gemalt hat; unten wurden die Ziffern und Zeiger zuvor mit Rubbelgummi ausgespart.
Was geschieht? Zweifellos wirkt die untere Uhr weniger spontan, ja unpassend, und wegen ihrer Perfektion beinahe fotografisch. Dennoch kann das Aussparen mit Rubbelgummi angebracht sein – **vorausgesetzt, es ist wirklich erforderlich und geschieht mit dem notwendigen Feingefühl.**

Abb. 73 bis 75: Diese Landschaft bei Schneefall zeigt eine weitere Möglichkeit für Aussparungen mit Rubbelgummi. Die Flocken wurden anschließend mit einem Farbstift retuschiert.

74

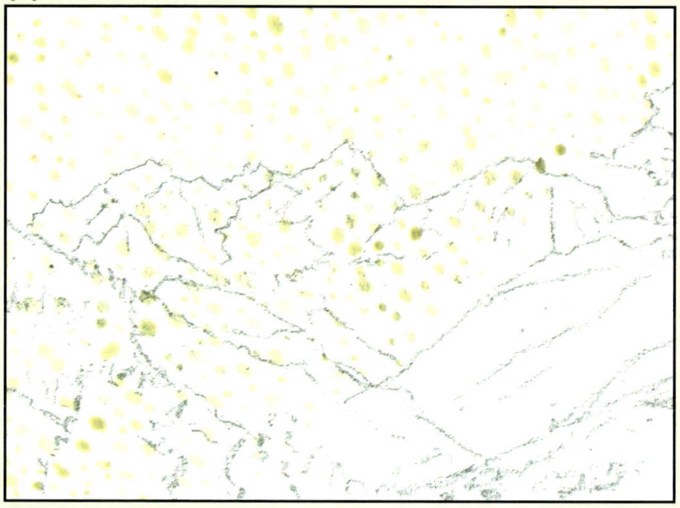

75

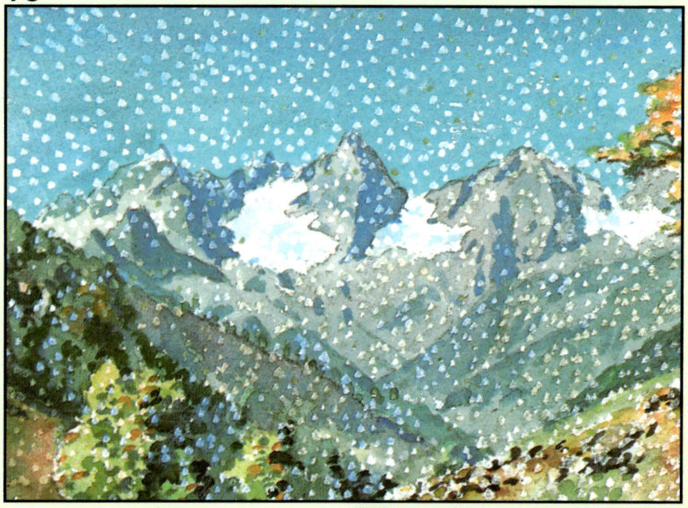

76

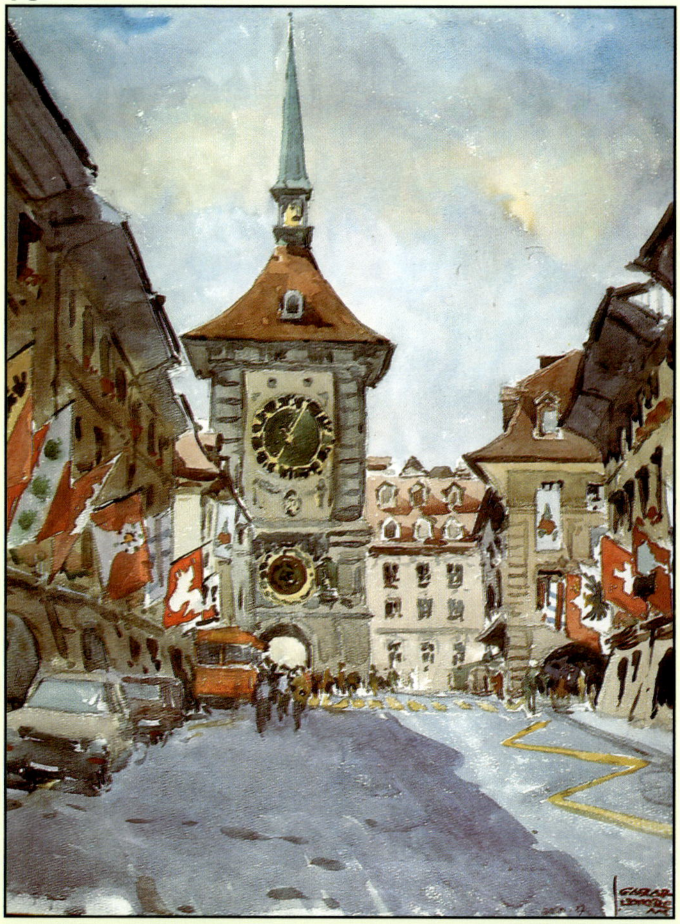

77

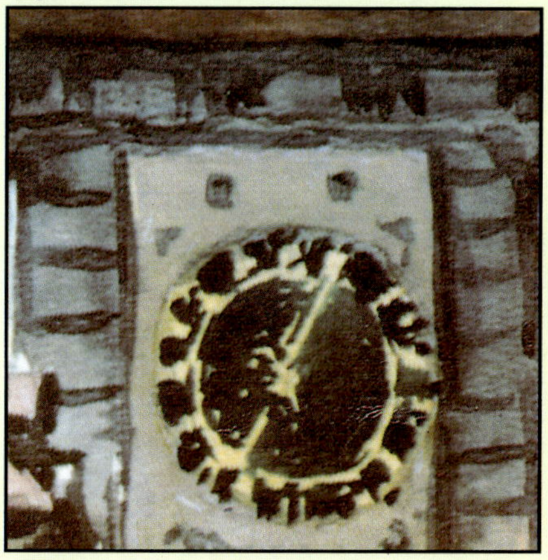

78

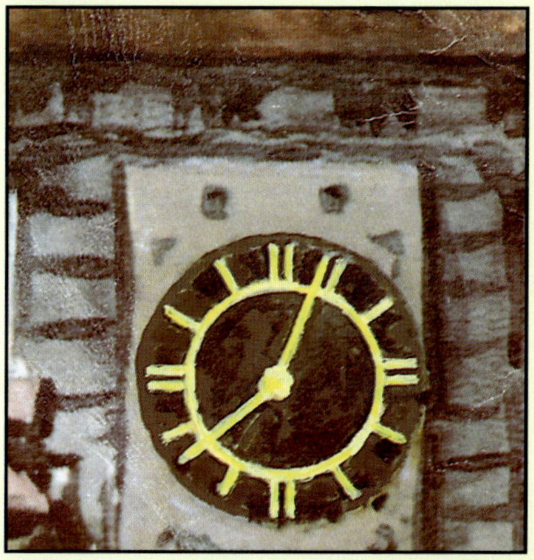

Abb. 76 bis 78: J. Gaspar Romero, Bern, der Uhrenturm. Privatbesitz des Künstlers. Die Zeiger und die Ziffern der Uhr wurden einmal freihändig gemalt (Abb. 77) und einmal mit Rubbelgummi ausgespart (Abb. 78). Letzteres wirkt mechanischer und kälter, behaupten die Kritiker. Trotzdem rate ich in gewissen Fällen zu dieser Methode, vorausgesetzt, sie wird mit Fingerspitzengefühl eingesetzt.

Maskieren mit Wachskreide

Zieht man einen Strich mit Wachskreide auf weißes Papier und übermalt ihn anschließend mit Aquarellfarbe, so bleibt der Strich weiß, weil Wachs das Wasser abstößt und damit auch die Farbe. Um diese Technik anzuwenden, fertigt man zunächst die Vorzeichnung für das Thema an und legt die auszusparenden Stellen und Flächen fest. Diese bearbeitet man dann mit dem Wachsstäbchen.

Normalerweise verwendet man weiße Wachskreide, zum Beispiel für die Spiegelungen eines Schiffes oder eines Segels auf dem Wasser. Man kann aber auch mit farbigen Wachskreiden arbeiten, wie bei dem Schiff auf Abbildung 79 und 80 oder den Aussparungen für die Blumen auf der grünen Wiese (Abb. 81 und 82).

Dazu zwei Empfehlungen für die erfolgreiche Anwendung dieser Technik: Arbeiten Sie mit Ölmalstiften oder, besser noch, den Neopastel-Stäbchen von Caran d'Ache.

Noch etwas Wichtiges: Fahren Sie nicht zu oft mit Aquarellfarbe über die mit Wachskreide ausgesparten Stellen, vor allem nicht, wenn diese so klein sind wie für die Blumen auf Abbildung 81. Sie riskieren, daß sich das Wachs löst und die Stellen ebenfalls bemalt werden. Belassen Sie es nach Möglichkeit bei einer einzigen Farbschicht. Muß diese unbedingt verstärkt werden, tupfen Sie die zweite Schicht nur auf und lassen die Farbe von allein verlaufen. Das habe ich bei den Blumen für die Wiese ebenfalls getan.

79

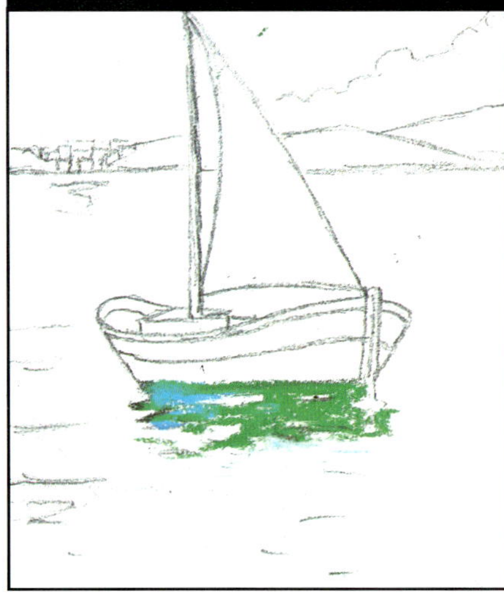

80

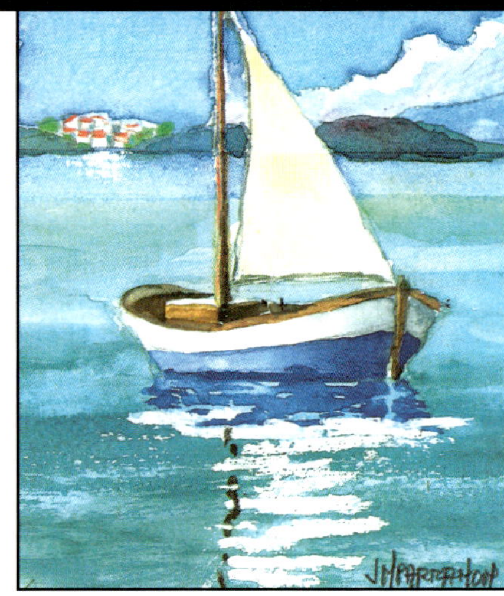

Abb. 79 und 80: Das Maskieren oder Aussparen kann mit weißer oder mit farbiger Wachskreide erfolgen wie bei der Spiegelung dieses Bootes auf dem Wasser. Hier wurden Blau und Weiß verwendet.

Abb. 81 und 82: Der frühverstorbene Aquarellmaler Federico Lloveras malte gelegentlich Blumen auf Wiesen oder im Garten. Er legte sie mit farbigen Wachskreiden an und übermalte sie anschließend mit einer Aquarellasur. Diese Technik eignet sich hervorragend für kleine Farbflecken, erfordert jedoch einige Vorsicht, damit sich das Wachs beim Malen nicht ablöst.

81

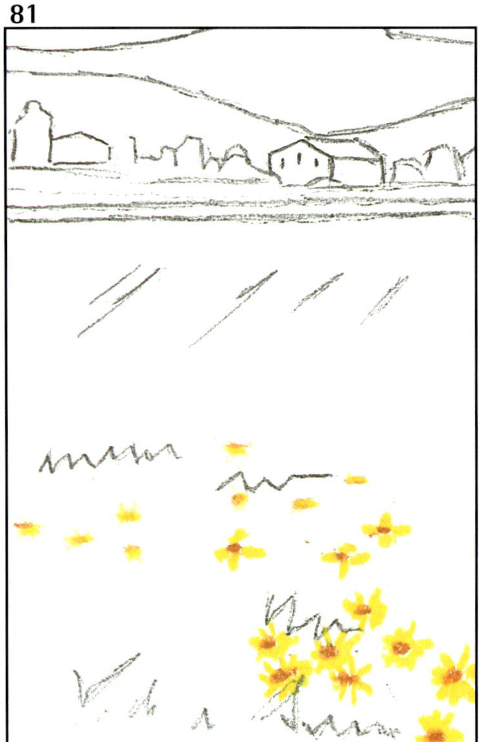

82

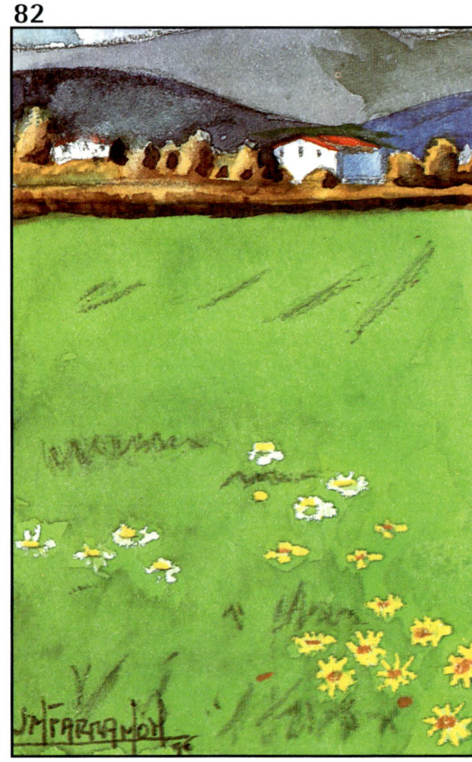

Negatives Malen

Die folgende für kleine Aquarelle äußerst dekorative Technik ist nicht sehr bekannt. Sie basiert auf dem Aufhellen der Formen mit Lauge.
Das Beispiel auf den Abbildungen 83 bis 86 wurde ohne Modell gemalt. Sie können jedoch ebensogut ein schlichtes Stilleben aus Früchten, einer Flasche, einem Krug etc. in ziemlich hellen Farben zusammenstellen, das sich gut von einem dunklen Hintergrund in Blau, Braun, Grün o.ä. abhebt.
Jedes Papier eignet sich für diese Übung. Das beste Ergebnis erhalten Sie auf Qualitätspapier mit mittlerem Korn. Noch etwas: Die Lauge kann das Rotmarderhaar verätzen. Arbeiten Sie daher mit einem Synthetikfaserpinsel.

83

84

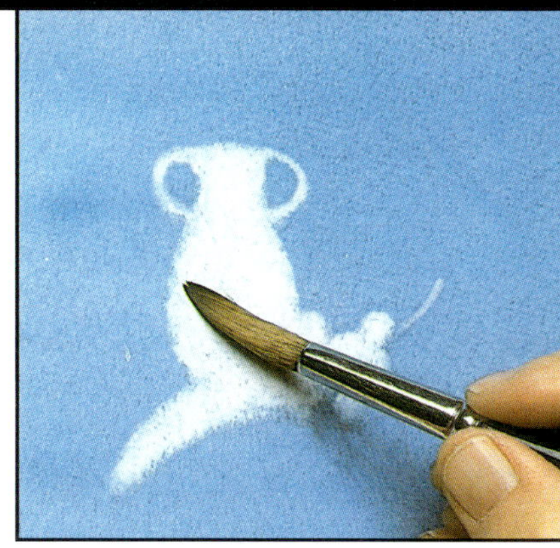

Sie können diese Technik in die Praxis umsetzen, indem Sie eine ähnliche Übung durchführen:

Abb. 83: Zeichen Sie ein Quadrat von 15 x 15 cm auf gutes Aquarellpapier, und malen Sie einen gleichförmigen Fond mit Kobaltblau.

Abb. 84: Zeichnen Sie mit einem Bleistift oder besser noch mit einem weißen Farbstift ein schlichtes Stilleben, und saugen Sie die Farbe mit einem Synthetikfaserpinsel und Lauge wieder ab. Malen Sie also „negativ". Ich tue es auf Abbildung 84 ohne Vorzeichnung, was bei diesem schlichten Modell kein Problem ist.

85

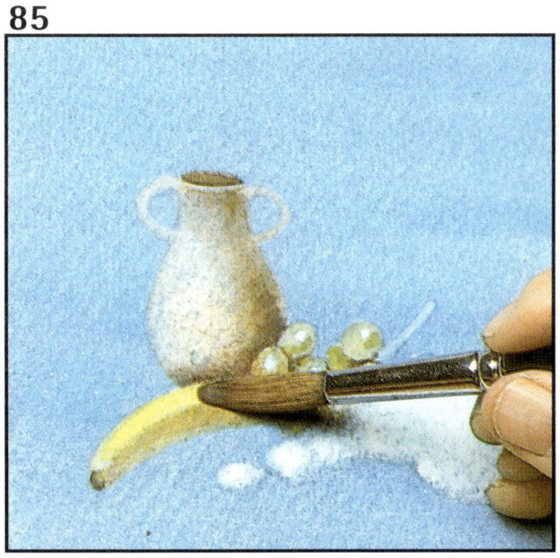

Abb. 85: Malen Sie alle Elemente Ihres Stillebens, und überziehen Sie das vorige Kobaltblau zum Abschluß mit einer Schicht Ultramarinblau.

Abb. 86: Im fertigen Aquarell erkennen Sie, daß das Ultramarinblau wie ein Hintergrund wirkt und für einen größeren Kontrast sorgt, während das hellere Kobaltblau den Boden des Stillebens bildet.

86

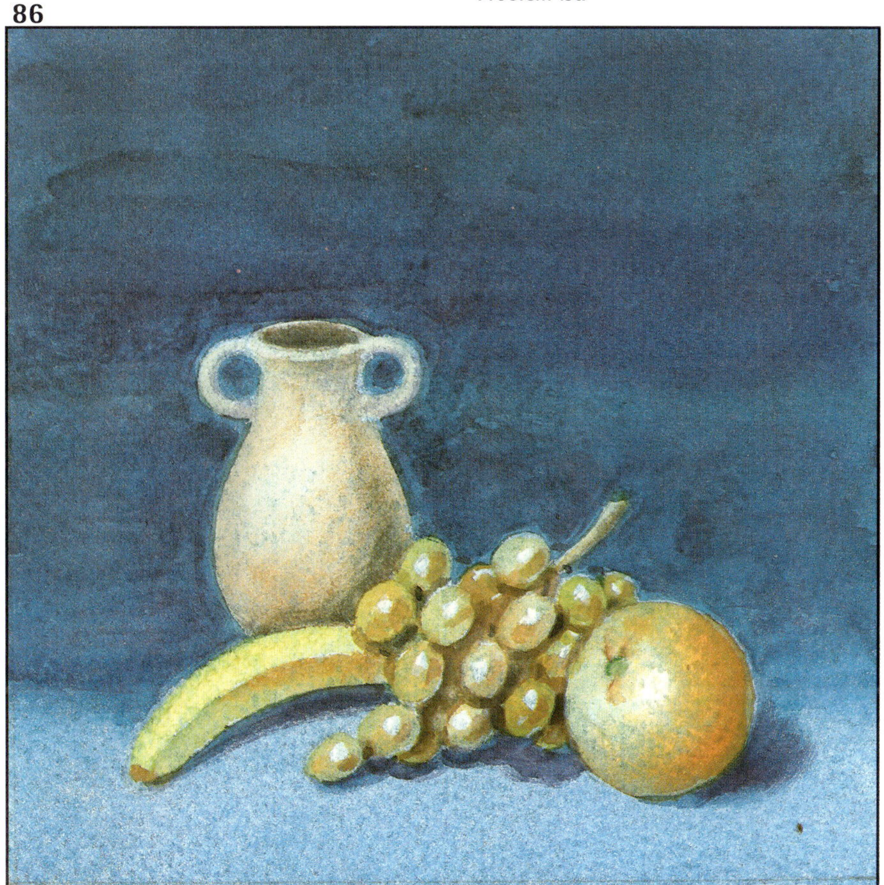

Die Technik des trockenen Pinsels

Grundbedingung für diese Technik ist, daß man auf grobkörnigem Papier malt, damit die Aquarellfarbe nur die Spitzen des Korns färbt und die Zwischenräume weiß bleiben.

Wie der Name sagt, malt man mit ziemlich trockener Farbe und streicht mit dem gefüllten Pinsel so über das Korn, daß keine Farbe in die Zwischenräume dringt. Diese Technik habe ich auch für die Farbskizze mit dem Baum, dem Haus und den Heuhaufen verwendet (Abb. 87). Es ist im Prinzip dieselbe wie für das Aquarell von Abbildung 94, das einen Sonnenuntergang auf dem Atlantik in Galicien im Nordwesten Spaniens zeigt (Abb. 90).

Ich sage bewußt „im Prinzip", weil die Farbe hier weniger dick ist, was beweist, daß die Technik des trockenen Pinsels nicht unbedingt so trocken ist, wie der Name sagt. Daher fasse ich die beiden Möglichkeiten auf Abbildung 88 und 89 noch einmal zusammen. Zunächst ein Strich mit normaler Aquarellfarbe (Abb. 88) wie für den Sonnenuntergang (Abb. 93), dann einer nach der bekannten Methode mit dem trockenen Pinsel (Abb. 89), die ich für die Farbnotiz von Abbildung 87 verwendet habe.

87

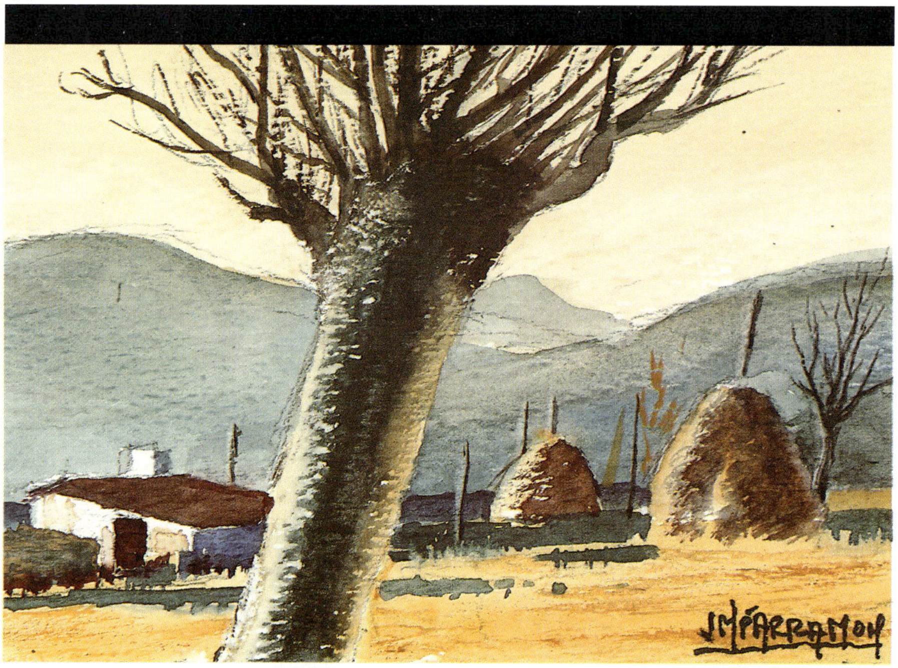

Abb. 87: Bei dieser Farbnotiz wurden der Himmel, die Berge und das Haus mit normaler verdünnter Aquarellfarbe gemalt. Für den Baum und die Heuhaufen verwendete ich dagegen die Technik des trockenen Pinsels und strich mit einer kleinen Menge dichter Farbe vorsichtig über das Papierkorn.

Abb. 88 und 89: Die Wirkung des trockenen Pinsels ist auch mit einer normalen Füllung als transparente Lasur zu erzielen (Abb. 88). Unten dieselbe Technik mit dichter Farbe und dem ziemlich trockenen Pinsel (Abb. 89).

88

89

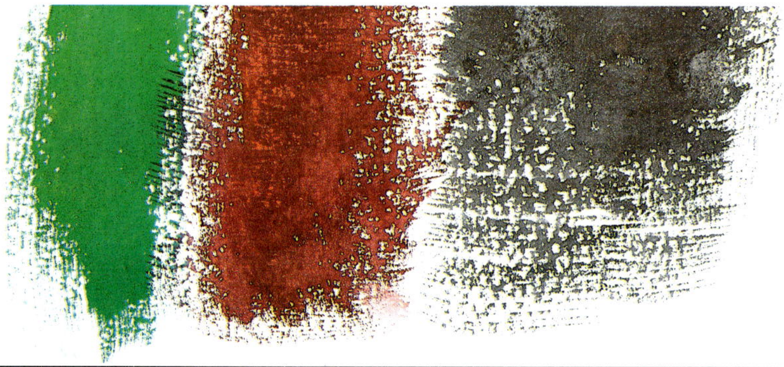

90

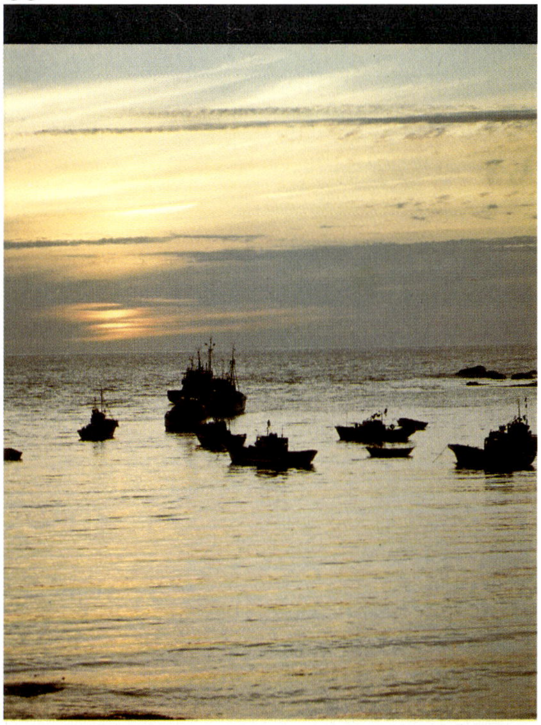

91

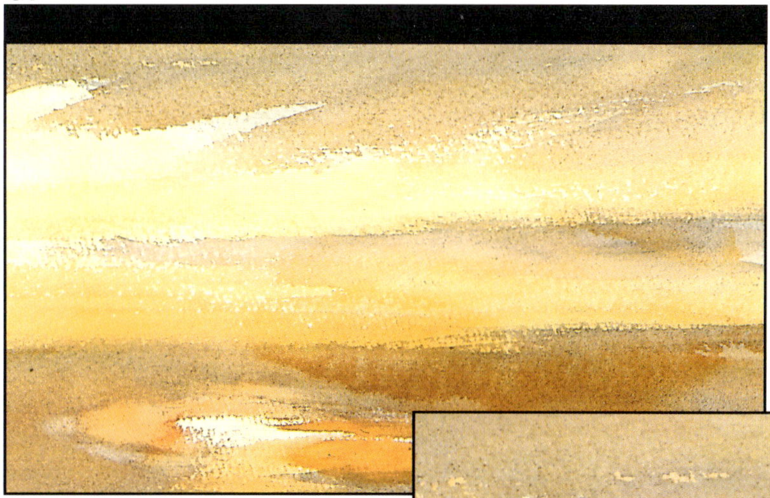

93

Abb. 90: Das Modell: Ein Sonnenuntergang am Meer in Galicien.

Abb. 91 und 92: Der Himmel wurde in der Technik des trockenen Pinsels angelegt, wie auf der Seite gegenüber beschrieben. Aus der vergrößerten Abbildung 92 geht die Malweise deutlich hervor.

92

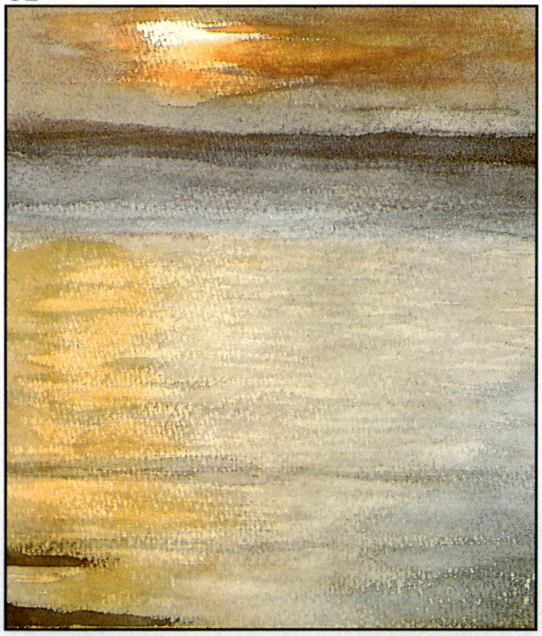

94

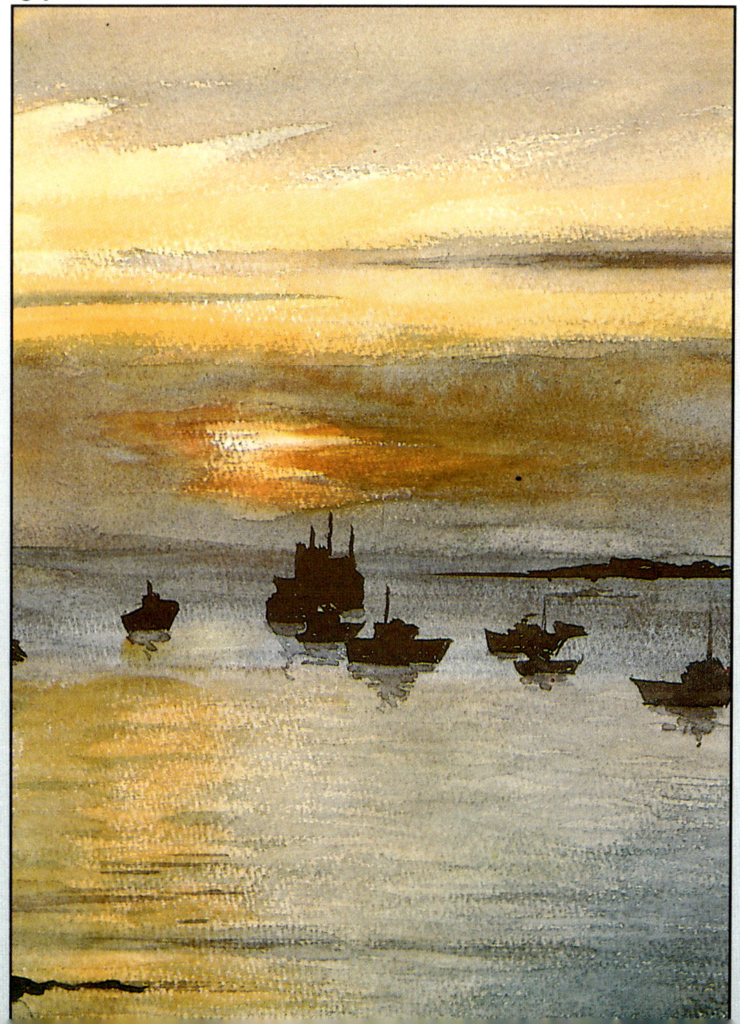

Abb. 93 und 94: Die Anlage des Meeres in der Technik des trockenen Pinsels (Abb. 93) und das fertige Aquarell (Abb. 94). Das Modell eignet sich ausgezeichnet für diese Technik, die gar nicht so trocken ist. Alle Pinselstriche für den Himmel und das Meer wurden mit normaler verdünnter, transparenter Aquarellfarbe angelegt.

Struktureffekte mit Salz

Machen Sie bitte folgenden Versuch: Malen Sie ein Rechteck von ca. 8 x 12 cm in Rot, Blau, Siena, Paynesgrau o.ä., und streuen Sie mit den Fingern einige Körner Kochsalz auf die noch feuchte Fläche. Sie werden feststellen, daß sich ein heller Kreis um jedes Salzkorn bildet, der mit der Farbe des Hintergrunds kontrastiert. Lassen Sie das Aquarell in waagerechter Lage vollständig trocken, und entfernen Sie die Salzkörner anschließend vorsichtig mit einem Schweinsborstenpinsel. Zurück bleiben helle kristallförmige Flecken, die wie Schneeflokken wirken, äußerst attraktiv sind und Sie hoffentlich noch zu weiteren Experimenten anregen. Machen Sie neue Versuche mit anderen Farben und anderem Papier wie ich auf den Abbildungen 95 und 96.

Beachten Sie, daß das Salz auf einer wieder angefeuchteten Fläche anders reagiert. Die besten Ergebnisse erhält man, wenn man auf der gerade erst gemalten und daher noch feuchten Fläche arbeitet.

Vielleicht fragen Sie sich, weshalb die Aquarellfarbe derart auf die Salzkörner reagiert. Bekanntlich ist Chlor ein wichtiger Bestandteil von Kochsalz. Kommt das Salzkorn mit dem Wasser der Aquarellfarbe in Berührung, löst es sich langsam auf. Je mehr Wasser es aus seiner Umgebung aufnimmt, desto stärker wird die Konzentration des Natriumchlorids, das seine Umgebung entfärbt. Die restlichen Kristalle, die Sie zum Abschluß entfernen, konnten sich nicht mehr auflösen, weil das Wasser – also die Aquarellfarbe – inzwischen getrocknet war.

Struktureffekte mit Salz kann man für rustikale Gebäude und Häuser (Abb. 97), für den Boden und für Landschaften bei Schneefall verwendet, wie ich es auf den Abbildung 99 bis 102 getan habe. Allerdings habe ich einige der kleinen Flecken anschließend mit dem Cuttermesser überarbeitet, um die Wirkung zu verstärken.

95

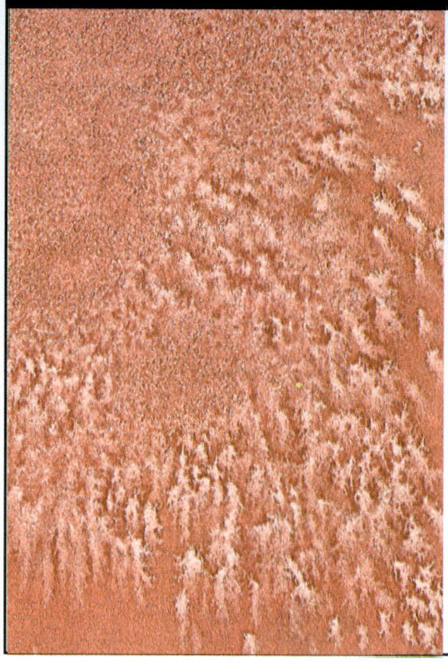

96

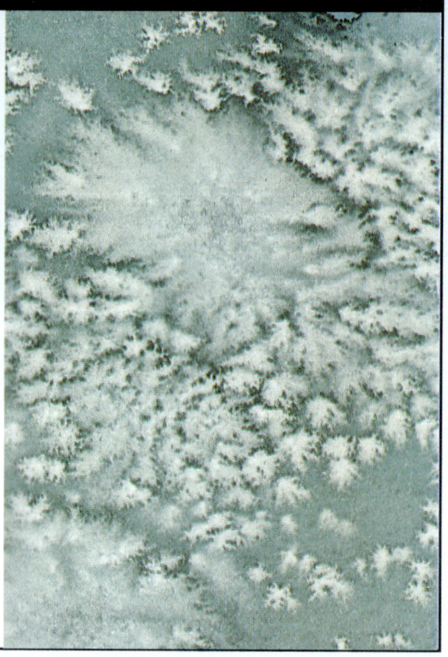

97

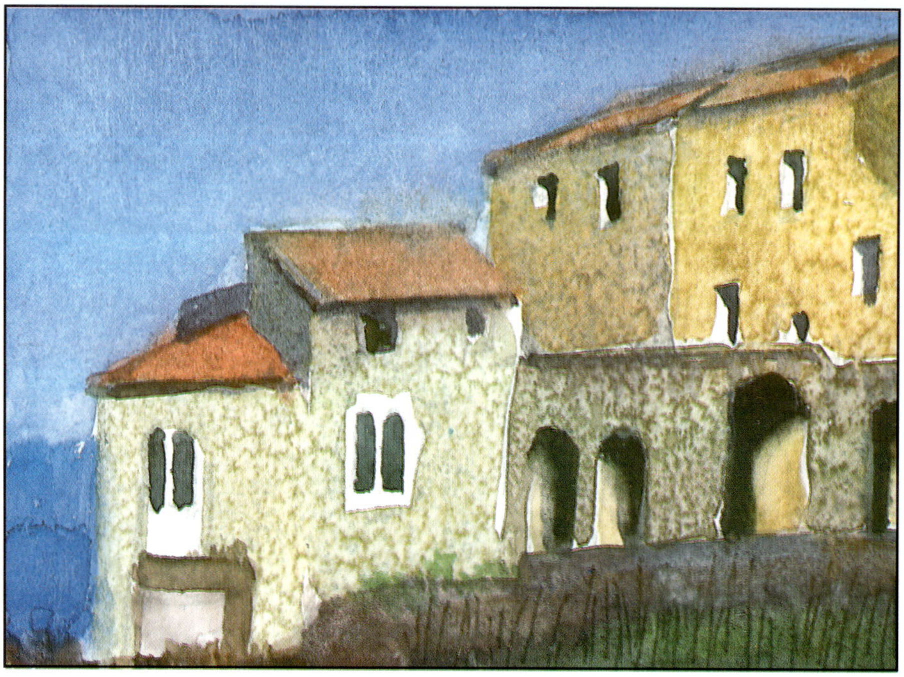

Abb. 95 bis 97: Oben zwei Beispiele für die Strukturwirkung von Salz, das auf eine feuchte rote bzw. blaugraue Lasur gestreut wurde (Abb. 95 und 96). Unten die praktische Anwendung dieser Technik für einige Hauswände.

98

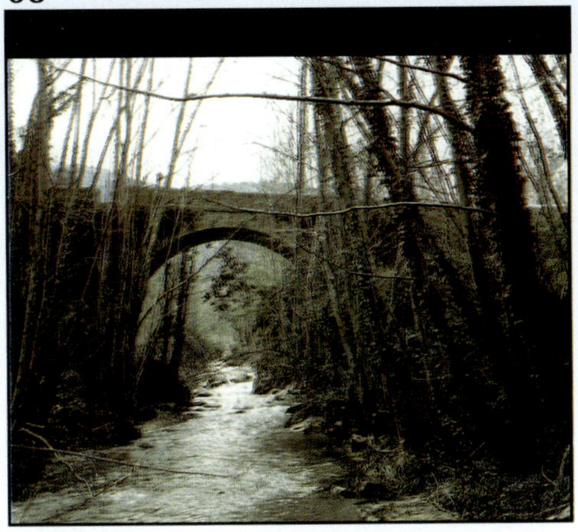

99

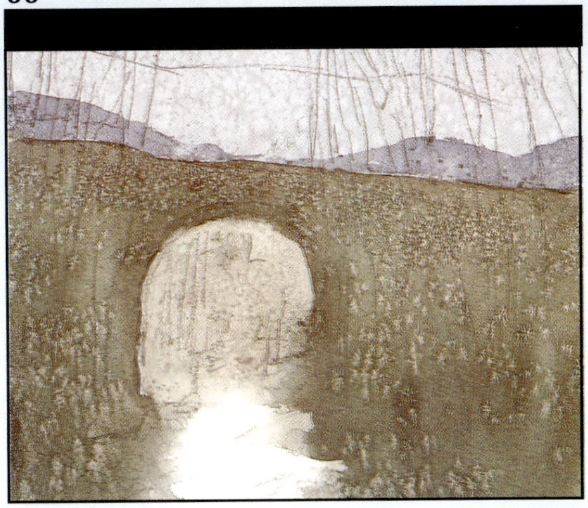

100

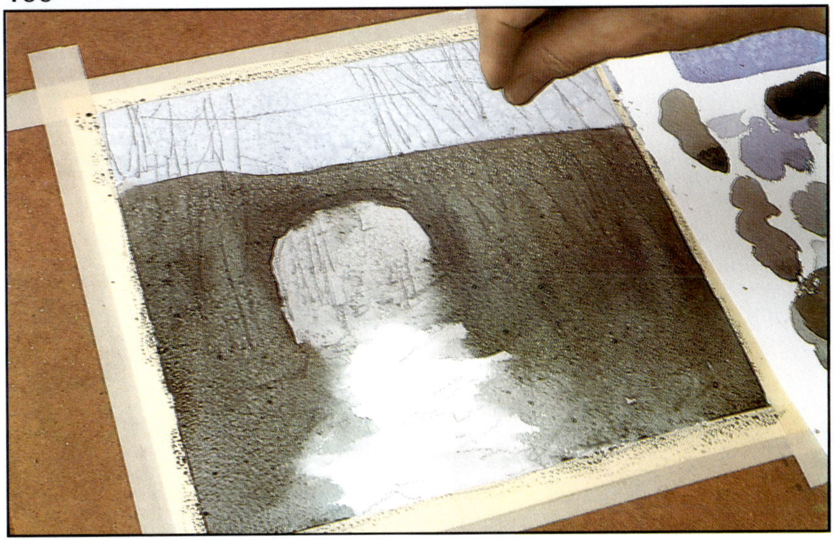

Abb. 98 bis 102: Schrittweise Darstellung einer Landschaft bei Schneefall nach einem Modell. Ich male zunächst die einzelnen Töne und streue das Salz darauf (Abb. 99). Nach Eintreten der Wirkung arbeite ich weiter und verstärke die Formen (Abb. 100). Zum Abschluß retuschiere ich die winzigen Flocken mit einem Cuttermesser (Abb. 101). Damit ist meine Aquarellandschaft bei Schneefall bereits fertig (Abb. 102).

101

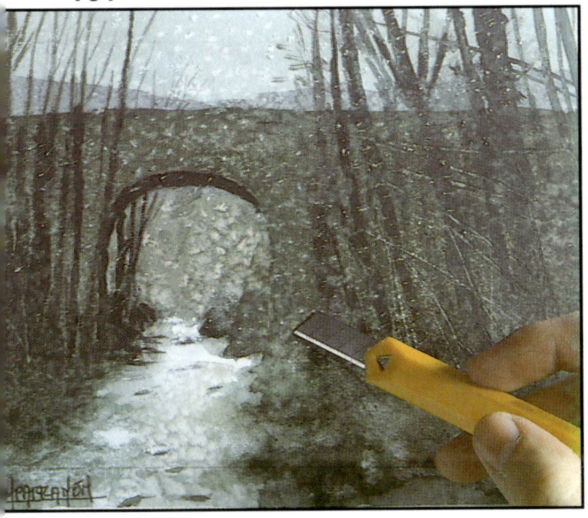

102

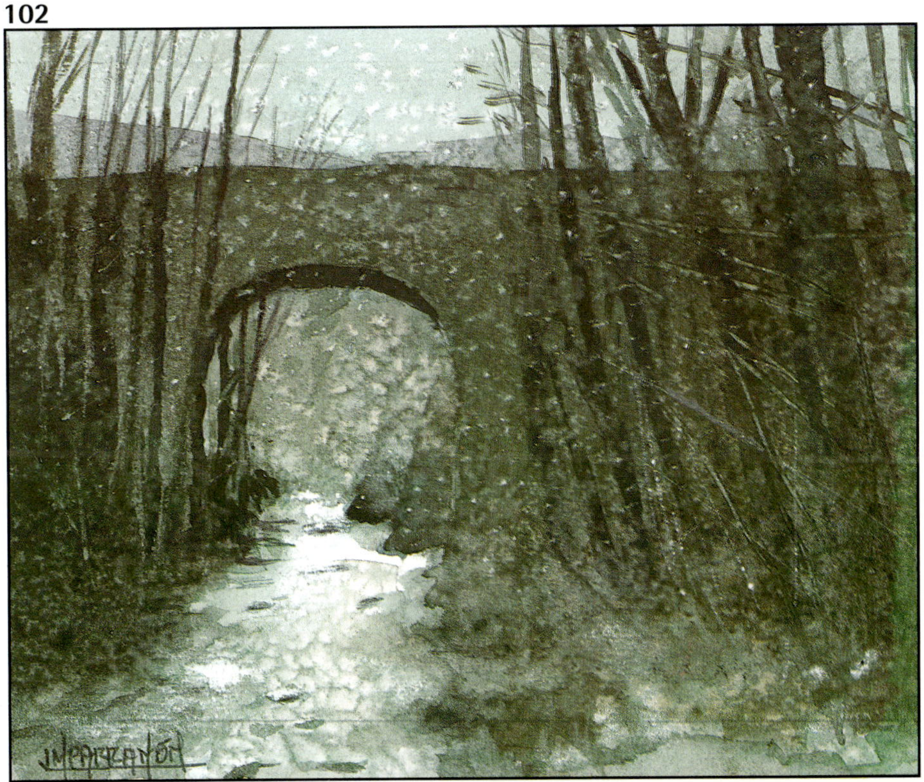

Struktureffekte mit Terpentin

Sehen wir nun, welche Struktureffekte entstehen, wenn man einige Tropfen Terpentin auf eine kürzlich gemalte Aquarellfläche gibt.
Tauchen Sie einen Synthetikfaserpinsel in Terpentin und streichen damit über die noch feuchte Aquarellfarbe, stellen Sie fest, daß sich einige Stellen entfärben und mit den dunkleren stabileren Zonen kontrastieren, so daß ein ziemlich abstraktes Gebilde entsteht. Die Fläche läßt sich übermalen und für weitere höchst interessante Formen nutzen. Abbildung 104 zeigt diese Wirkung an einem farbigen Fond. Den schrittweisen Ablauf für Hauswände finden Sie auf den Abbildungen 105 bis 108.
Die Struktureffekte mit Terpentin ergeben sich aufgrund der sogenannten Oberflächenspannung des Wassers, ein Phänomen, das man beim Betrachten eines kugelförmigen Tropfens auf Glas erkennt. Diese Oberflächenspannung löst sich in der Mischung mit Terpentin. Das Wasser verläuft und mit ihm die Aquarellfarbe.

103

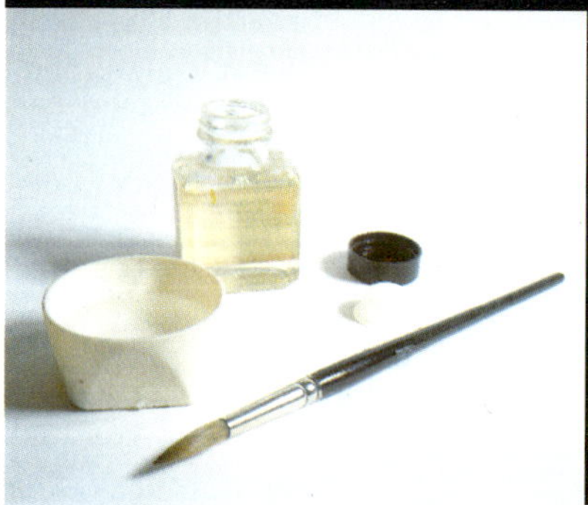

104

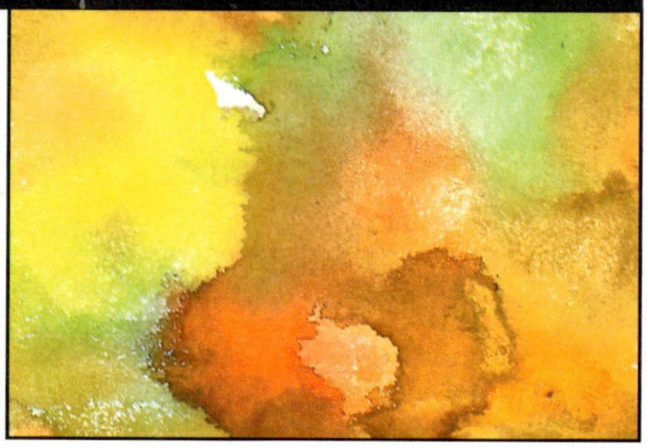

Abb. 103 und 104: Für diese Technik benötigt man einen kleinen Napf mit Terpentin sowie einen Rotmarderpinsel (Abb. 103). Legen Sie eine unregelmäßige Lasur aus hellen und dunklen Farben auf grobkörniges Papier, und experimentieren Sie mit den unterschiedlichen Effekten dieser Technik.

105

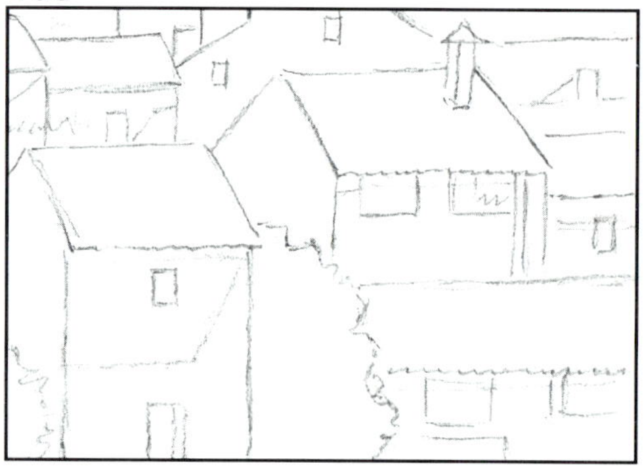

106

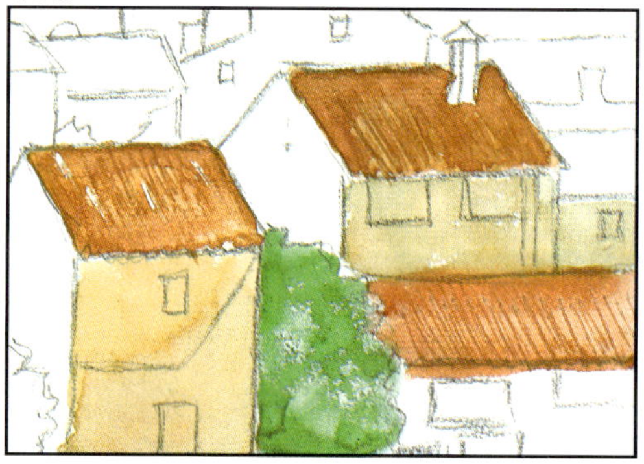

Abb. 105 bis 108: Hier wende ich die Strukturwirkung mit Terpentin für eine kleine Farbnotiz mit rustikalen Häusern an. Ich arbeite auf einem grobkörnigen Papier von 18 x 13,5 cm und zeichne das Thema zunächst vor (Abb. 105). Anschließend trage ich die Farbe auf und stelle die erste Strukturwirkung mit Terpentin her (Abb. 106). Ich fahre mit dem Terpentin fort und öffne eine Reihe von Strichen für die Dachziegel (Abb. 107). Zum Abschluß retuschiere ich alle Formen und verstärke die Kontraste (Abb. 108).

107

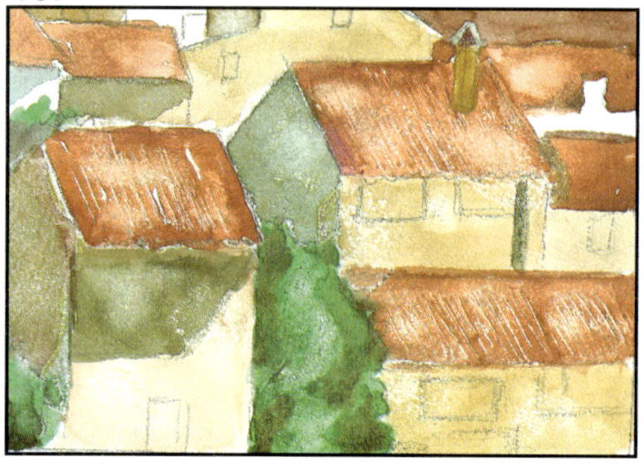

108

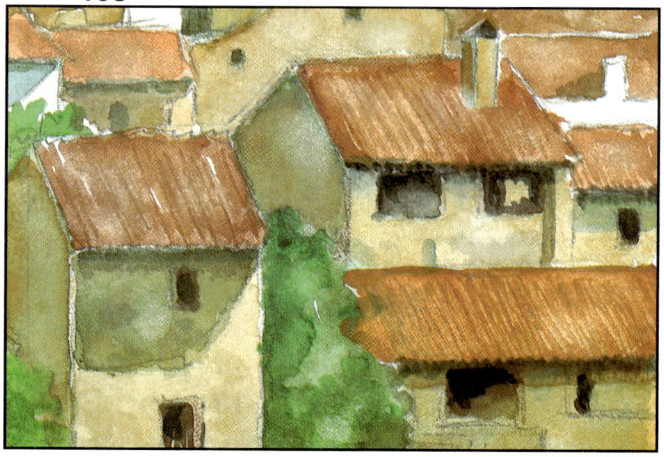

Spezialeffekte mit dem Schwamm

Normalerweise arbeitet der Kunstmaler mit einem kleinen Naturschwamm, dessen Struktur sich gut zum Anlegen von Flecken, Druckmustern, großen wolkigen Hintergründen und Abstufungen eignet. Außerdem kann man Farbe damit absaugen, um zum Beispiel Weiß in einer gemalten Fläche wieder zu öffnen.
Betrachten Sie die Anwendungsmöglichkeiten auf den Abbildungen: eine Abstufung (Abb. 109 und 110), ein Druckmuster aus Aquarellfarbe für eine Zimmerwand (Abb. 111), eine ungleichmäßige Abstufung mit zwei Farben (Abb. 112) und das Ergebnis von Absaugungen, um ein unebenes Gelände mit Steinen etc. darzustellen, so wie es der Engländer John Blockley tat (Abb. 113 und 114).

109

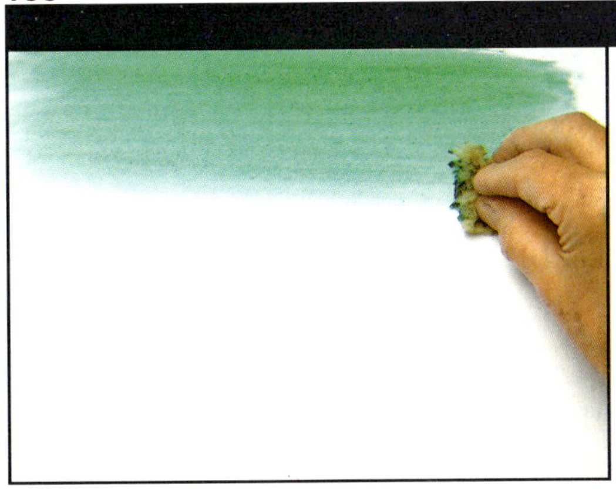

110

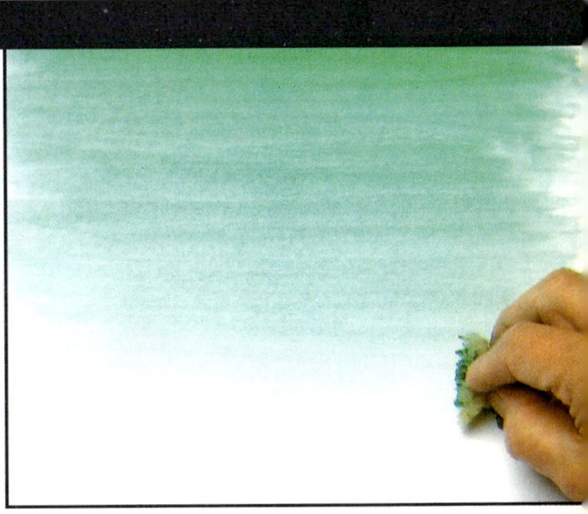

Abb. 109 und 110: Zu den zahlreichen Arbeiten, die man mit dem Schwamm erledigen kann, gehört das Anlegen großer Fonds und Abstufungen. Hier male ich eine Abstufung. Dazu feuchte ich die Fläche mit sauberem Wasser an, tauche den Schwamm in Farbe und führe ihn von einer Seite zur anderen (Abb. 109). Anschließend reinige ich den Schwamm, drücke ihn aus und ziehe die Farbe mit waagerechten Strichen von oben nach unten, bis die Abstufung von dunkel nach hell erreicht ist (Abb. 110).

Abb. 111 und 112: Mit dem Schwamm und Farbe kann man auch Druckmuster herstellen (Abb. 111) und unregelmäßige zweifarbige Abstufungen anlegen. Für letztere tränkt man den Schwamm zunächst mit Blau und anschließend mit Karmin.

Abb. 113 und 114: Der Schwamm spielt für den englischen Aquarellmaler John Blockley, von dem wir hier den Ausschnitt einer Landschaft sehen, eine wichtige Rolle (Abb. 114). Auf der Vergrößerung (Abb. 113) ist zu erkennen, daß Blockley zunächst eine mehr oder weniger dunkle Lasur auftrug und die Farbe, solange sie noch feucht war, mit dem Schwamm wieder absaugte. So entstanden helle runde und ovale Formen, die er anschließend mit einem dünnen Pinsel oder einer Zeichenfeder mit kräftiger Farbe umrahmte, bis ein originelles, attraktives Ganzes aus Erde und Steinen entstand.

111

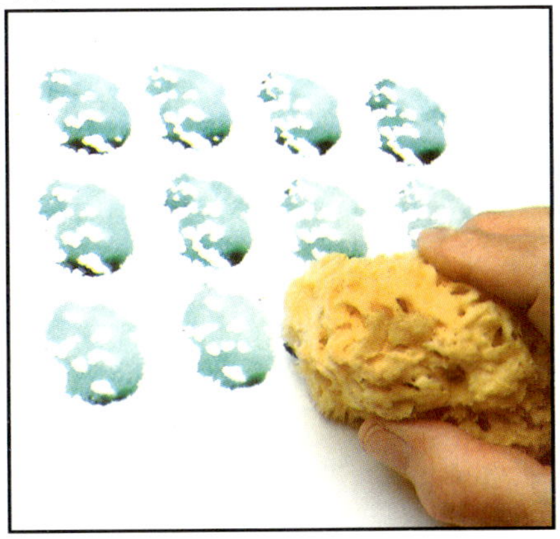

112

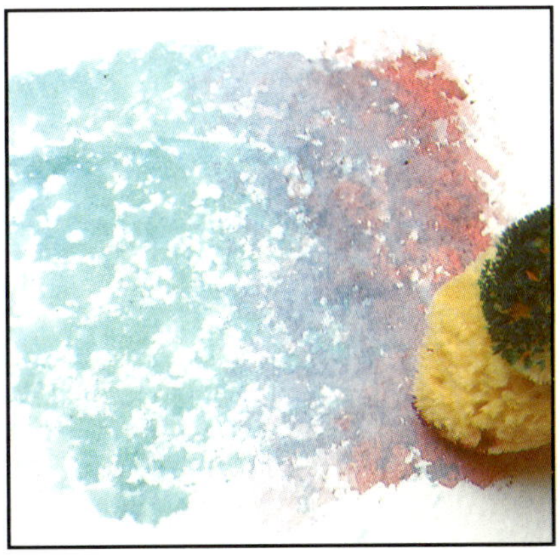

113

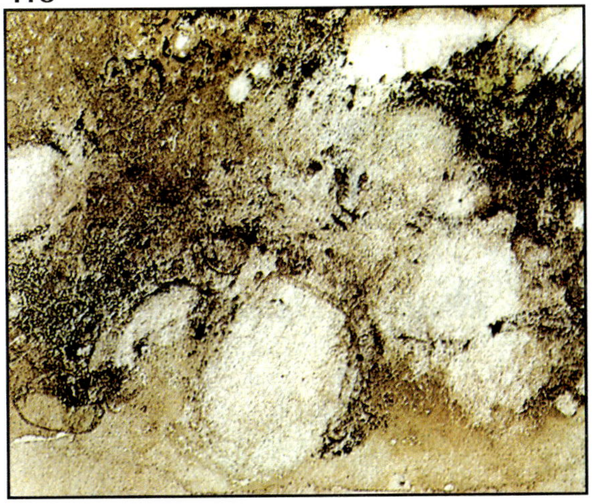

114

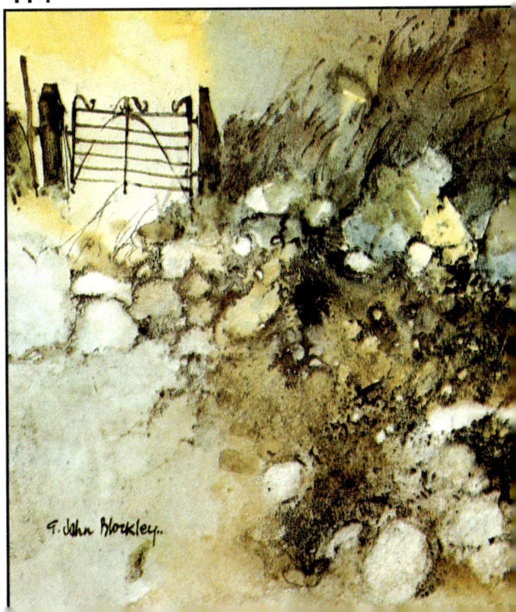

Die Technik des Pointillismus

Befassen wir uns jetzt mit dem Pointillismus oder dem spatering, wie die Engländer diese Technik nennen. Sie eignet sich gut für rustikale Mauern und Hauswände, Felsformationen, Abstufungen auf Wolken etc.

Für die pointillistische Technik gibt es zwei Varianten: Erstens kann man die Farbe gleichmäßig wie mit einem Airbrush aufsprühen (Abb. 115). Zweitens kann man einen Synthetikfaserpinsel – rund oder flach – in Farbe tauchen, den Haarkörper unter leichtem Fingerdruck nach hinten biegen und die Tropfen auf eine bestimmte Stelle oder Fläche sprühen (Abb. 116 bis 118).

Die Einzelheiten der ersten Methode mit einer Zahnbürste und einem Kamm werden auf den unteren Abbildungen erklärt. Das Motiv besteht aus drei Heißluftballons auf einer blauen Abstufung (Abb. 119). Zunächst decke ich alle Formen, die nicht in der pointillistischen Technik besprüht werden sollen, mit Pappe ab. Anschließend fülle ich die Zahnbürste mit Farbe und führe sie parallel zum Papier über einen Kamm, so daß sich ein feiner Sprühregen über die Fläche ergießt (Abb. 120). Dies kann sowohl auf weißem Papier und auch auf einer bereits gemalten trokkenen Fläche erfolgen.

115

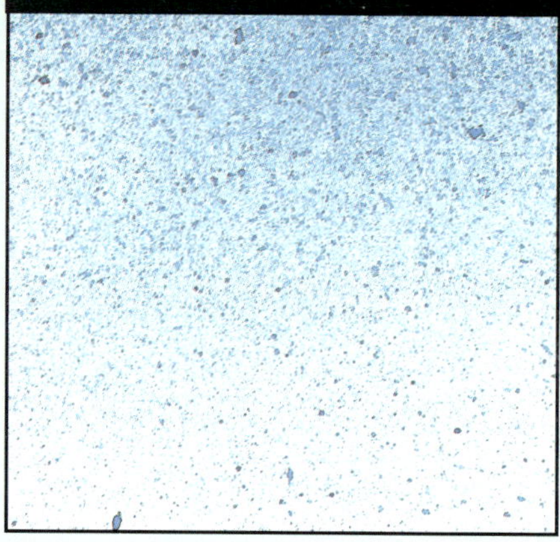

116

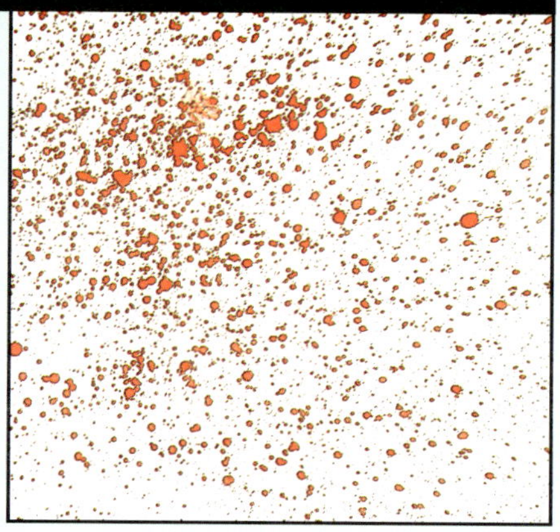

Abb. 115 und 116: Diese beiden Abbildungen zeigen die verbreitetsten Techniken des Pointillismus: eine gleichförmige bzw. abgestufte Sprenkelung wie mit dem Airbrush (Abb. 115) und eine Art „Tachismus", also eine Sprenkelung aus kleinen Flecken mit Pinsel und Farbe (Abb. 116).

117

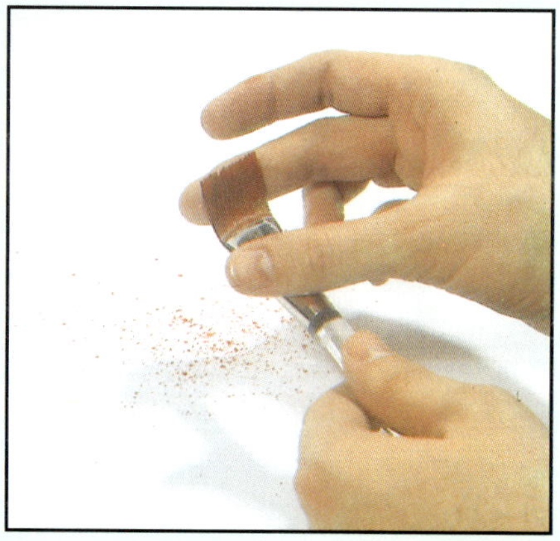

118

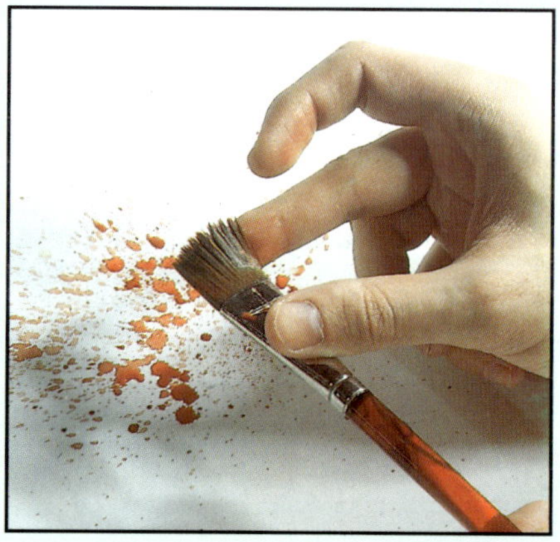

Abb. 117 bis 121: Zum Sprenkeln mit dem Pinsel füllt man den runden oder flachen Haarkörper mit Farbe, biegt ihn mit dem Zeigefinger nach hinten und läßt ihn ruckartig wieder los. Abbildung 119 zeigt die Wirkung als Abstufung für einen Himmel mit Heißluftballons. Ich habe alle Formen, die nicht bearbeitet werden sollten, mit einer Pappschablone abgedeckt und eine mit Farbe gefüllte Zahnbürste über einen Kamm geführt (Abb. 120). Abbildung 121 zeigt das Ergebnis.

119

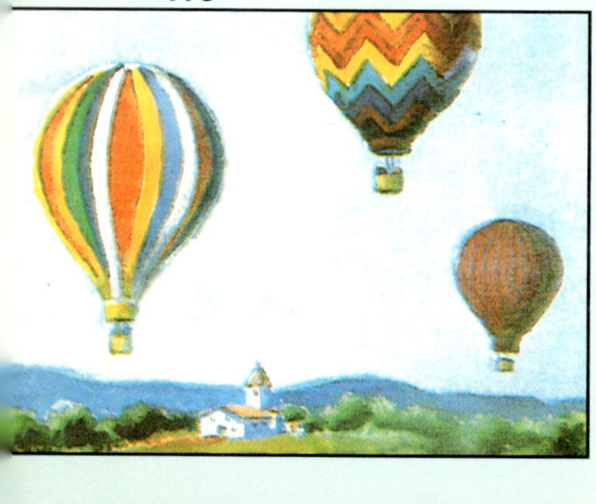

120

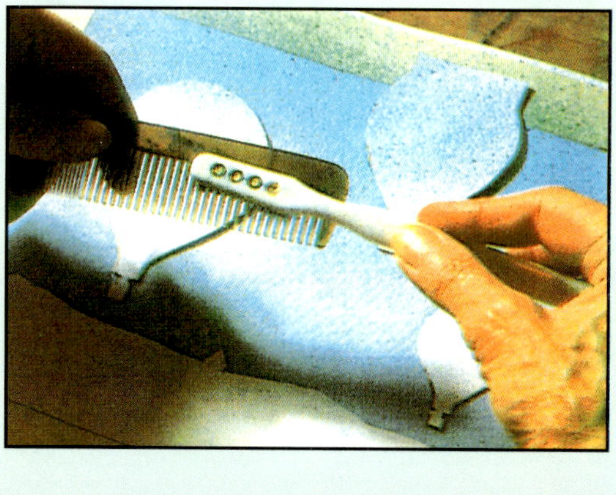

121

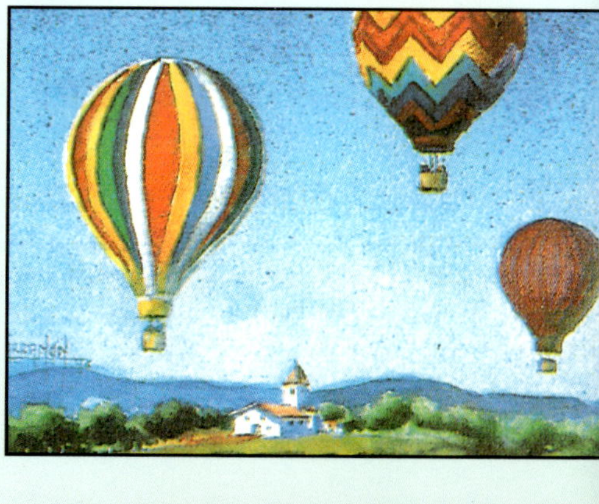

Niemals in der prallen Sonne!

Der bekannte Maler Joaqín Mir erklärte: „Gebt mir einen guten Schatten, und ich male Euch eine gute Landschaft.“ Damit drückte er eine Grundbedingung für das Malen im Freien nach einem Modell aus. Corot, Monet, Renoir und fast alle anderen Impressionisten malten bei Sonnenschein, aber aus dem Schatten oder im Schutz eines Sonnenschirms (Abb. 122 und 123).

Bei strahlendem Sonnenschein sollten Sie sich in den Schatten zurückziehen. Ist das nicht möglich, stellen Sie Ihr Zeichenbrett bitte so auf, daß es nicht direkt von der Sonne beschienen wird (Abb. 124 und 125). Auf keinen Fall darf es in der prallen Sonne stehen. Das Weiß des Papiers würde Sie blenden, so daß Ihre Wahrnehmung der Farben fehlerhaft wäre. Anders ausgedrückt: Wird das Aquarellpapier unmittelbar von der Sonne beschienen, malt man zwangsläufig mit dunkleren Farben, als es dem Modell entspricht, so daß das fertige Bild bei normaler Beleuchtung mißraten wirkt.

122

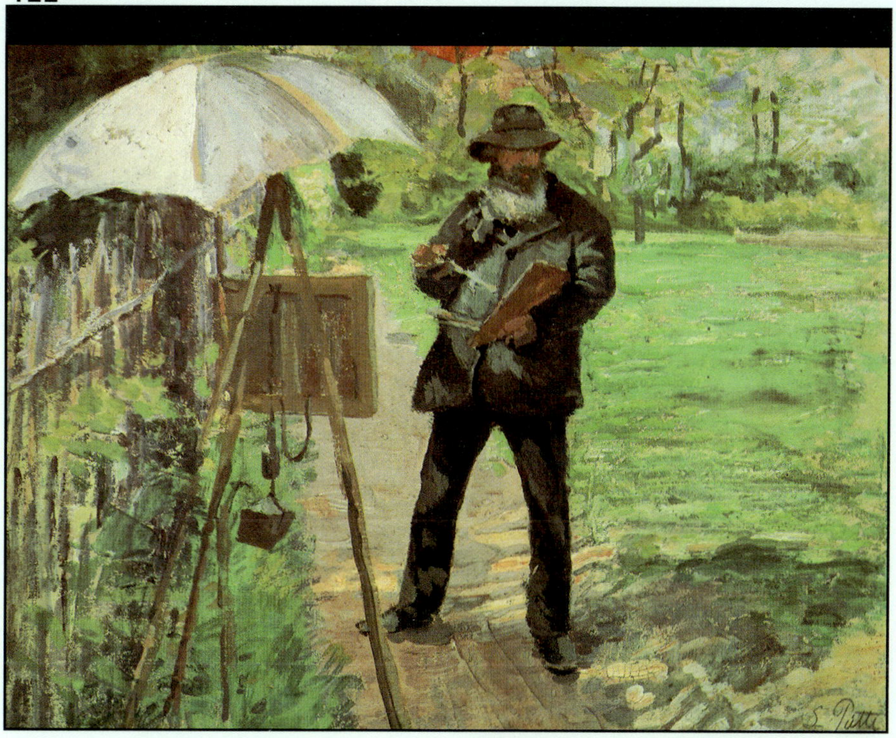

123

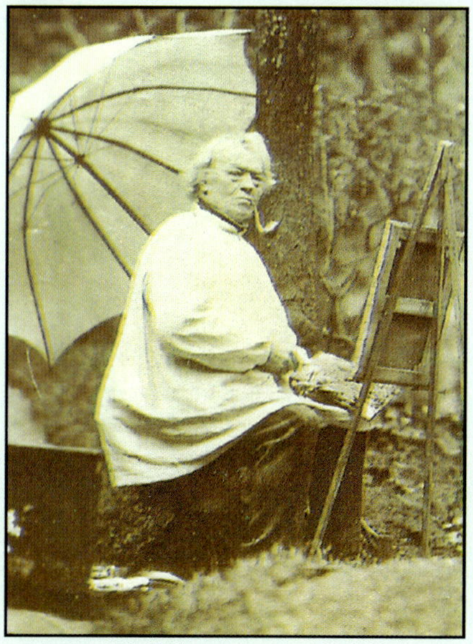

Abb. 122 und 123: Piette, Porträt von Pissarro beim Malen im Freien. Auf diesem Gouachebild von Piette malt Pissarro im Freien, schützt sich jedoch mit einem großen Sonnenschirm vor der Sonne (Abb. 122). Camille Corot (unten) und die meisten anderen Impressionisten hielten es nicht anders (Abb. 123).

124

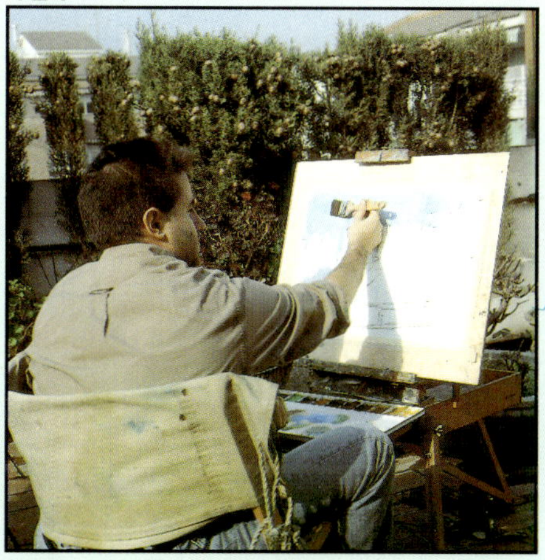

125

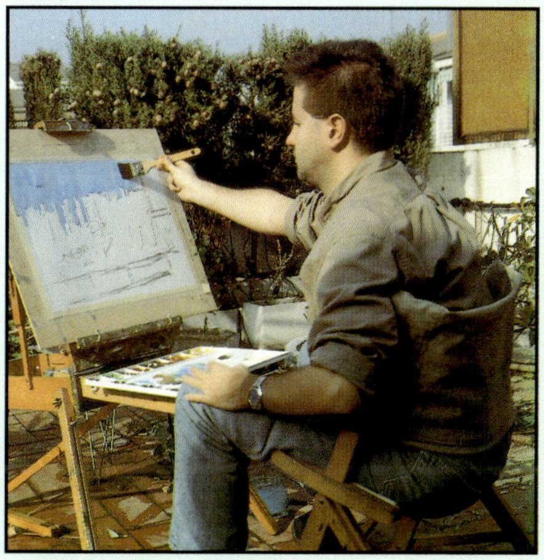

Abb. 124 und 125: Malen Sie im Schatten, schützen Sie sich mit einem Sonnenschirm, oder stellen Sie Ihr Zeichenbrett schräg zur Sonne. Keinesfalls dürfen Sie ein Aquarell im prallen Sonnenlicht malen, da Ihre Farben unweigerlich dunkler als die des Modells ausfallen würden.

Einige Tricks aus dem Nähkästchen

Zur Vervollständigung dieses Kapitels möchte ich zum Abschluß an einige Techniken erinnern, die in bestimmten Fällen recht nützlich sein können.
Abbildung 126 zeigt zum Beispiel die Studie eines weiblichen Akts unseres Freundes Gaspar Romero. Neben der korrekten Zeichnung und der geeigneten Farbe fällt auf, daß der Künstler die Begrenzungen der Gestalt mit der Spitze eines angefeuchteten Stäbchens Chinatusche nachgezogen hat (Abbildung 127 und 128). Beachten Sie, daß die Linien etwas unregelmäßig sind, weil das Stäbchen beim Zeichnen immer trockener wurde. Einerseits erschwert dies die Arbeit und läßt den Strich grauer erscheinen, andererseits bereichert es die Qualität der Zeichnung.
Ein weiterer Punkt. Vielleicht malen Sie nicht nur gern Aquarelle, sondern sind auch ein begeisterter Fotograf. Nehmen wir es einmal an. Dann fotografieren Sie sicher Landschaften oder Familienangehörige, wann immer sich Gelegenheit dazu bietet. Weshalb nicht einmal ein Foto als Modell wählen? Das ist nichts Ungewöhnliches. In einem Brief an seinen Bruder Theo schreibt Vincent van Gogh: *„Ich male gerade ein Porträt von unserer Mutter, weil mir das Schwarzweißfoto nicht gefällt. Oh, welche herrlichen Bilder kann man mit einer Fotografie und Farbe malen!“*
Hier eine Technik, die Ihnen die Vorzeichnung erleichtert, falls Sie eine Landschaft oder – schwieriger – eine Gestalt oder ein Porträt nach einem Foto anfertigen möchten (Abb. 130). Dazu benötigen Sie eine auf die gewünschten Maße des Aquarells vergrößerte Kopie Ihres Fotos sowie einen Leuchttisch, um die Fotokopie auf das Aquarell durchzupausen. Befestigen Sie die Fotokopie und das Aquarellpapier mit Klebeband auf dem Tisch (Abb. 129). So können Sie erheblich schneller und sicherer zeichnen.

126

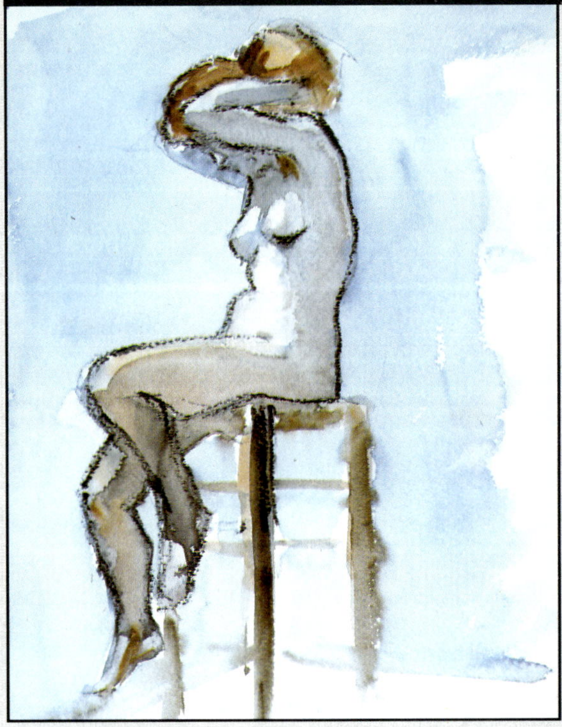

127

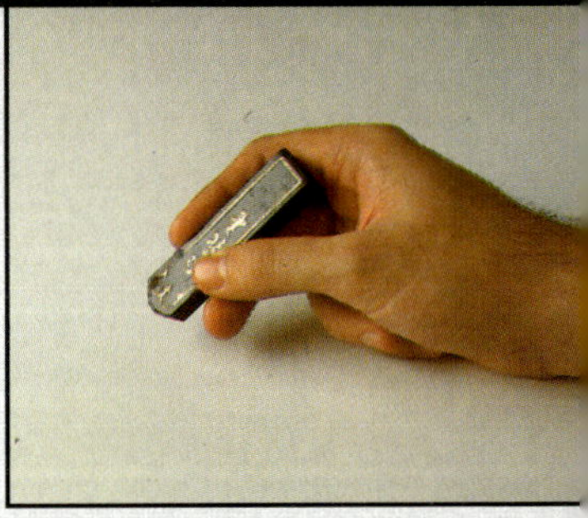

128

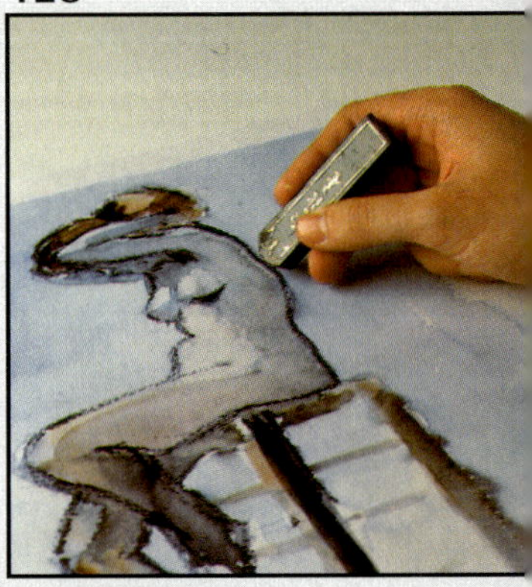

Abb. 126 bis 128: Zahlreiche Impressionisten umgaben ihre bekleideten oder unbekleideten Gestalten mit einer dunklen Linie, u.a. Toulouse-Lautrec. Gaspar Romero tut es bei diesem weiblichen Akt mit einer ganz besonderen Technik. Er feuchtet die Spitze eines Stäbchens Chinatusche an, so daß ein unregelmäßiger Strich entsteht, der die Zeichnung künstlerischer macht.

129

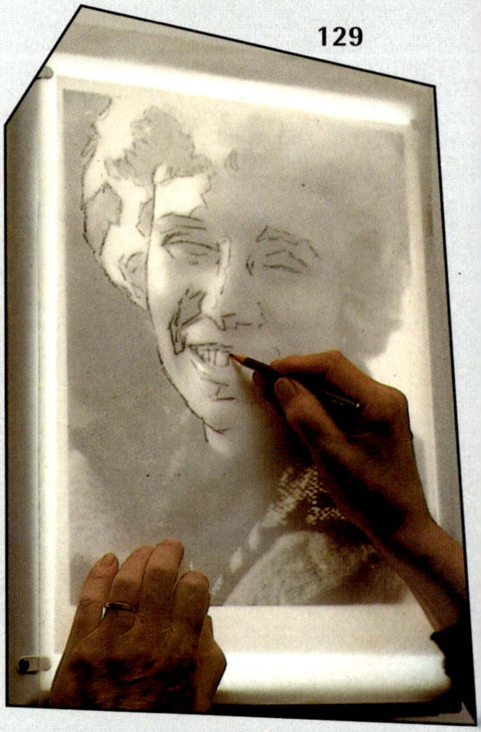

130

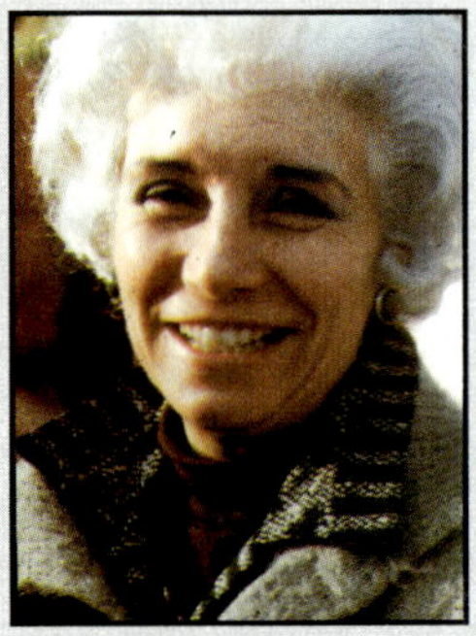

Abb. 129 und 130: Hier eine Methode, mit der man sich die Zeichnung für ein Porträt nach einem Foto erleichtern kann. Man fertigt eine Fotokopie in der Größe des gewünschten Aquarells an und paust sie auf einem Leuchttisch auf sein Aquarellpapier. (Es gibt auch tragbare Leuchttische.) So geht das Zeichnen schneller und sicherer.

Noch ein Trick. Bei einem Aquarell kleineren oder mittleren Formats von höchstens 36 x 50 cm kann man die Wirkung mit einem eineinhalb bis zwei Zentimeter breiten weißen Rand steigern. Um diesen zu erhalten, befestigt man das Aquarellpapier mit einem drei oder vier Zentimeter breitem Klebestreifen so auf dem Zeichenbrett, daß die Mitte genau über den Papierrand läuft. Nach Fertigstellung des Aquarells löst man den Klebestreifen vorsichtig ab und erhält den gewünschten weißen Rand (Abb. 131 und 132).
Mit einem einzigen Rotmarderpinsel Nr. 12 oder 14 kann man praktisch alles malen: Hintergründe, Abstufungen, breite Striche und so feine wie mit einem Bleistift. Für letztere muß der Haarkörper allerdings eine perfekte Spitze bilden. Diese verformt sich gelegentlich, so daß man den Haarkörper wieder „anspitzen" muß. Das geht ganz einfach. Füllen Sie den Pinsel mit Farbe, und führen Sie ihn solange halbkreisförmig über ein Blatt Papier, bis die Spitze wiederhergestellt ist (Abb. 133).
Zum Abschluß noch ein wichtiger Rat: Unmittelbar mit der Farbe zu malen, wie sie aus der Tube oder einem Näpfchen kommt, kann gefährlich sein. Fällt die Lasur zu schwach aus, passiert nichts. Ist sie jedoch zu stark... Ich habe es schon oft gesagt und wiederhole es auch hier: Halten Sie stets ein Extrablatt zur Hand, möglichst von derselben Qualität wie Ihr Aquarellpapier, und machen Sie zuvor einen Probestrich. Das tun alle erfahrenen Kunstmaler. Fortuny erledigte dies bei seiner nebenstehend abgebildeten italienischen Bäuerin sogar am Rand seines Aquarells (Abb. 134).

131

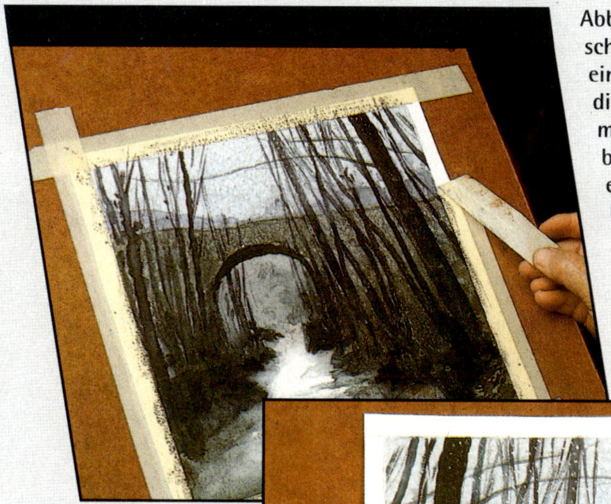

Abb. 131 und 132: Mit einem schmalen weißen Rand von der Art eines Passepartouts verstärkt man die Wirkung kleiner Aquarelle und macht sie attraktiver. Dazu braucht man das Papier nur mit einem drei oder vier Zentimeter breiten Klebestreifen auf dem Zeichenbrett zu befestigen.

132

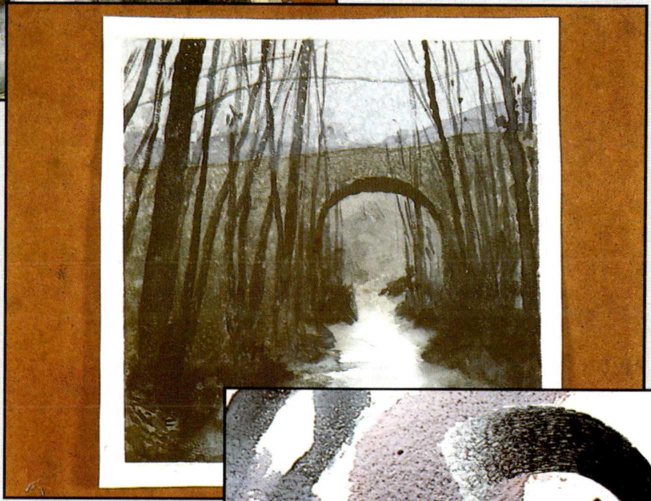

133

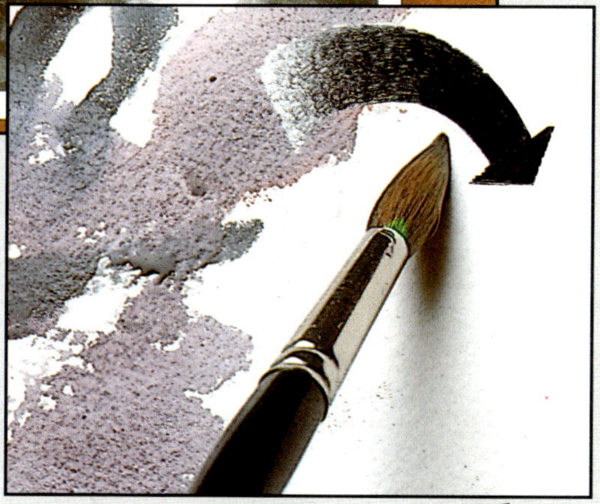

Abb. 133: Um die Spitze eines Pinsels wiederherzustellen, fährt man mit dem gefüllten Haarkörper solange halbkreisförmig über ein Blatt Papier, bis das gewünschte Ziel erreicht ist.

Abb. 134: Verwenden Sie ein Extrablatt für Probestriche? Alle Experten vergewissern sich beim Malen mit Aquarellfarben, ob ihre Farbstärke, ihr Ton oder ihre Nuance stimmen. Fortuny tat dies am Rand seines Bildes.

134

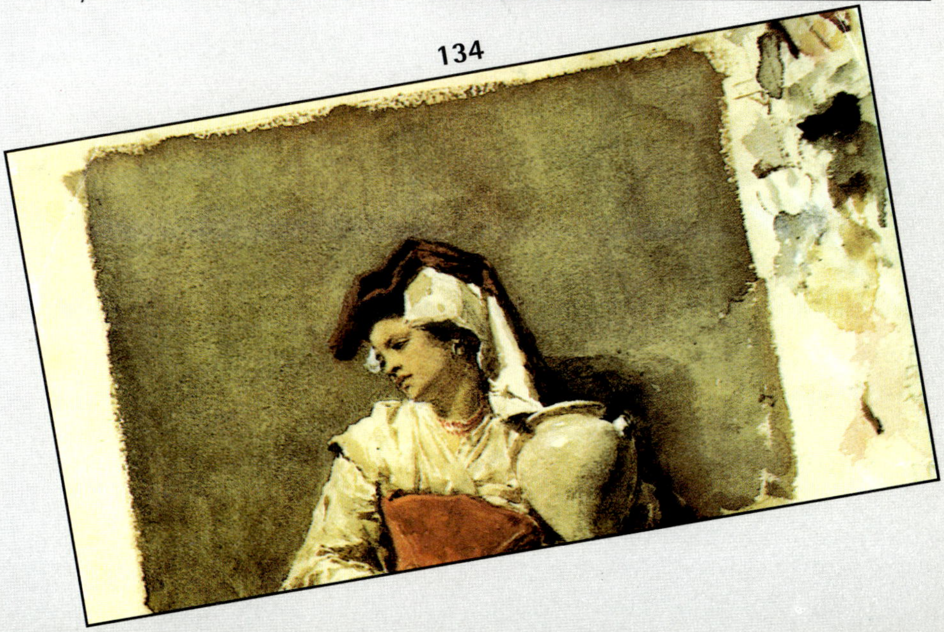

135

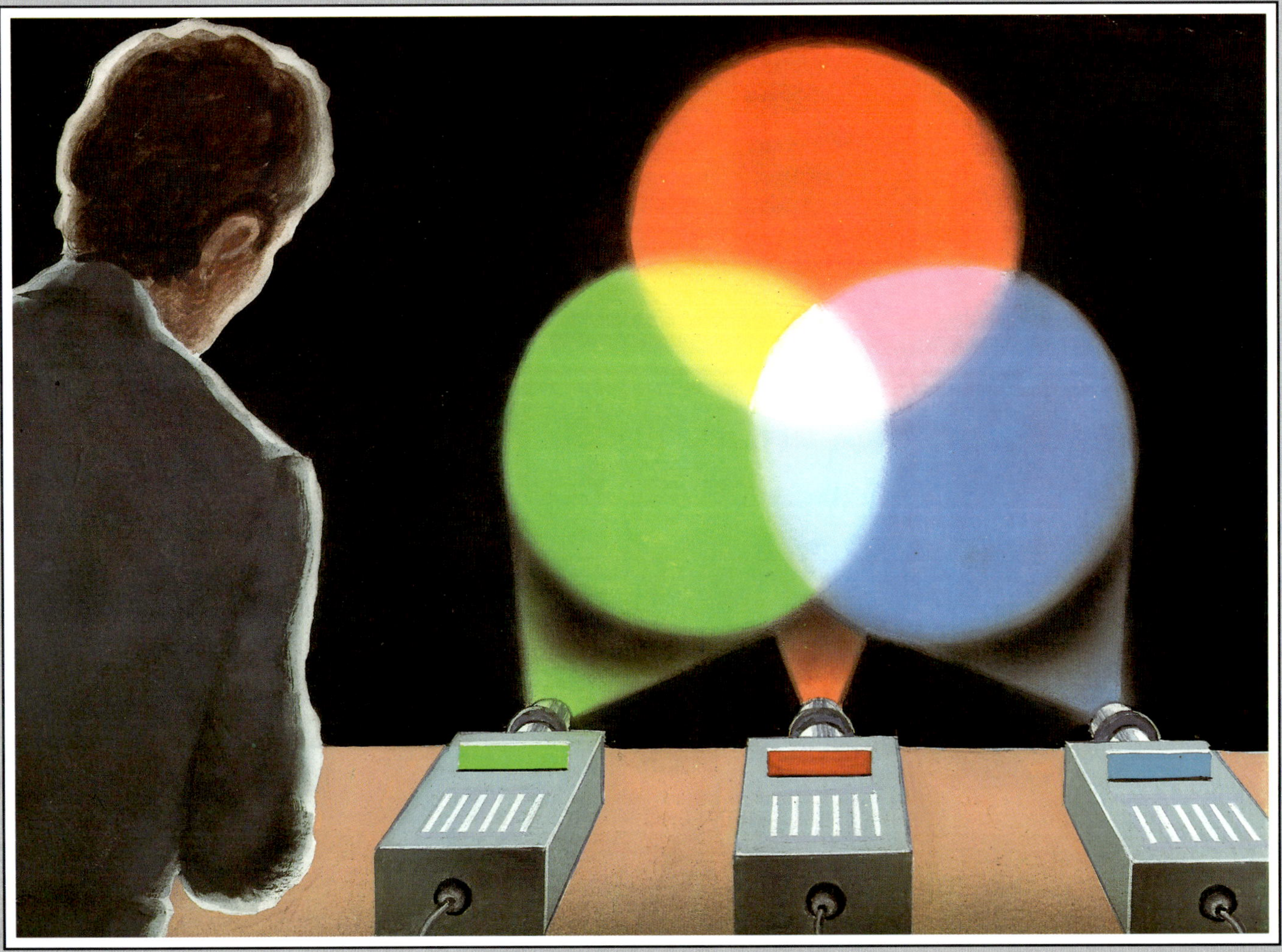

Abb. 135: Ideelle Darstellung des Augenblicks, als der englische Physiker Thomas Young entdeckte, daß die Lichtfarben Rot, Grün und Dunkelblau gemeinsam das weiße Licht wieder zusammensetzen und in der paarweisen Mischung die Zweitfarben Gelb, Zyanblau und Magenta oder Purpur ergeben. Mit diesen drei Farben können wir Künstler theoretisch alle Farben der Natur wiedergeben.

DIE FARBENLEHRE

Ohne Kenntnis der Farbenlehre und deren praktische Anwendung geht es beim Malen mit Aquarellfarben, Ölfarben, Pastellstiften etc. nicht. Seit der englische Physiker Isaac Newton im Jahre 1704 entdeckte, daß Licht Farbe ist, weiß man, daß alle beleuchteten Körper mit dem Licht auch die Farben des Spektrums empfangen. Hundert Jahre später bestimmte der Physiologe Thomas Young nach diesem Spektrum unsere drei Primärfarben, die in der Mischung alle Naturfarben ergeben. Darüber hinaus sagt uns die Farbenlehre, wozu die Komplementärfarben dienen, was die Harmonisierung der Farben bedeutet, was eine koloristische Malweise ist, wie die Schattenfarben aussehen etc., ganz gleich, ob man nun mit Aquarellfarben, mit Ölfarben oder mit Pastellstiften malt.

Newton, Young und Helmholtz entdecken die Farbe

136

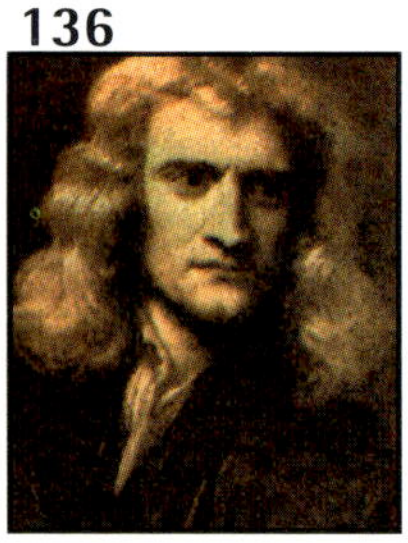

Abb. 136: Isaac Newton

137

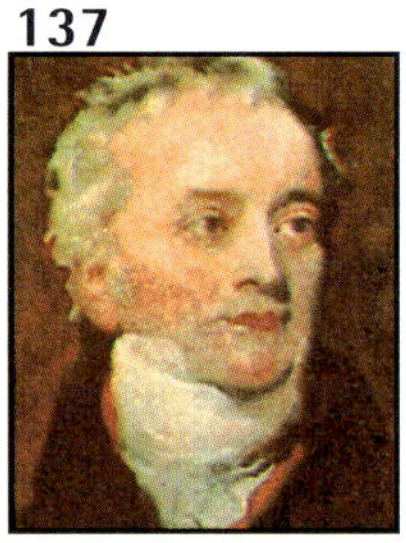

Abb. 137: Thomas Young

Jahrhundertelang zog der Regenbogen das Interesse zahlreicher Künstler an und faszinierte sie mit dem Geheimnis seiner mysteriösen Farben. Er war ein Studienobjekt, das in zahlreichen Werken auftauchte, zum Beispiel in Rubens' Gemälde Landschaft mit Regenbogen (Abb. 138). Der Mensch fragte sich, was wohl der Ursprung des Farbbogens sein mochte. Bereits die Gelehrten der griechischen Antike studierten dieses Phänomen. Aber die Menschheit mußte warten, bis Isaac Newton (Abb. 136) 1704 sein Buch *Optics* veröffentlichte, um zu erfahren, was sich hinter dem leuchtenden Spektrum verbarg. Der englische Physiker, Mathematiker und Astronom experimentierte mit der Zerlegung des Lichts durch ein Prisma. Er dunkelte sein Zimmer ab, bohrte ein winziges Loch in die Jalousie, hielt ein Prisma vor die Öffnung und ließ einen einzigen Sonnenstrahl auf die gegenüberliegende Wand fallen. Beim Durchqueren des Prismas zerlegte sich der Strahl in Farbstreifen, die gemeinsam das sogenannte Sonnenspektrum bilden (Abb. 139). Dieses besteht aus folgenden sechs Farben:

Dunkelblau	**Hellblau**
Grün	**Gelb**
Rot	**Purpur**

Fast hundert Jahre später untersuchte der englische Physiologe Thomas Young (Abb. 137) die Interferenz der Lichtstrahlen. Er entwickelte seine eigene Theorie über die Natur der Farben und stellte fest, daß diese durch additive Synthese entstehen. Zu dieser Schlußfolgerung gelangte er mit Hilfe von sechs Laternen, die er jeweils mit einem Filter in den Farben von Newtons Spektrum ver-

138

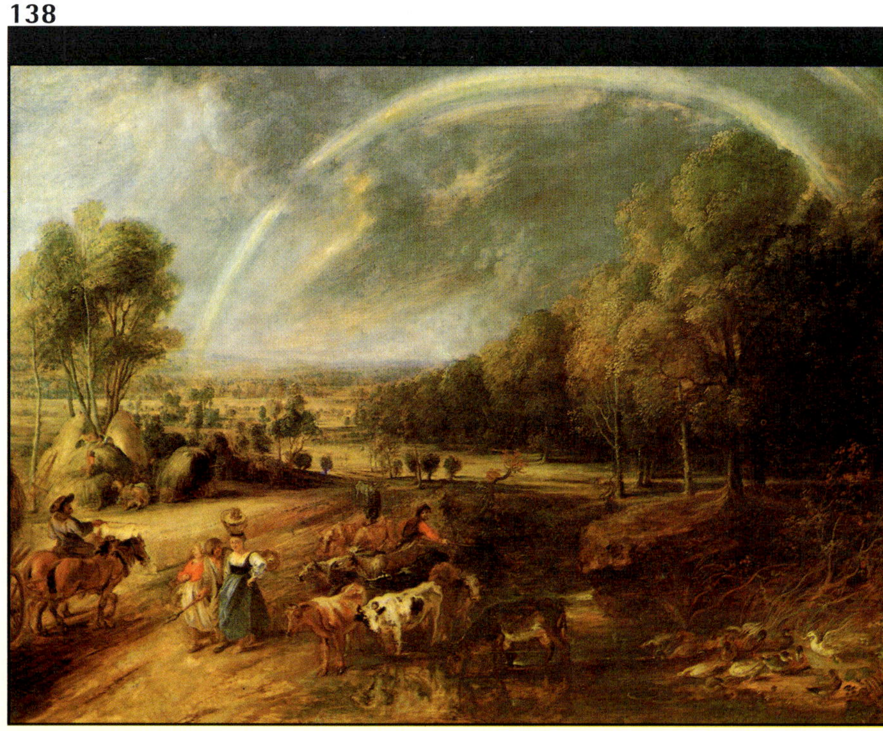

Abb. 138: Peter Paul Rubens (1577–1640), Landschaft mit Regenbogen, Alte Pinakothek, München. Rubens malte dieses Bild 1636, also 60 Jahre bevor Newton das „Geheimnis" des Regenbogens entdeckte. Zu Rubens' Zeit galt die Bildung des Regenbogens als wahres Mysterium.

139

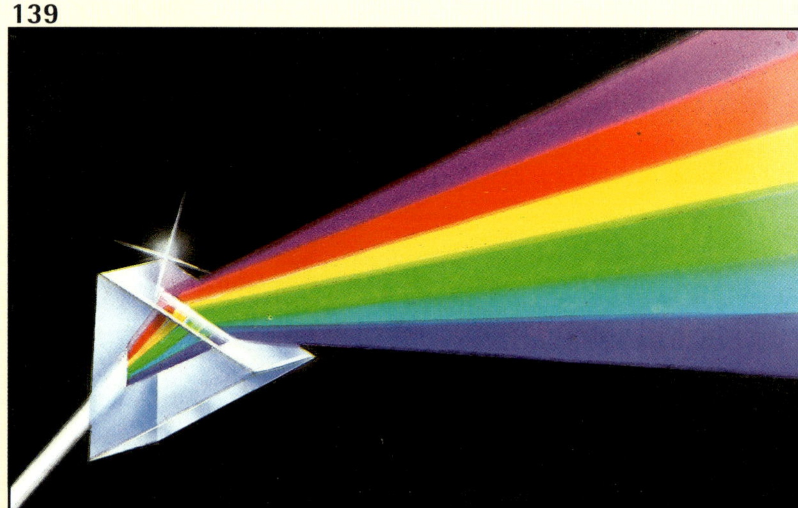

Abb. 139: Schematische Darstellung von Newtons Experiment. Er dunkelte das Zimmer ab, fing einen Sonnenstrahl mit einem Prisma auf und zerlegte das Licht in die Spektralfarben. Damit wies er nach, daß Licht Farbe ist.

sehen hatte. Er warf die Strahlen an die Wand und wies durch Zufügen und Weglassen nach, daß sich Newtons sechs Farben auf drei Farben reduzieren ließen (Abb. 140 bis 142). Young nannte sie die drei Primärfarben, aus denen sich alle weiteren zusammensetzen:

PRIMÄRFARBEN DES LICHTS
Rot
Grün
Dunkelblau

Mit dem umgekehrten Experiment wies er nach, daß sich weißes Licht mit den Strahlen der roten, grünen und dunkelblauen Laterne wieder zusammensetzen ließ, während die Kombination von zwei Strahlen die sogenannten Sekundärfarben ergab: Zyanblau entstand aus der Summe von Grün und Dunkelblau, Gelb aus der Summe von Rot und Grün und Purpur aus Rot und Dunkelblau.

SEKUNDÄRFARBEN DES LICHTS
Zyanblau
Purpur
Gelb

Trotz aller Anstrengungen Youngs, seine Theorie über die additive Synthese der Farben zu erklären, gelang es erst dem deutschen Arzt und Physiker Hermann von Helmholtz, die Gültigkeit von Youngs Farbenlehre zu bestätigen (in seiner Publikation *Physiologische Optik* aus dem Jahre 1867). Helmholtz untersuchte, wie das Auge und das Gehirn die Farbe wahrnehmen, und stellte eine Theorie über die Netzhaut auf. Nach Ansicht des deutschen Arztes empfängt der Betrachter die unterschiedlichen Farbsignale über dieses Sehorgan. Die Netzhaut enthält eine unendliche Anzahl photorezeptorischer Zellen, welche die unterschiedliche Leuchtkraft und Vibration der Farben registrieren. Sie setzen sie in elektrische Impulse um, kodifizieren sie und leiten sie über die Ganglienzellen zum Sehnerv weiter. Dieser vermittelt sie dem Gehirn, wo dann die eigentliche Farbwahrnehmung stattfindet.

140

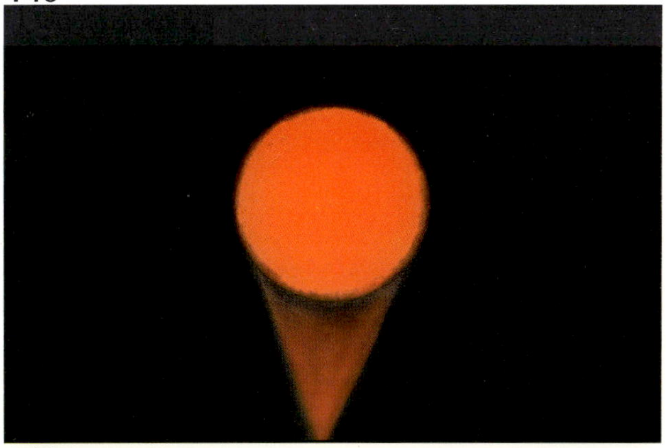

141

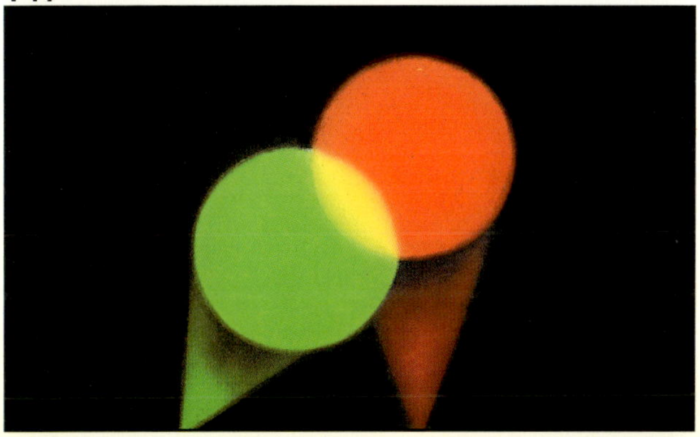

142

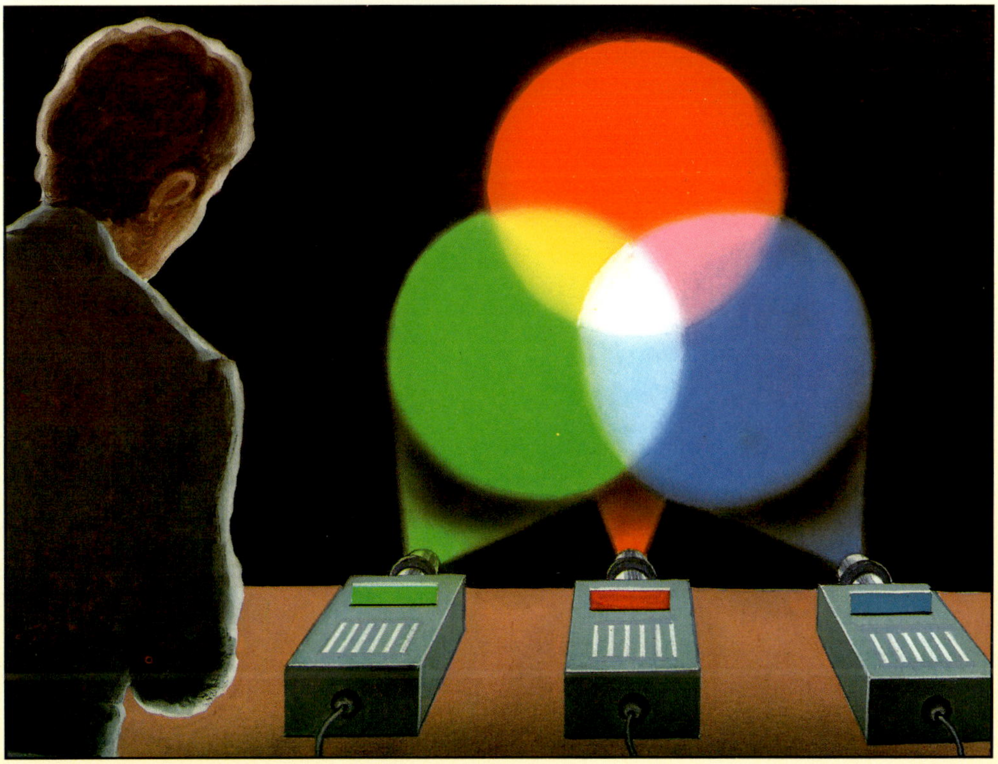

Abb. 140 bis 142: Young versah sechs Laternen mit Filtern entsprechend den Farben des Spektrums und wies durch Weglassen nach, daß man nur Rot, Grün und Dunkelblau benötigt, um weißes Licht wieder zusammenzusetzen. Außerdem entdeckte er die Primär- und die Sekundärfarben des Lichts.

Weshalb sehen wir die Farbe der Körper?

Welche Verwandlungen macht das Licht durch, damit ein Körper seine charakteristische Farbe erhält? Wie erklären sich die unterschiedlichen Farben, wenn alle Körper vom selben Licht beleuchtet werden?

Wie wir bereits festgestellt haben, fand Newton heraus, daß die Farben das Ergebnis einer Mischung bestimmter Lichtstrahlen sind. Heute wissen wir, daß die Farbe davon abhängt, welche Lichtstrahlen ein Körper aufgrund seiner molekularen Struktur absorbiert und welche elektromagnetischen Wellen er zum Auge des Betrachters reflektiert, um das Farbempfinden auszulösen. Diese Erkenntnisse verdanken wir Max Planck. Er wies 1900 nach, daß die schwingenden Atome (eine der Substanzen der Materie) Energie absorbieren und reflektieren und daher für die Farbe der Elemente verantwortlich sind. Die Farbwirkung eines Körpers beruht also auf dem Absorbieren der Lichtwellen durch die Photonen sowie auf den restlichen Strahlen, die dieser zurückwirft.

Abb. 143: Die Farben der Körper entstehen durch das Phänomen der Absorption und Reflexion des Lichts oder, was auf dasselbe hinausläuft, der Lichtfarben des Spektrums. Hier absorbiert Gelb zitron Dunkelblau und wirft Rot und Grün zurück, die in der Mischung Gelb ergeben.

Alle Körper empfangen die Primärfarben des Lichts: Dunkelblau, Rot und Grün (Abb. 143). Diese können teilweise oder ganz von der Oberfläche absorbiert werden. Reflektiert der Körper sämtliche Strahlen, erscheint er uns weiß (Weiß als Summe der drei reflektierten Farben). Werden die Strahlen umgekehrt vollständig absorbiert, ist der Körper schwarz. Beachten Sie nun, was geschieht, wenn der Körper nur eine der drei Primärfarben des Lichts absorbiert.

Um das Phänomen besser zu verstehen, betrachten Sie bitte die Tomate unten auf dieser Seite. Wie alle Körper empfängt sie sämtliche drei Primärfarben des Lichts. Sie absorbiert Grün und Dunkelblau und reflektiert ausschließlich Rot. Dieses reflektierte Rot bestimmt ihre endgültige Farbe. Die übrigen Beispiele zeigen die Summe der beiden anderen reflektierten Farben: Gelb aus Grün und Rot sowie Zyanblau aus Dunkelblau und Grün.

143

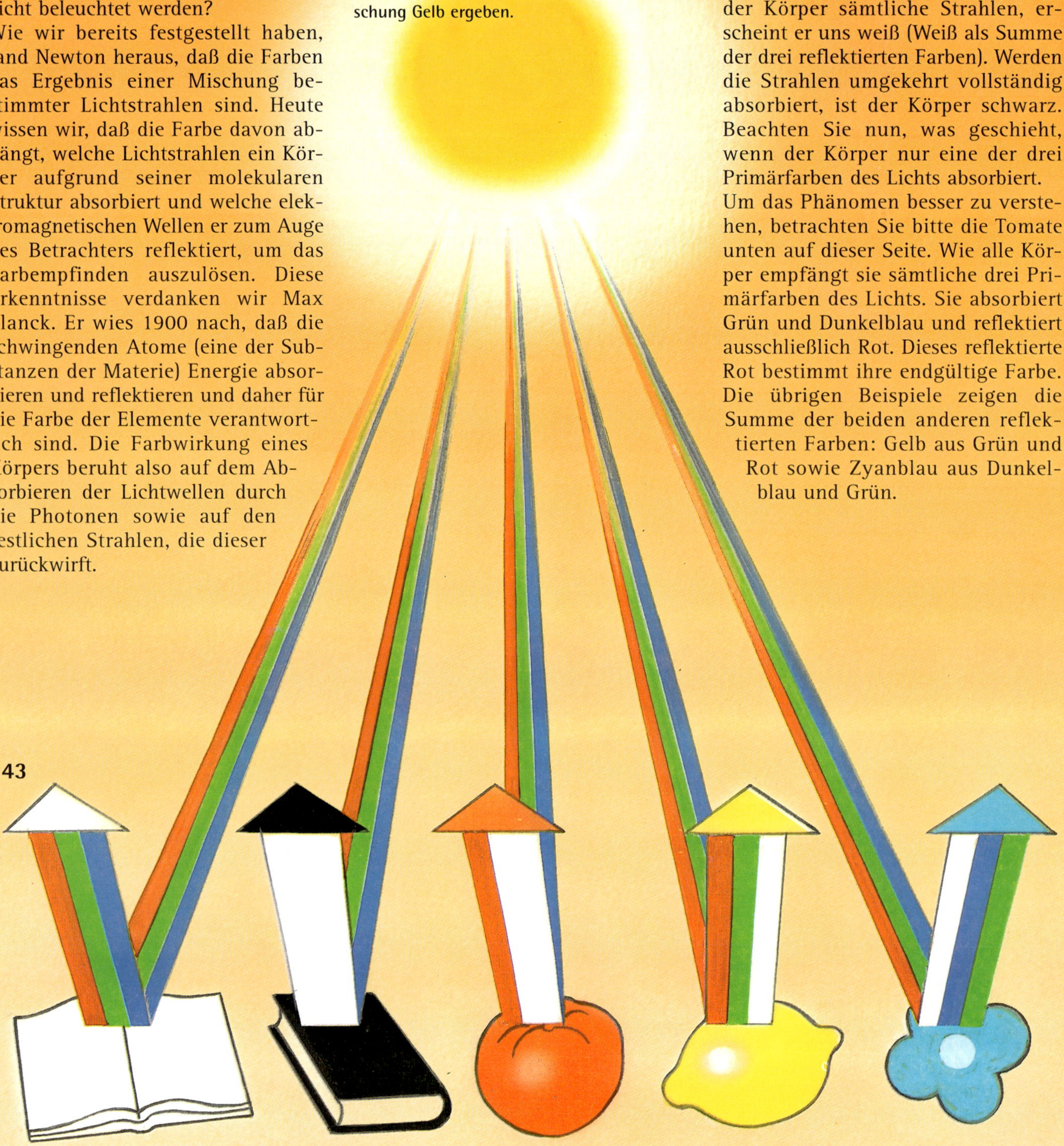

Lichtfarben: Synthese durch Addition

Mehr als 300 Jahre sind vergangen, seit Isaac Newton seine Experimente über die Zerlegung des Lichts in Farbstrahlen durchführte. Um die Gültigkeit seines Versuchs nachzuprüfen, ließ er einen Sonnenstrahl durch ein dreieckiges Prisma fallen, fing das Spektrum in einem zweiten Prisma auf und setzte das weiße Licht wieder zusammen.
Da ihn das Ergebnis nicht befriedigte, fertigte er eine kreisförmige Scheibe mit allen Farben des Spektrums an und entwickelte einen Hebelmechanismus, mit dem er sie in jeder Geschwindigkeit drehen konnte. Dank dieses kuriosen Gerätes und der damit zu erreichenden Geschwindigkeit mischten sich die Farben visuell (Abb. 145). Dieses Experiment, das als Newtonscher Kreis bekannt wurde, können Sie leicht mit einem Kreisel nachvollziehen. Schneiden Sie einen Kreis aus Pappe, malen Sie die sechs Farben in der Reihenfolge des Newtonschen Spektrums darauf, und schieben Sie einen spitzen Holzstock durch die Mitte. Sorgen Sie dafür, daß er gut mit der Pappe verbunden ist. Setzen Sie den Kreisel in Bewegung, stellen Sie fest, daß sich die Farben mischen und Weiß entsteht, das wegen der geringen Geschwindigkeit des Kreisels etwas schmutzig wirkt. Ein besseres Ergebnis erhalten Sie, wenn Sie den Newtonschen Kreis auf der Schleifscheibe einer Bohrmaschine befestigen. Je nach Drehgeschwindigkeit entsteht ein ziemlich reines Weiß (Abb. 147 A und B).

144

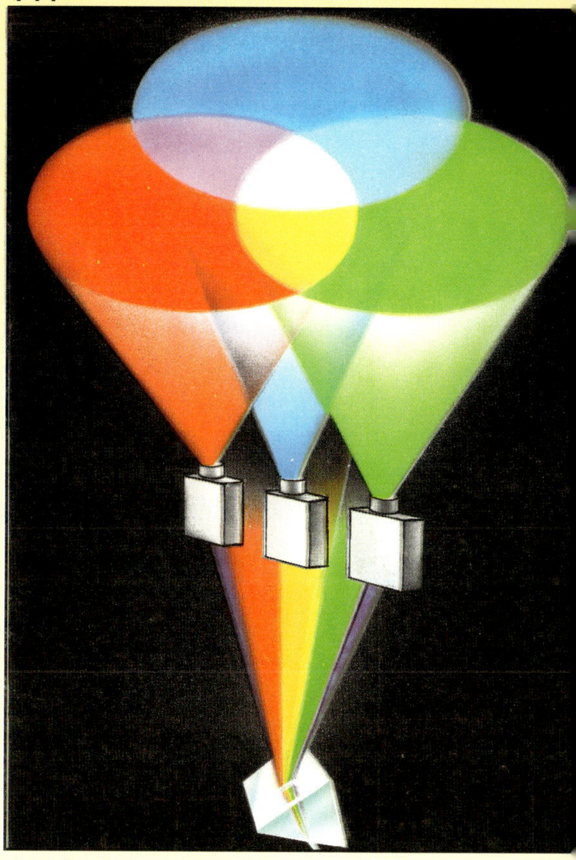

Abb. 144 (rechts oben): Additive Synthese. Der Strahl fällt durch ein Prisma und wird in die Farben des Spektrums zerlegt. Diese bündeln sich zu den drei Primärfarben des Lichts Rot, Grün und Dunkelblau, die durch additive Synthese drei hellere Farben ergeben: die Sekundärfarben des Lichts Gelb, Magenta und Zyanblau.

Abb. 145 (links unten): Newtonscher Kreis. Dreht man ihn rasch, addieren sich die Farben und setzen das weiße Licht wieder zusammen.

Abb. 146, 147A und 147B: Basteln Sie einen kleinen Kreisel von 10 cm Durchmesser mit dem Newtonschen Kreis, und bringen Sie ihn zum Drehen, stellen Sie fest, daß etwas schmutziges Weiß entsteht. Setzen Sie die Kreisscheibe auf die Achse einer Bohrmaschine (Abb. 147A) mit einer Drehgeschwindigkeit von mindestens 2.500/min. wird das Weiß reiner. Auf dem Foto entsteht durch die Erstarrung der Bewegung ein Pfeil (Abb. 147B). Dasselbe Foto ohne diesen Pfeil zeigt beinahe reines Weiß.

147A

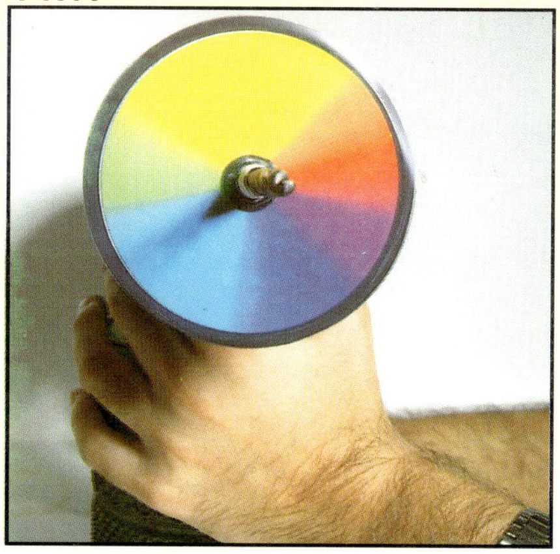

145

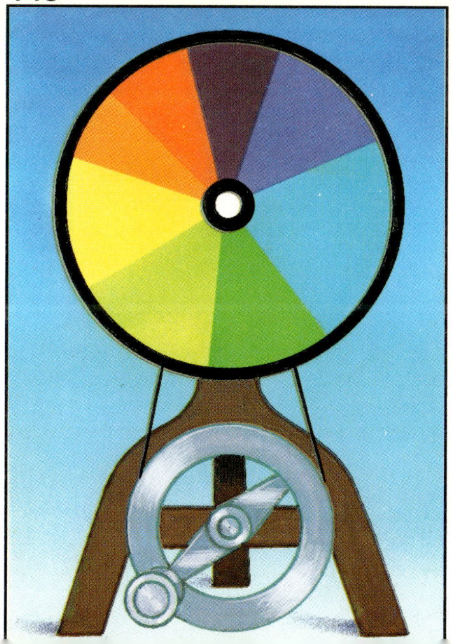

146

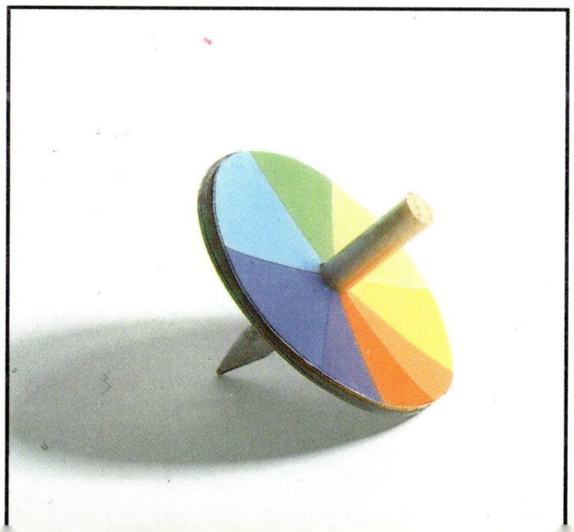

147B

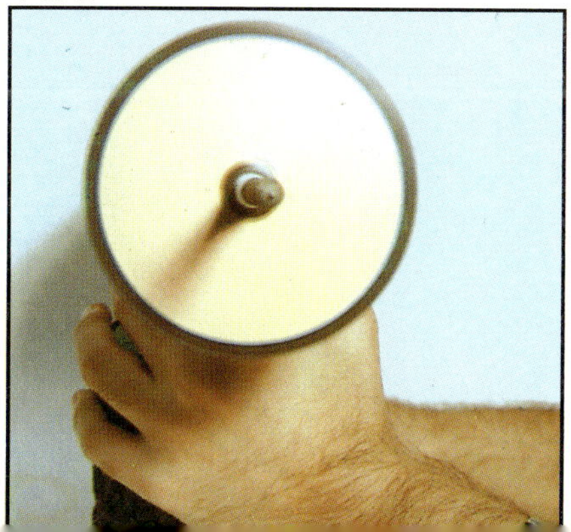

Pigmentfarben: Synthese durch Subtraktion

Abbildung 144 auf der vorigen Seite zeigt, wie man durch paarweises Mischen der drei Primärfarben des Lichts Dunkelblau, Rot und Grün die drei Sekundärfarben des Lichts Zyanblau, Purpur und Gelb erhält. Diese sind identisch mit den Pigmentfarben, aber in umgekehrter Reihenfolge. Das heißt: die Sekundärfarben des Lichts sind die Primärfarben der Pigmentfarben, und die Primärfarben des Lichts sind die Sekundärfarben der Pigmentfarben.
Wir gehen weiterhin von den sechs Farben des Spektrums aus, ändern aber deren Rangfolge. Die neue Ordnung bezieht sich auf die Pigmentfarben und entsteht durch das, was die Wissenschaftler als Synthese durch Subtraktion bezeichnen.
Schon die einfache Tatsache, auf weißem Papier zu malen, bedeutet, daß sich den Farbstrahlen ein Hindernis in den Weg stellt und die Reflexion reduziert. Dieses Phänomen bezeichnet man als Subtraktion. Malen wir zum Beispiel mit Gelb, nehmen wir dem Weiß die Farben Grün und Rot (siehe Abbildung 149 unten auf dieser Seite). Die Synthese durch Subtraktion geht also von der weißen Farbe aus, denn der Künstler malt nicht mit Licht, sondern mit Farbpigmenten.
Die Pigmentfarben verhalten sich in der Mischung anders als die Lichtfarben. Mischungen mit Pigmentfarben bedeuten stets eine Verringerung von Licht, also eine dunklere Farbe. Das erklärt, weshalb die Pigment-Primärfarben heller sind als die Licht-Primärfarben. Die Mischung der drei Lichtfarben durch Addition ergibt Weiß, während die Mischung der drei Pigmentfarben durch Subtraktion zu Schwarz führt (Abb. 148).

148

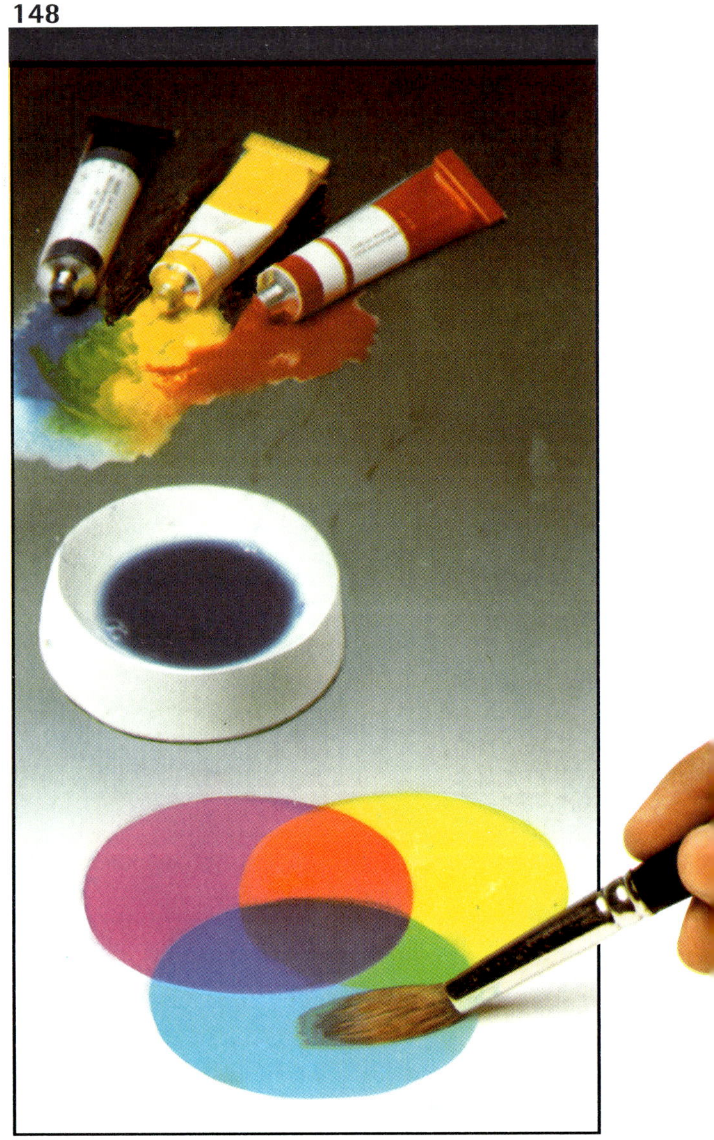

149

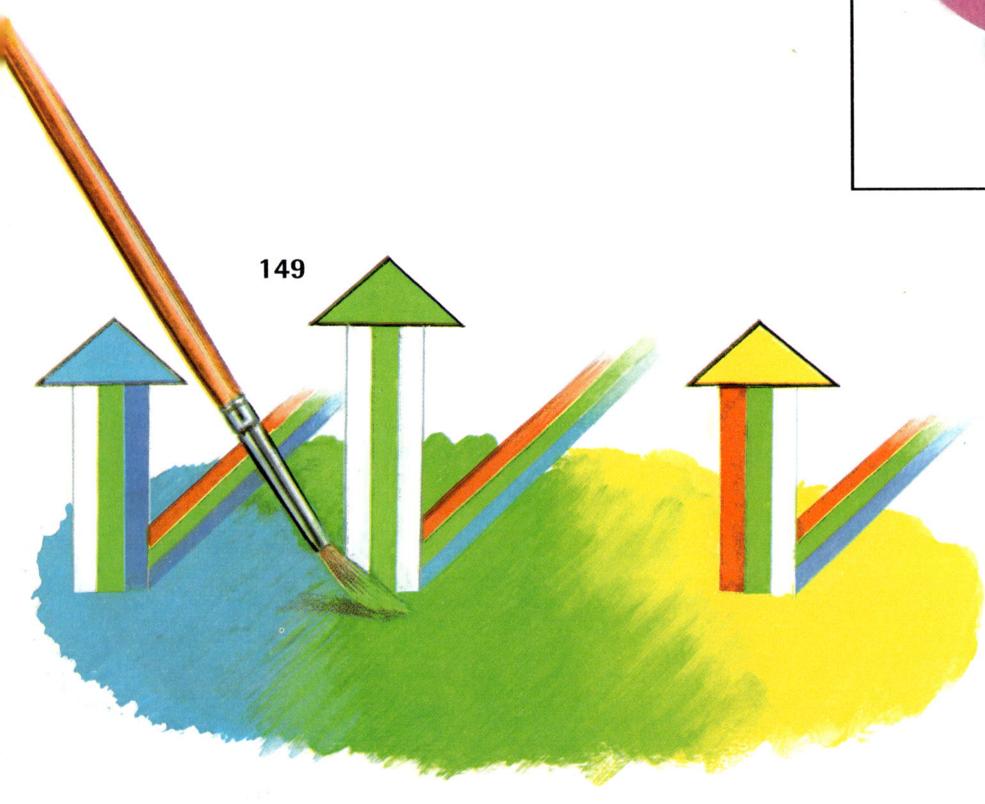

Abb. 148: Durch paarweises Mischen der Primärfarben Magenta oder Purpur, Gelb und Zyanblau erhält man infolge der Synthese durch Subtraktion die drei Sekundärfarben Dunkelblau, Rot und Grün. Mischt man die drei Primärfarben zu gleichen Teilen, entsteht Schwarz.

Abb. 149: Durch Mischen von Blau und Gelb erhalten die Maler Grün. Auf die Lichtfarben bezogen, werden Rot und Dunkelblau absorbiert und nur Grün reflektiert. Beim Malen von Gelb wird Blau absorbiert und die Addition von Rot und Grün reflektiert; bei Zyanblau entfällt Rot.

Die Farben der Künstler

Die Primärfarben und die Sekundärfarben stehen am Beginn aller Bilder, die der Künstler malt. Wie Ihnen bekannt, handelt es sich um die

PIGMENT-PRIMÄRFARBEN (Abb. 150)
Gelb
Purpur
Zyanblau

Die paarweise Mischung dieser Farben ergibt drei weitere Farben, nämlich die

PIGMENT-SEKUNDÄRFARBEN (Abb. 150B)
Rot
Grün
Dunkelblau

Mischen wir jeweils eine Primärfarbe mit einer Sekundärfarbe, erhalten wir die sogenannten Tertiärfarben (Abb. 150C). Die schematische Darstellung der üblichen Ordnung auf der Grundlage der drei Primärfarben und ihrer Ableitungen bezeichnet man als Farbenkreis (Abb. 152). Er ist eine Weiterentwicklung der chromatischen Kreise, die von Künstlern wie Delacroix, Albers und Kandinsky sowie Wissenschaftlern wie Munsell oder Lambert entwickelt wurden.
Ich empfehle Ihnen, übungshalber selbst einen Farbenkreis anzulegen. Teilen Sie einen Kreis in zwölf gleiche Abschnitte. Arbeiten Sie nur mit drei Farbstiften: Hellblau, Karmin und Gelb, und gehen Sie von den Primärfarben aus (P). Durch paarweises Mischen der Primärfarben erhalten Sie die Sekundärfarben (S). Mischen Sie jeweils eine Primärfarbe mit einer Sekundärfarbe, entstehen die Tertiärfarben (T).

150

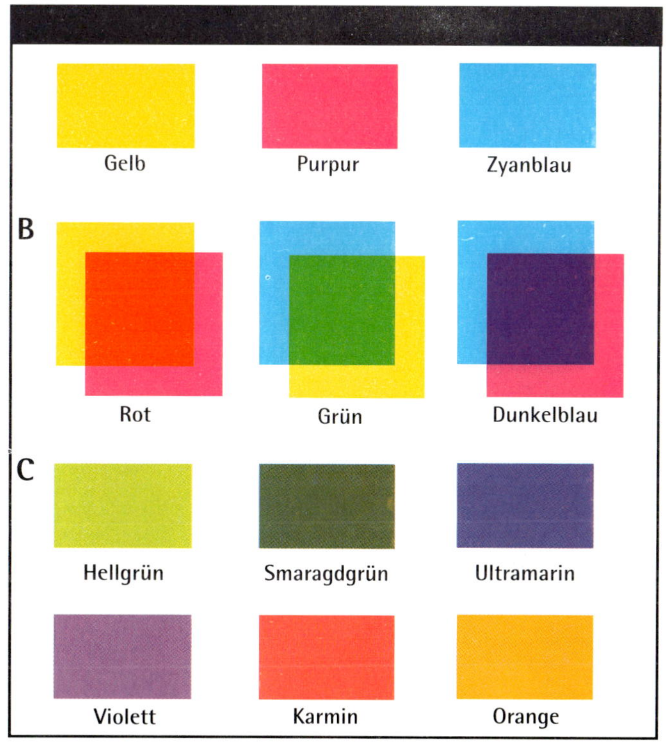

Abb. 150B und C (oben): Durch paarweises Mischen der drei Primärfarben erhalten wir die Sekundärfarben Rot, Grün und Dunkelblau (B). Mischt man die Primärfarben paarweise mit den Sekundärfarben, erhält man die sechs Tertiärfarben (C).

151

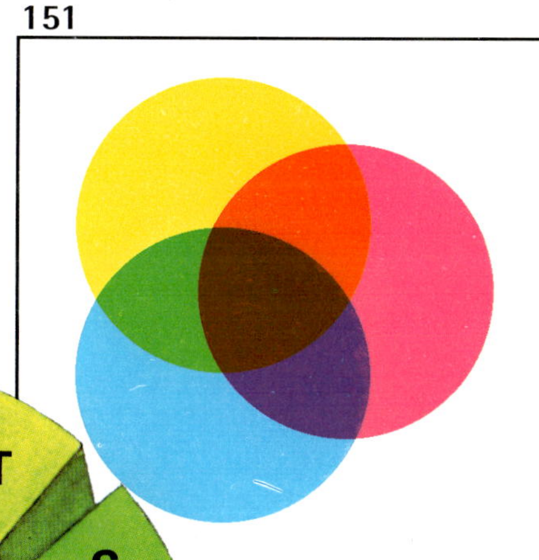

Abb. 151: Synthese durch Subtraktion. Die paarweise Mischung von Primärfarben ergibt die Sekundärfarben. Mischt man alle drei Primärfarben zu gleichen Teilen, entsteht durch völlige Subtraktion von Licht Schwarz.

Abb. 152: Chromatischer Kreis mit den Farben der Künstler, bestehend aus den Primärfarben (P), den Sekundärfarben (S) und den Tertiärfarben (T).

152

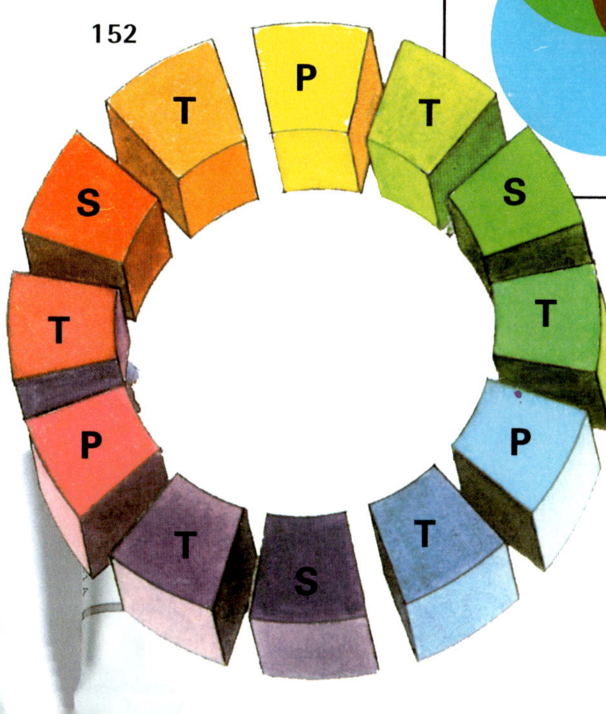

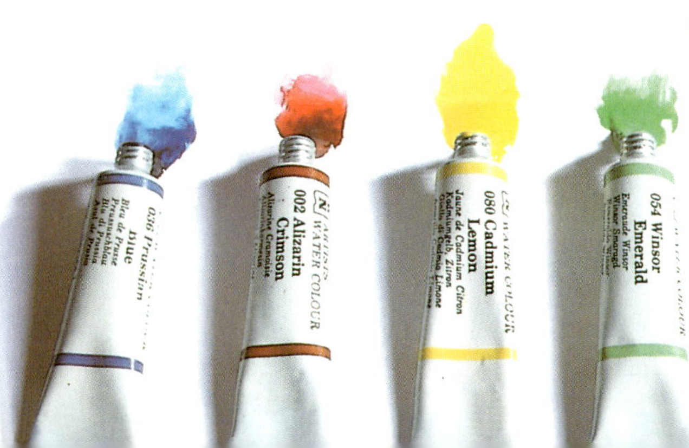

Alle Farben aus drei Farben

Die beiden Abbildungen rechts auf dieser Seite zeigen, daß die Lichtfarben des Sonnenspektrums exakt den Pigmentfarben entsprechen, allerdings mit dem kleinen Unterschied, den wir auf der vorigen Seite erläutert haben: Die Pigment-Primärfarben entsprechen den Licht-Sekundärfarben und umgekehrt. Wir können also sagen:

Aufgrund der völligen Übereinstimmung von Licht- und Pigmentfarben kann der Künstler sämtliche Naturfarben mit den drei Primärfarben malen.

In der Praxis rate ich Ihnen, folgende Farben dafür zu verwenden:

Kadmiumgelb mittel
Krappkarmin
Preußischblau

Aus der Mischung dieser Pigmentfarben plus dem Weiß des Papiers erhalten Sie eine unendliche Skala von Tönen.

Auf den Seiten 68 bis 73 dieses Buches schlagen wir Ihnen eine Reihe von praktischen Übungen mit diesen drei Primärfarben sowie eine weitere mit allen Farben vor, damit Sie die Verwendung der Farben und deren Mischungen intuitiv beherrschen lernen.

153

154

Abb. 153 und 154: Lichtfarben und Pigmentfarben gleichen sich mit dem Unterschied, daß die Primärfarben des Lichts die Sekundärfarben der Pigmentfarben bilden und umgekehrt. Deshalb kann man nur mit den drei Pigment-Primärfarben alle Farben der Natur mischen.

155

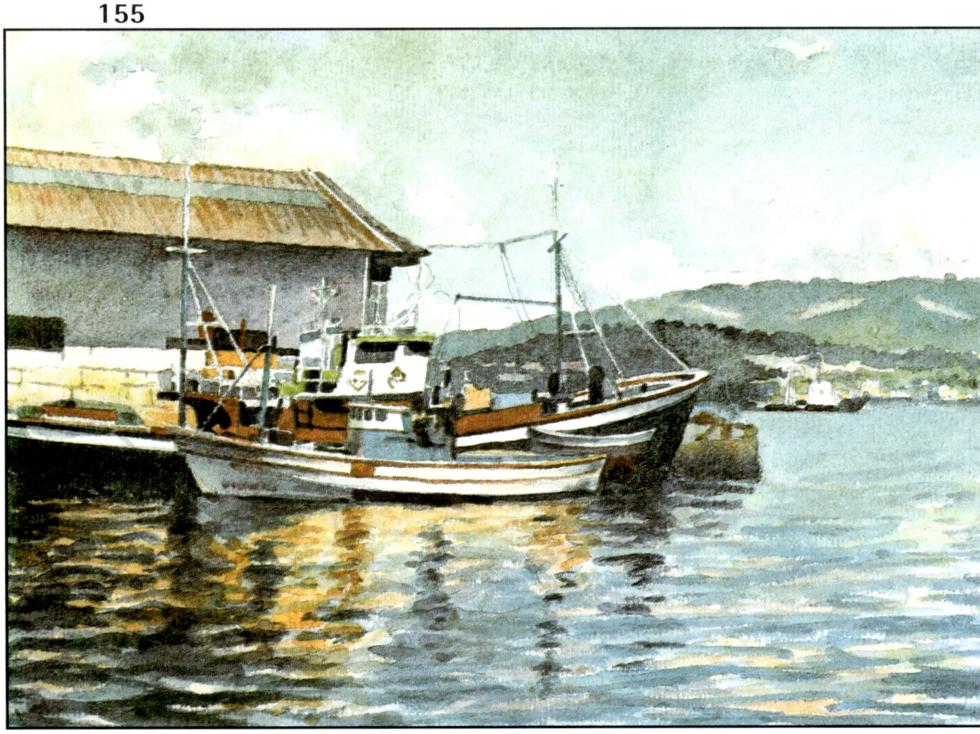

Abb. 155: Ein Beispiel für das zuvor Gesagte. Dieses Seestück mit dem Hafen von Vigo (Galicien) wurde ausschließlich mit den drei Farben Preußischblau, Krappkarmin und Gelb zitron gemalt, die in der Mischung zu gleichen Teilen Schwarz ergeben. Auf den Seiten 68 und 69 finden Sie eine Zusammenstellung der unterschiedlichen Mischungsergebnisse mit diesen drei Farben.

Wozu dienen die Komplementärfarben?

Kehren wir noch einmal zu Youngs Experiment zurück, der weißes Licht aus den drei Farbstrahlen wieder zusammensetzte. Unterbrechen Sie den roten Strahl, erscheint auf der Leinwand Zyanblau aus der Mischung der Lichtfarben Dunkelblau und Grün. Dem Zyanblau fehlt also die Komplementärfarbe Rot, um weißes Licht zu ergeben (Abb. 156). Da unsere Pigmentfarben den Lichtfarben absolut gleichen, sind auch die Komplementärfarben gleich. Allerdings mit einem gewaltigen Unterschied: Die Summe der Komplementärfarben des Lichts ergibt Weiß (Abb. 157); die Summe der Pigment-Komplementärfarben ergibt Schwarz (Abb. 158). Hier also

UNSERE KOMPLEMENTÄRFARBEN
Gelb ist komplementär zu Dunkelblau
Purpur ist komplementär zu Grün
Zyanblau ist komplementär zu Rot

und umgekehrt. Im Farbenkreis unten links sind diese Komplementärfarben mit einem Pfeil gekennzeichnet (Abb. 159).
Und wozu dienen die Komplementärfarben? Erstens erzeugen sie den maximalen Farbkontrast (Abb. 160). Zweitens erhält man mit ihrer Mischung zu ungleichen Teilen plus dem Weiß des Papiers eine Skala gebrochener Farben. Die Postimpressionisten, insbesondere die Fauves, nutzten diese Komplementärfarben für äußerst kühne Kontraste (Abb. 161).

156

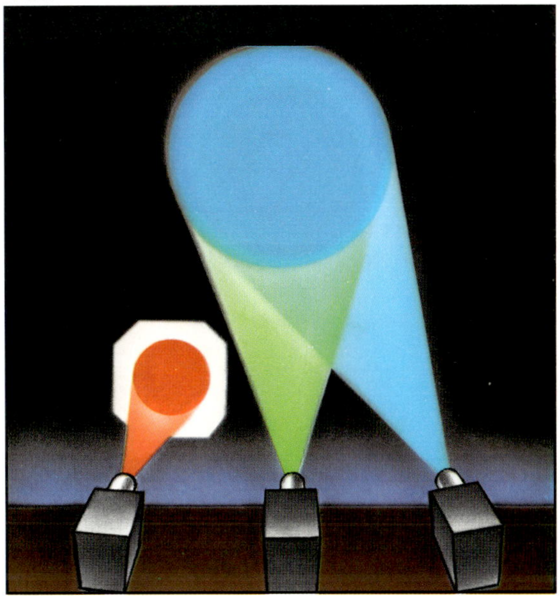

157

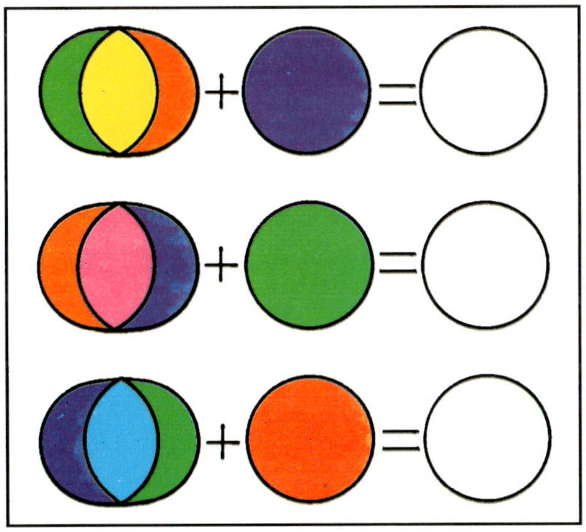

158

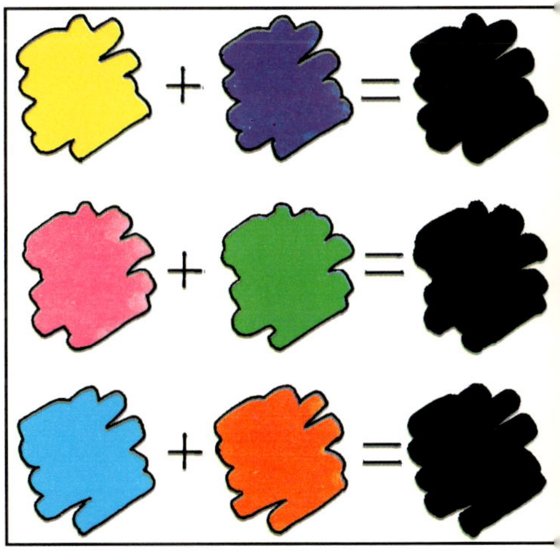

159

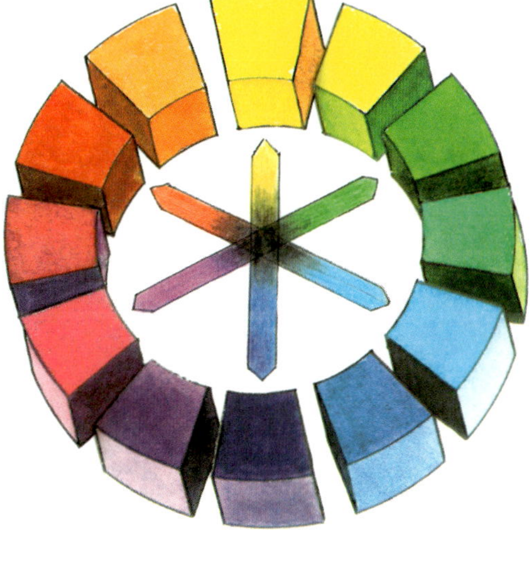

Abb. 156 bis 161: Aus dem obigen Text geht die Bedeutung dieser Abbildungen hervor. Diese läßt sich wie folgt zusammenfassen: Mit den Komplementärfarben erhält man die stärksten Kontraste und kann darüber hinaus in einer Skala gebrochener Farben malen, von der später die Rede sein wird.

160

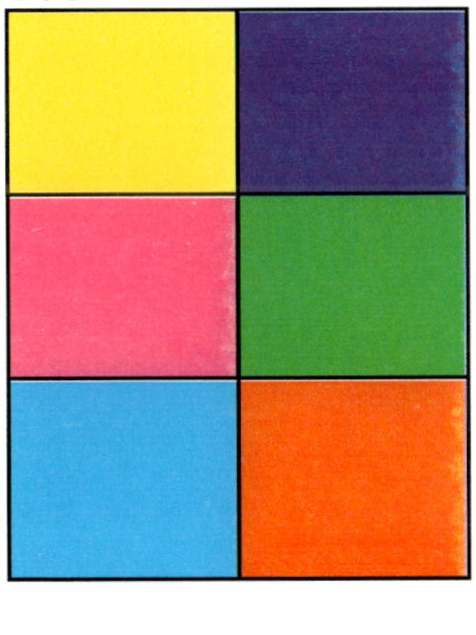

161

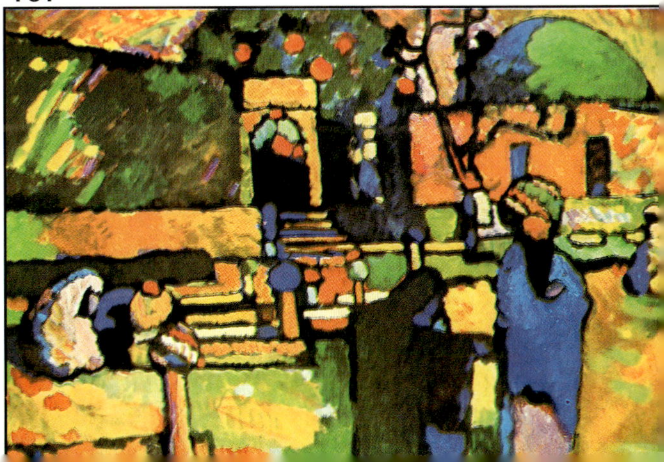

Tonwertkontraste und Farbkontraste

In der Malerei versteht man unter Kontrast den Gegensatz oder den beträchtlichen Unterschied zwischen zwei eindeutig verschiedenen Farben. Das heißt: die Nebeneinanderstellung von zwei offenkundig gegensätzlichen Farbempfindungen führt zu einer Verstärkung ihrer unvereinbaren Eigenschaften. Die Kontrastwirkung entsteht, wenn die besagten Farben aneinanderstoßen. Um ihre maximale Kontrastwirkung zu erzielen, müssen sie also soviel Kontakt wie möglich miteinander haben.
Wir unterscheiden folgende Kontraste:

Tonwertkontraste
Farbkontraste
Skalenkontraste
Komplementärkontraste
Simultankontraste

Mit Tonwertkontrasten zu malen heißt, die Nuancen ein und derselben Farbe zu nutzen. Hellblau, Mittelblau und Dunkelblau haben unterschiedliche Tonwerte, obwohl sie derselben Farbe angehören. Ein Tonwertkontrast entsteht also, wenn man unterschiedliche Tonwerte derselben Farbe einander gegenüberstellt. Betrachten Sie dazu Abbildung 162.
Ein deutlicher Kontrast zwischen hellen und dunklen Farben kann auch in Aquarellen wie dem vom José Martínez Lozano entstehen (Abb. 163). Hier hat der Künstler die Wirkung von Licht und Schatten in einer außergewöhnlichen Technik wiedergegeben.

Farbkontraste entstehen aufgrund des Unterschieds einer Farbe in Relation zu einer anderen (Abb. 164). So kann man den Primärfarben ihre Sekundärfarben oder Weiß und Schwarz gegenüberstellen. Dieser Kontrast wird noch verstärkt, wenn es sich um zwei Komplementärfarben handelt (siehe nächste Seite) oder wenn beide Farben denselben Tonwert aufweisen wie in dem herrlichen Aquarell von Consol Aroca von der Vereinigung der Aquarellmaler Kataloniens.

Abb. 162 (links): Beispiel für eine Skala mit Tonwertkontrasten.

Abb. 163 (unten links): José Martínez Lozano, Sinfonie in Grau, Sammlung der Vereinigung der Aquarellmaler Kataloniens, Barcelona. Ein perfektes Beispiel für ein Aquarell, das Martínez Lozano beinahe ausschließlich mit kontrastierenden Tonwerten gemalt hat.

Abb. 164 (rechts): Skala mit Farbkontrasten.

Abb. 165 (unten rechts): Consol Aroca, Spiegelungen auf dem Wasser. Im Privatbesitz des Künstlers. Consol Aroca, ein Mitglied der Vereinigung der Aquarellmaler Kataloniens, erreicht in diesem wunderbaren Aquarell einen harmonischen Farbkontrast.

162

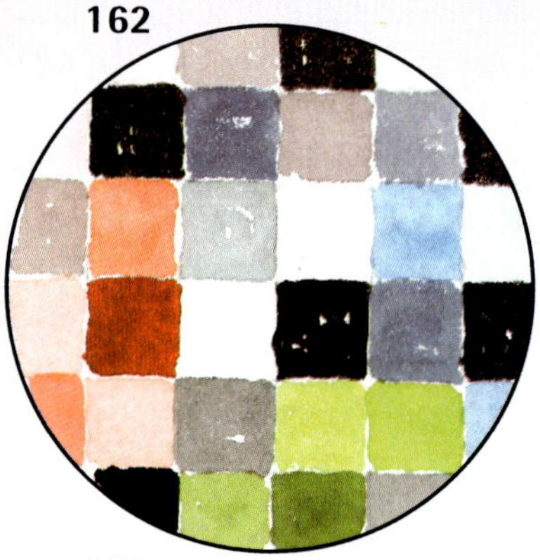

164

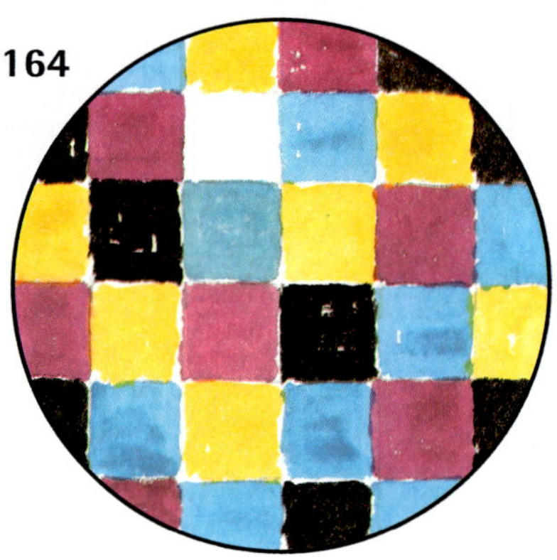

163

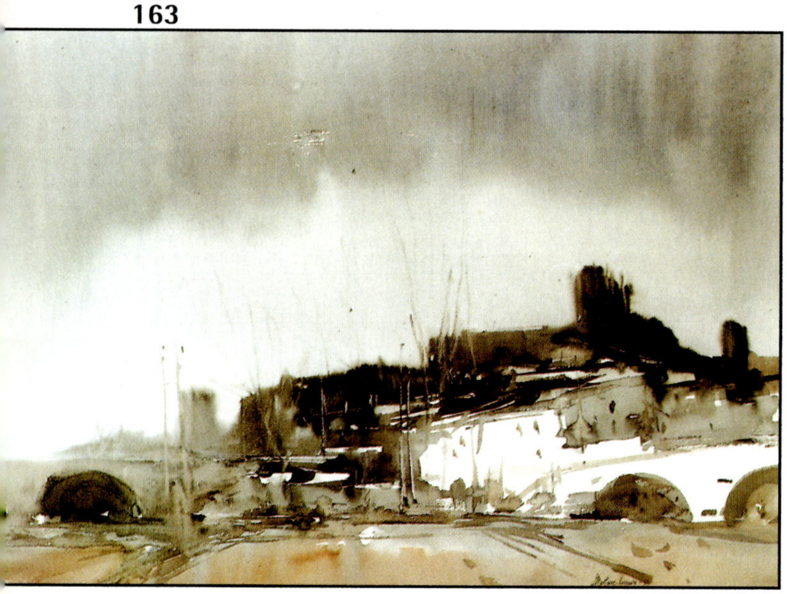

165

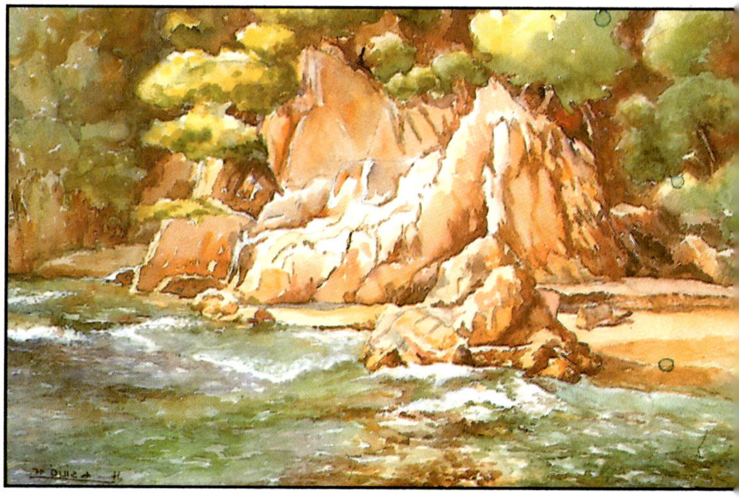

Skalenkontraste

Malen Sie mit den sogenannten kalten Farben wie Blau, Grün, Violett etc. oder umgekehrt mit den sogenannten warmen Farben wie Orange, Rot, Gelb etc., bleiben Sie innerhalb einer bestimmten Farbenskala.
Die Gegenüberstellung dieser beiden Farbenskalen erzeugt einen Skalenkontrast. Gelb, Rot, Ocker, Siena, Karmin etc. gegenüber Blau, Grün, Violett etc. sorgen für den größten Skalenkontrast überhaupt (siehe schematische Darstellung der Skalenkontraste auf Abb. 166 und 169). Die beiden Aquarelle meines Freundes Gaspar Romero sind ein ausgezeichnetes Beispiel für die Kontraste von warmen und kalten Farbenskalen (Abb. 167 und 168).
Die möglichen Unvereinbarkeiten zwischen zwei Farben kommen noch deutlicher zum Ausdruck, wenn es sich um Komplementärfarben handelt (Abb. 170). Die Nebeneinanderstellung von Komplementärfarben erzeugt einen grellen Farbkontrast, wie an dem Aquarell von Angel Román zu erkennen, ebenfalls ein Mitglied der Vereinigung der Aquarellmaler Kataloniens. Román spielt mit dem Geschick und dem Wissen eines Experten mit Farbkontrasten, die denen von Komplementärfarben sehr nahe kommen.

166
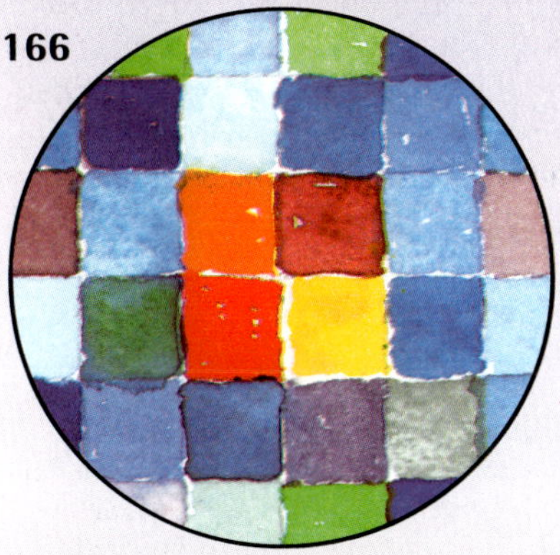

Abb. 166 bis 169: Kontraste einer warmen Farbenskala innerhalb einer kalten (Abb. 166) und einer kalten Farbenskala innerhalb einer warmen (Abb. 169). Beide sind in diesen ausgezeichneten Aquarellen von Gaspar Romero (Abb. 167 und 168) gut zu erkennen.

Abb. 170 und 171: Skala der Kontraste aus Komplementärfarben (Abb. 170) und ein Beispiel für deren Reichtum in dem Aquarell von Ángel Román (Abb. 171) von der Vereinigung der Aquarellmaler Kataloniens.

167
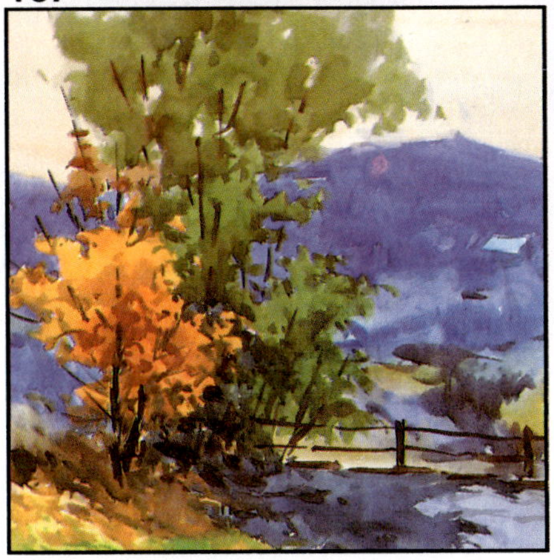

169
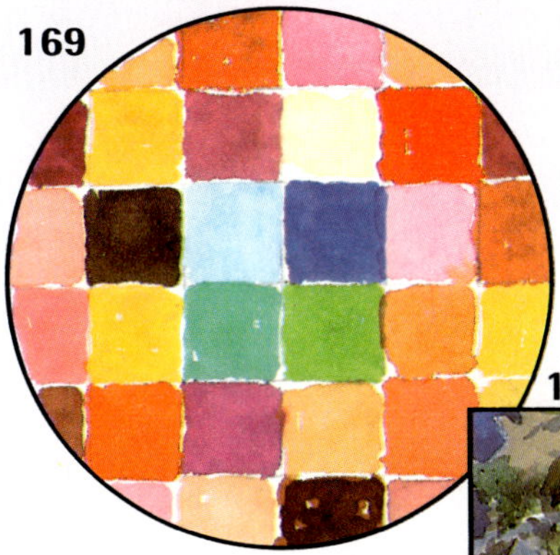

170
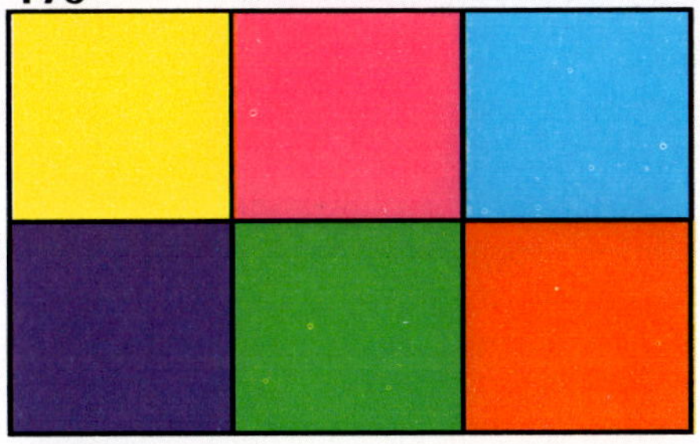

168
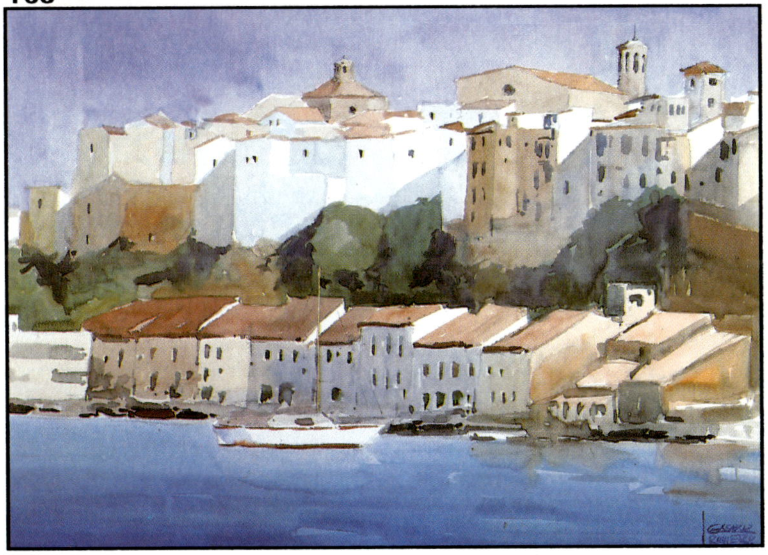

171
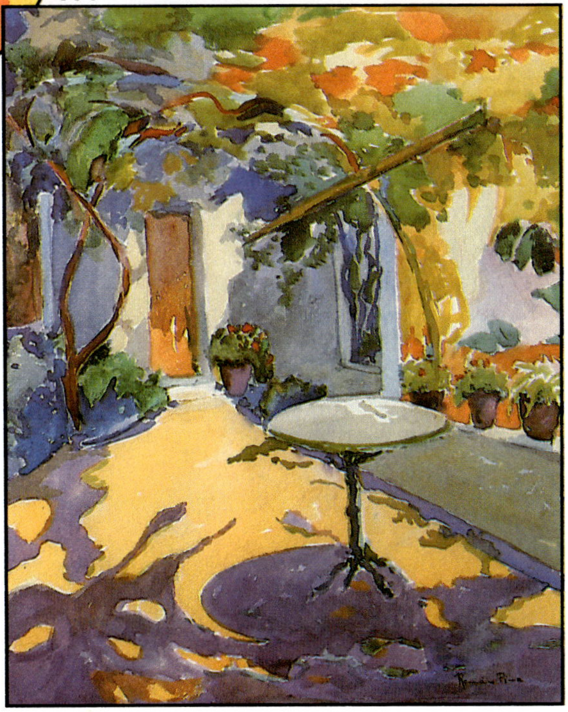

Die Simultankontraste

Der französische Wissenschafter Michel Eugène Chevreul schrieb 1839 in seinem Buch *Über das Gesetz der Simultankontraste der Farben*:

„Ein Farbstrich tönt die Leinwand nicht nur an der bemalten Stelle. Er färbt mit seiner Komplementärfarbe gleichzeitig die ihn umgebende Fläche.“

Mit diesen Worten versuchte Chevreul die komplizierte Tatsache zu beschreiben, nach der die Farben eines Bildes von denen ihrer benachbarten Flächen beeinflußt werden.
Dieses Phänomen bezeichnet man als Simultankontrast. Er läßt sich wie folgt zusammenfassen:

Eine Farbe wirkt je nach dem Ton oder der Farbe ihrer Umgebung heller oder dunkler.

Um zu beobachten, wie sich eine Farbe in Zusammenhang mit ihrer Umgebung verändert, betrachten Sie bitte die seltsame optische Täuschung, die sich auf der nebenstehenden Abbildung ergibt.
Der mittlere Streifen von Abbildung 172 ist rechts scheinbar heller als links. Decken Sie die obere und die untere Abstufung jedoch mit einem weißen Papier ab, stellen Sie sogleich fest, daß der Ton absolut gleichförmig ist. Dies zeigt sehr gut die Auswirkung des Simultankontrasts, sobald sich der Tonwert der Umgebung ändert.
Auf den Abbildungen 173 bis 175 erkennen Sie, wie sich die Tendenz einer Farbe (der mittlere Streifen) entsprechend ihrer Umgebung verändert.
Ein weiteres Beispiel: Schneiden Sie kleine Farbquadrate derselben Größe und kleben Sie sie einmal auf weißes und einmal auf schwarzes Papier (Abb. 178 gegenüber), stellen Sie fest, daß die Quadrate auf dem weißen Papier dunkler wirken als auf dem schwarzen. Dasselbe Prinzip läßt sich auf die Abbildungen 176 und 177 anwenden, wo die Gestalt auf dem weißen Untergrund dunkler wirkt als auf dem schwarzen.

172

Abb. 172 bis 178: Die Beispiele oben (Abb. 172) und auf den Abbildungen 176 bis 178 gegenüber zeigen, daß eine Farbe je nach ihrer Umgebung aufgrund des Simultankontrastes heller oder dunkler wirken kann. Auf den Abbildungen 173 bis 175 verändern sich die mittleren Streifen durch den Einfluß der angrenzenden Farben.

173

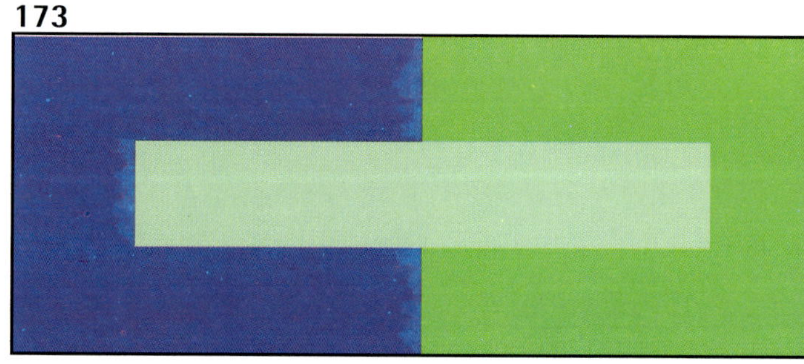

174

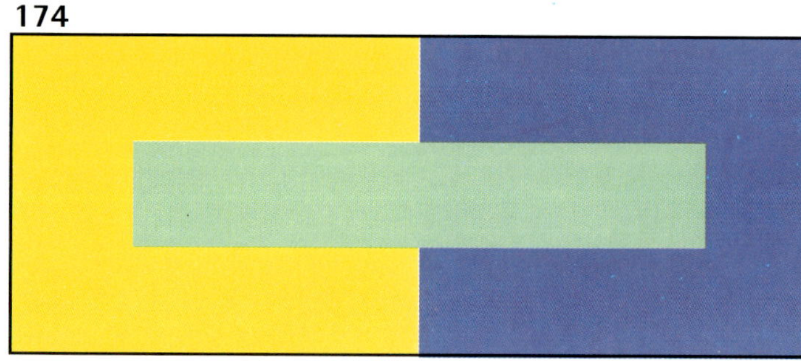

175

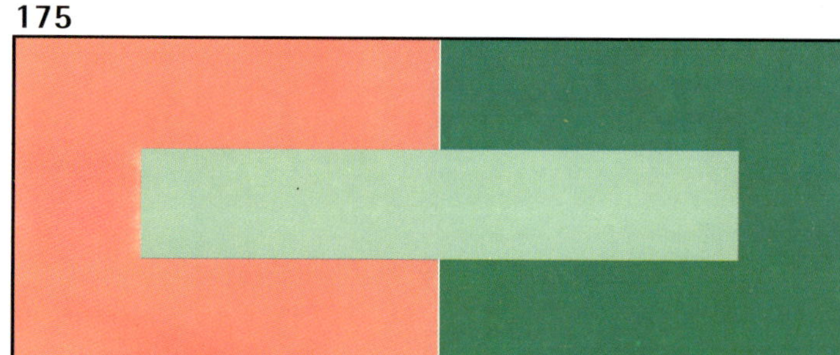

176

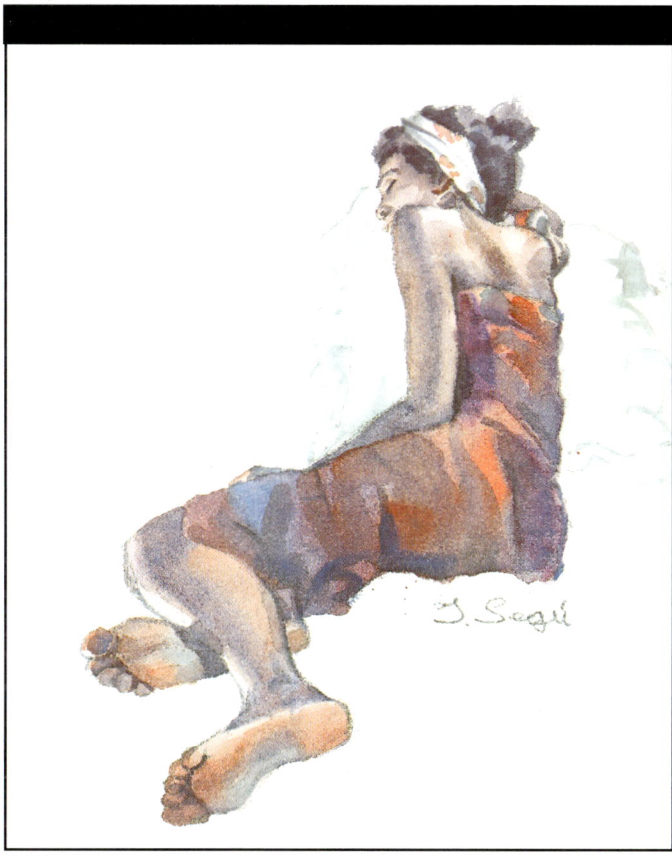

177

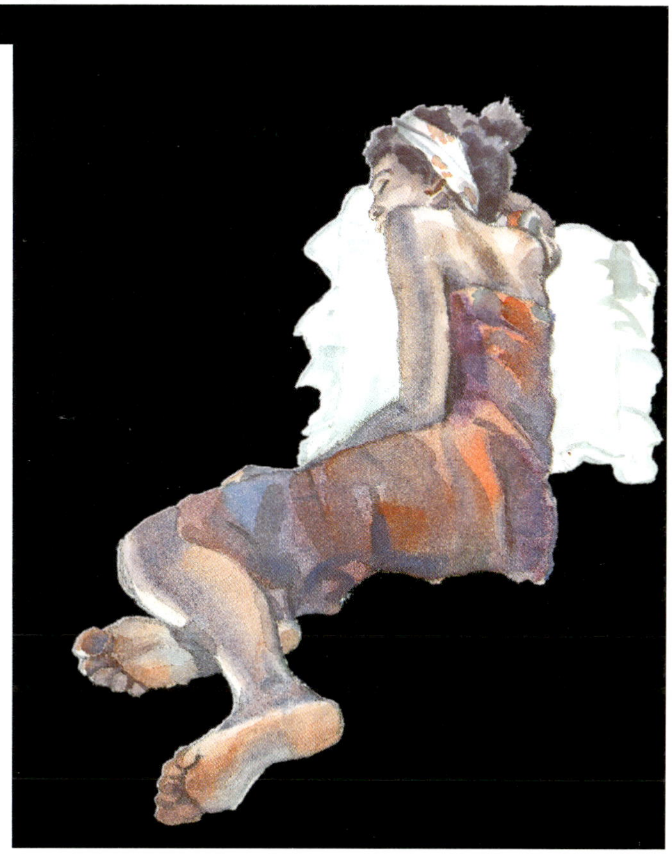

178

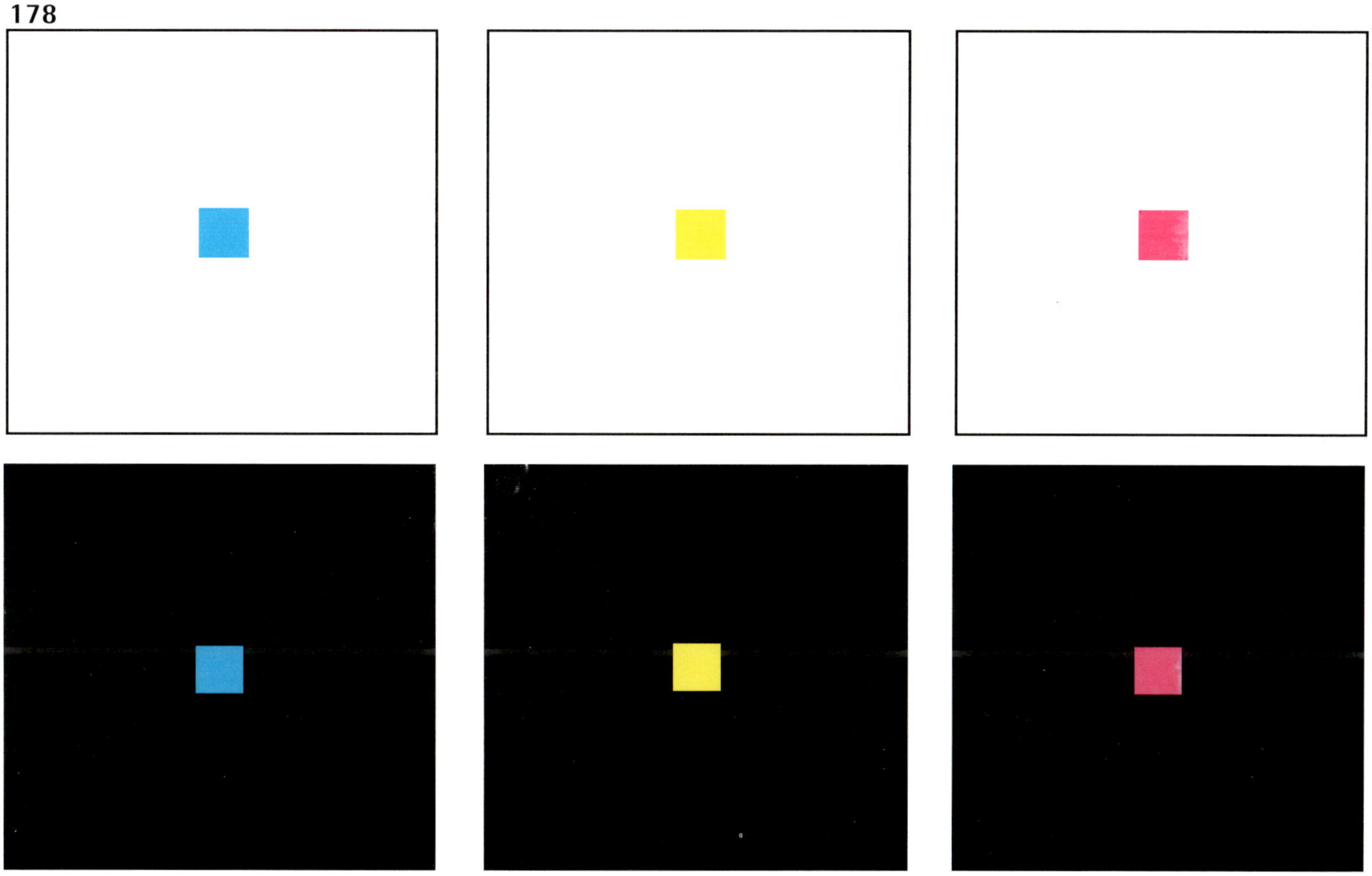

Induktion von Komplementärfarben: Sukzessivbilder

Sie können das ebenfalls von Chevreul beschriebene Phänomen der Induktion von Komplementärfarben nachprüfen, indem Sie den grauen Kreis von Abbildung 179 etwa eine halbe Minute betrachten. Dabei werden Sie feststellen, daß er einen deutlichen Blaustich annimmt. Wiederholen Sie das Experiment mit Abbildung 180, entsteht ein Gelbstich. Dies entspricht der Regel:

Jede Farbe projiziert ihre Komplementärfarbe auf ihre Umgebung.

Betrachten Sie nun Abbildung 181, eine Abstufung aus mehreren tonalen Streifen. Aus ihr folgt:

Die Nebeneinanderstellung verschiedener Tonwerte ein und derselben Farbe führt zu einer Verstärkung. Die hellen Töne wirken heller, und die dunklen wirken dunkler.

Analysieren Sie die blauen Streifen einzeln, erkennen Sie, daß nicht die geringsten Tonwertvariationen vorhanden sind. Dennoch wirkt jeder Streifen an der Oberkante deutlich heller als an der unteren Begrenzung. Die Induktion von Komplementärfarben ist auch der Grund für die Sukzessivbilder, die Chevreul ebenfalls erklärte. Betrachten Sie den schwarzen Punkt auf dem roten Frosch etwa dreißig Sekunden bei guter Beleuchtung, und wechseln Sie unmittelbar danach zu dem schwarzen Punkt auf der weißen Fläche, stellen Sie fest, daß sich der Frosch dort ziemlich deutlich in seiner etwas fluoreszierenden Komplementärfarbe Grün abzeichnet.

179

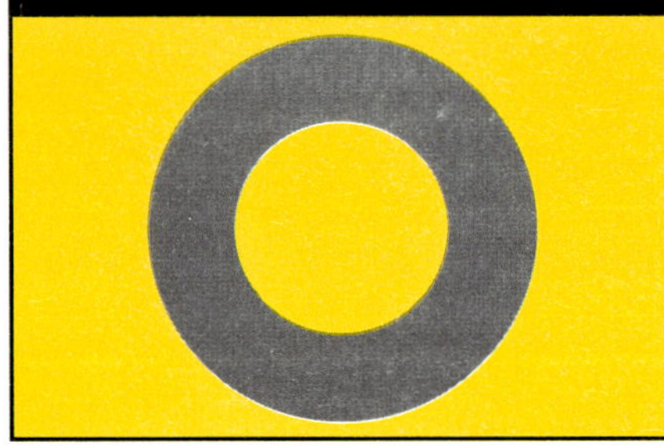

180

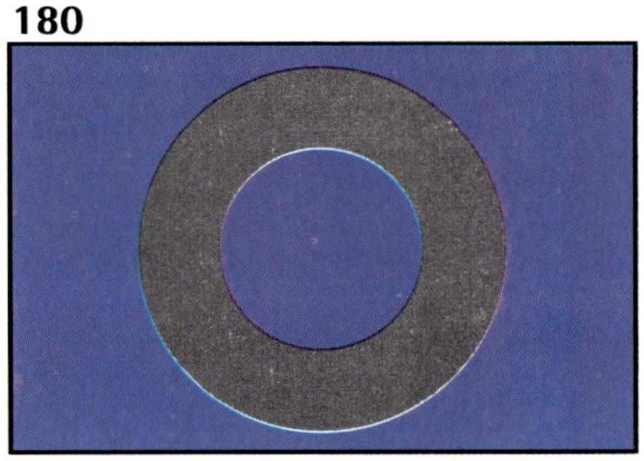

181

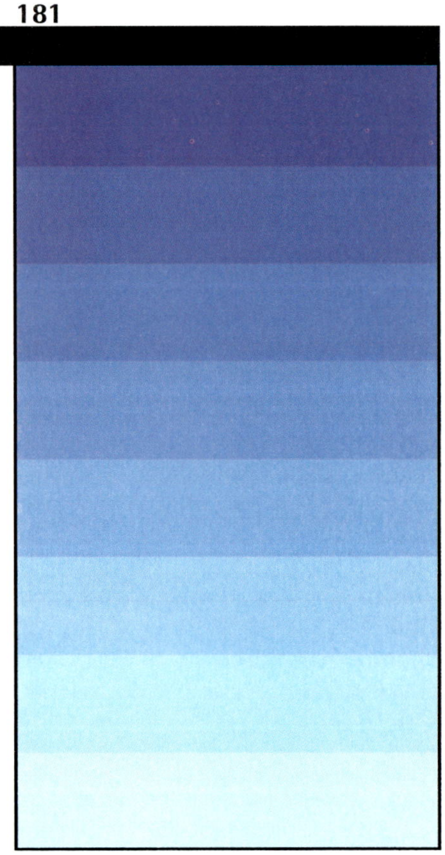

181A

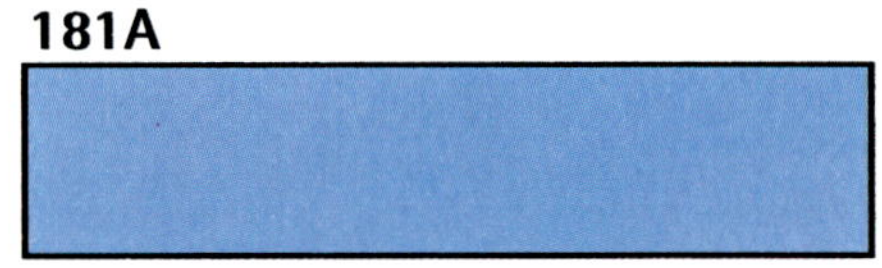

Abb. 179 und 180: Betrachtet man die grauen Kreise eine ganze Weile, erhält das Grau auf gelbem Grund einen leichten Blaustich, während bei dem zweiten Grau ein Gelbstich auftritt.

Abb. 181: Hier sehen Sie, wie die Streifen einer Abstufung ein und derselben Farbe (Abb. 181A) je nach dem angrenzenden Tonwert heller oder dunkler erscheinen.

Abb. 182: Konzentrieren Sie sich etwa eine halbe Minute auf den schwarzen Punkt in dem roten Frosch und richten den Blick anschließend auf den Punkt innerhalb der weißen Fläche, so taucht der Frosch in seiner Komplementärfarbe Grün vor Ihren Augen auf.

182

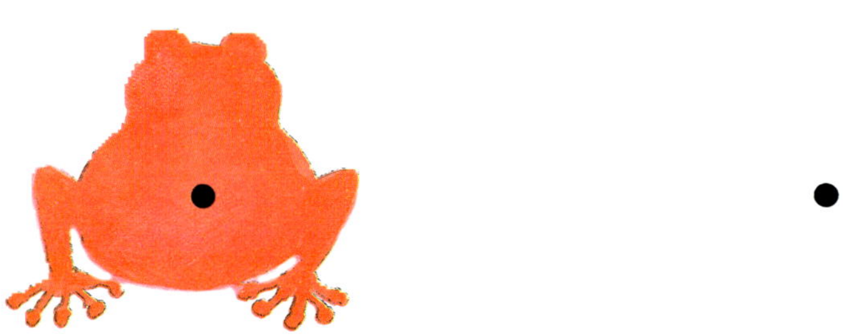

Praktische Anwendung

Untersuchen wir das Phänomen der Simultrankontraste und der Induktion von Komplementärfarben nun in der Praxis. Als Beispiel wählen wir ein Aquarell von Gaspar Romero: einen weiblichen Akt auf cremefarbenem Grund (Abb. 183). Sie werden erkennen, wie sich die tatsächliche Farbe des Akts aus optischen Gründen verändern kann und wie die Wahrnehmung einer Farbe von ihrer Umgebung beeinflußt wird.
Legen wir einen gelben Fond um die Gestalt, verändert sich die Fleischfarbe sofort: Aufgrund der Induktion der Komplementärfarbe erhält die Gestalt einen leichten Blaustich (Abb. 184), denn das Gelb der Umgebung projiziert seine Komplementärfarbe Blau auf die Fleischfarbe.
Wählen wir nun Magenta für den Fond. Aufgrund der Ähnlichkeit zwischen Magenta und der Fleischfarbe reduzieren sich die Kontraste der Gestalt. Gleichzeitig projiziert Magenta seine Komplementärfarbe auf die Haut des Modells, die jetzt grünstichig wirkt, da Grün zu Magenta komplementär ist (Abb. 185).
Zum Abschluß können Sie die Wirkung bei einem zyanblauen Fond untersuchen, der für einen gewissen Rotstich der Gestalt sorgt (Abb. 186). Daraus läßt sich folgende Regel ableiten:

Alle mehr oder weniger kräftigen Farben nehmen etwas von der Komplementärfarbe ihres Untergrunds an.

Nicht ohne Grund sagte der französische Maler Eugène Delacroix: *„Gebt mir einen Haufen Dreck, und ich male euch damit die Haut einer Venus... solange ihr mir die Wahl für die Farben ihrer Umgebung überlaßt.“* Delacroix wußte also wie alle großen Meister instinktiv einiges über die modernen Theorien der Simultankontraste und der Induktion von Komplementärfarben.

183

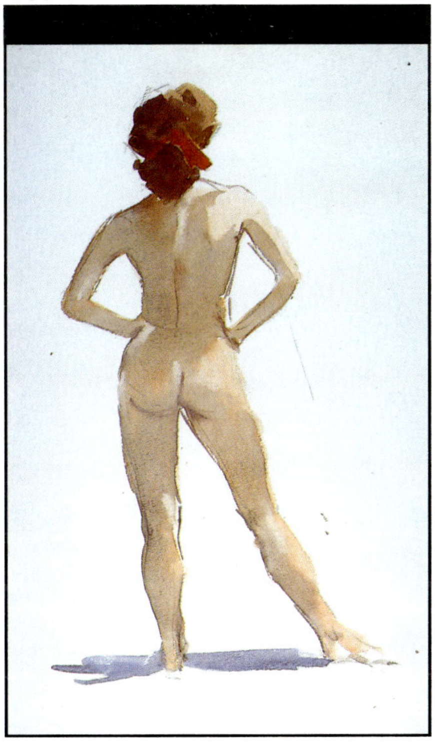

Abb. 183 bis 186: Drei Beispiele für den Einfluß des Hintergrunds auf die Fleischfarbe des weiblichen Akts von Gaspar Romero. Auf Gelb erhält die Fleischfarbe einen Blaustich, auf Magenta einen Grünstich und auf Zyanblau einen Rotstich.

184

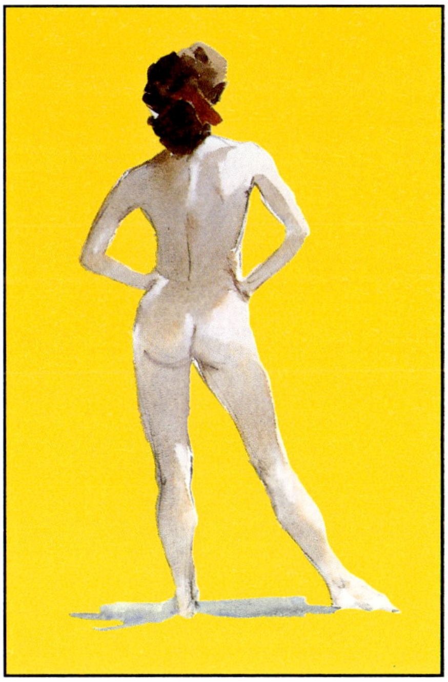

185

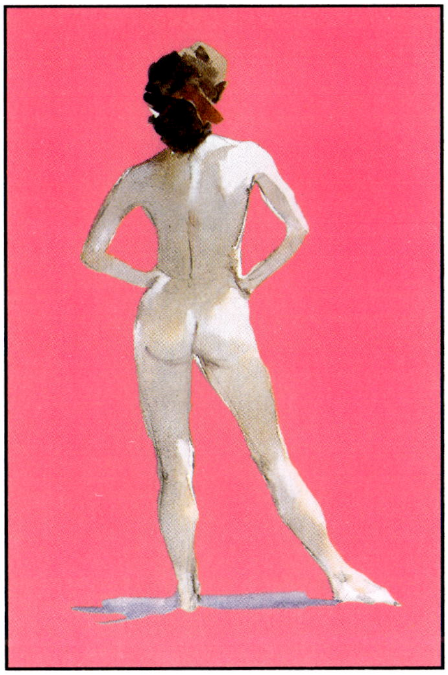

186

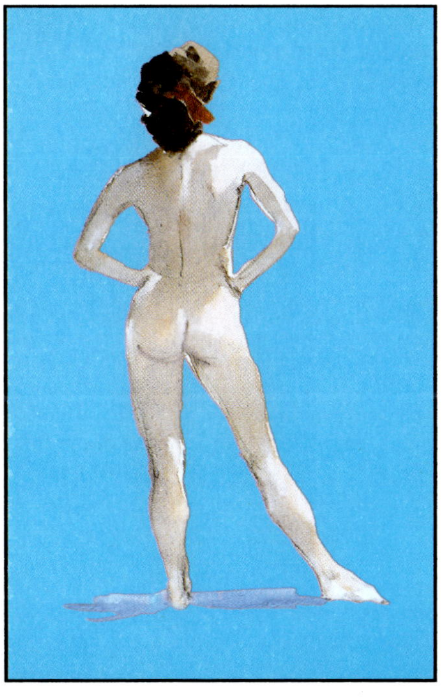

Die Lokalfarbe und die tonale Farbe

187

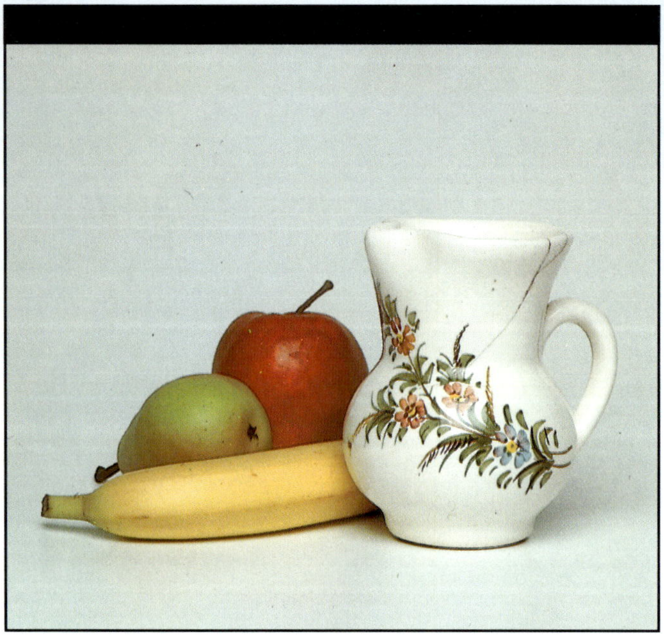

188

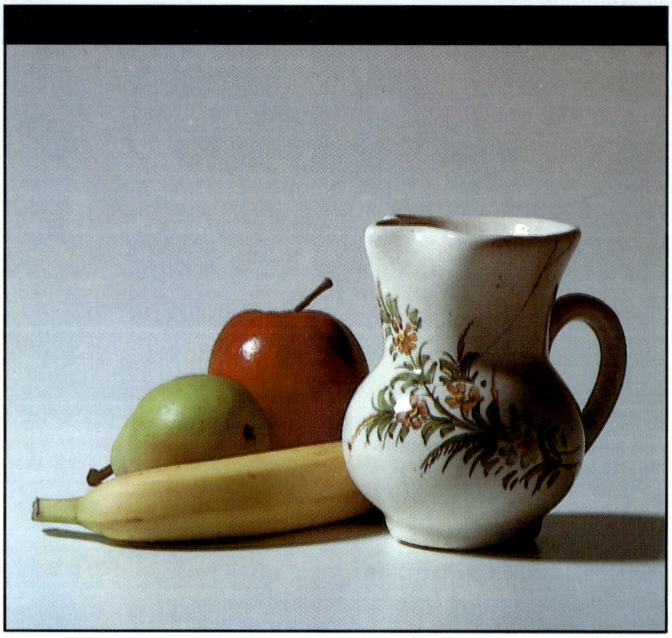

189

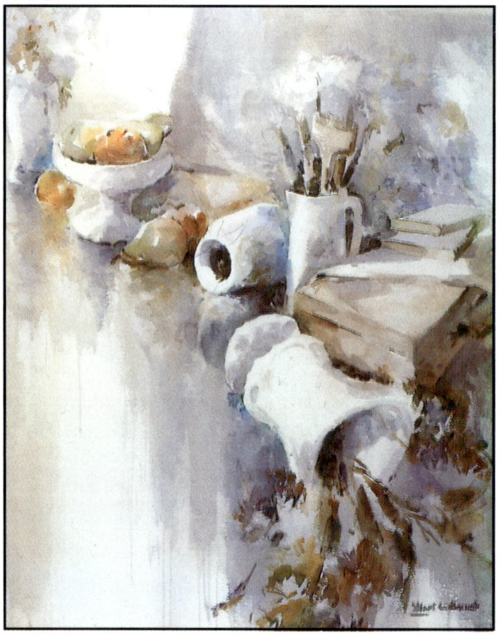

Im folgenden wollen wir die einzelnen Faktoren untersuchen, die die Wahrnehmung der Farbe eines Körpers bestimmen:

a) die Lokalfarbe
b) die tonale Farbe
c) die reflektierte Farbe
d) die Farbe des Lichts.

Unter der Lokalfarbe versteht man die Eigenfarbe eines Körpers: das Grün der Birne, das Gelb der Banane, das Rot des Apfels und das Weiß des Krugs (Abb. 187). Am deutlichsten zu erkennen ist die Lokalfarbe bei frontaler Beleuchtung, weil die unterschiedlichen Nuancen als Wirkung von Licht und Schatten weitgehend entfallen.
Verändern wir die Lichtrichtung und wählen wir eine seitliche Beleuchtung, erhalten wir die tonale Farbe, die sich aus dem Spiel von Licht und von Schatten ergibt (Abb. 188). Die tonale Farbe ist die durch die Wirkung von Licht und Schatten veränderte Eigenfarbe des Körpers. Die Beziehung zwischen den hellen und den dunklen Tonwerten verstärkt das Volumen und die dritte Dimension.
Abbildung 189 zeigt ein herrliches Aquarell von Laurentino Martí von der Vereinigung der Aquarellmaler Kataloniens, in dem der Künstler die Lokalfarben und die tonalen Farben in einem Werk kombiniert. Beachten Sie die Wirkung des kräftigen Lichts auf die tonalen Nuancen, welche die Formen dieser originellen Komposition aus einem außergewöhnlichen Blickwinkel beschreiben.

Abb. 187 (links oben): Beleuchtet man dieses Stilleben mit frontalem Licht, entfallen die Schatten, und man sieht die Lokalfarben: hier das Weiß des Krugs, das Rot des Apfels, das Grün der Birne und das Gelb der Banane.

Abb. 188 (rechts oben): Hier fällt das Licht von links und erzeugt eine Reihe von Schatten, die für die tonale Farbe der Körper sorgen.

Abb. 189: Laureano Martí, Stilleben, Sammlung der Vereinigung der Aquarellmaler Kataloniens, Barcelona. In diesem Aquarell spielt Martí mit den Lokalfarben und den Tonwerten des Modells, das überwiegend aus weißen Elementen besteht.

Die reflektierte Farbe und die Farbe des Lichts

190

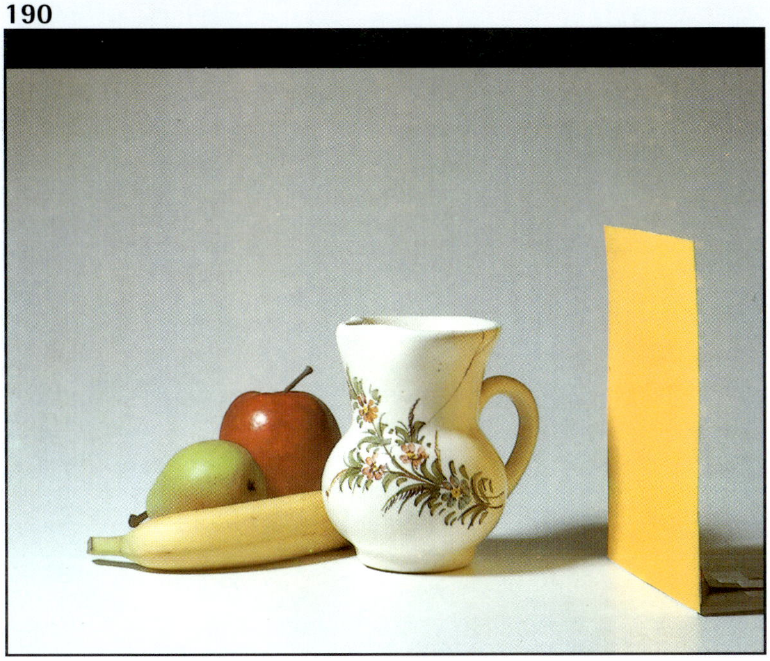

191

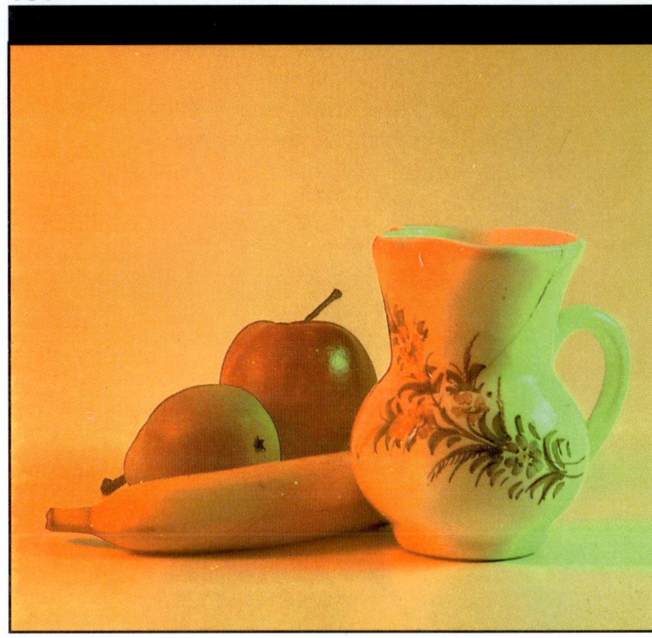

Dasselbe Stilleben wie zuvor, ebenfalls bei seitlicher Beleuchtung, doch mit einem zusätzlichen gelben Schirm (Abb. 190). Das Licht, das auf den gelben Schirm fällt, wird auf die Elemente der Komposition reflektiert und läßt sie gelbstichig erscheinen. Dieses reflektierte Licht von benachbarten Körpern muß man stets berücksichtigen. In zahlreichen Fällen verhält es sich wie eine zusätzliche Lichtquelle und löscht die tonalen Farben der Körper praktisch aus.

192

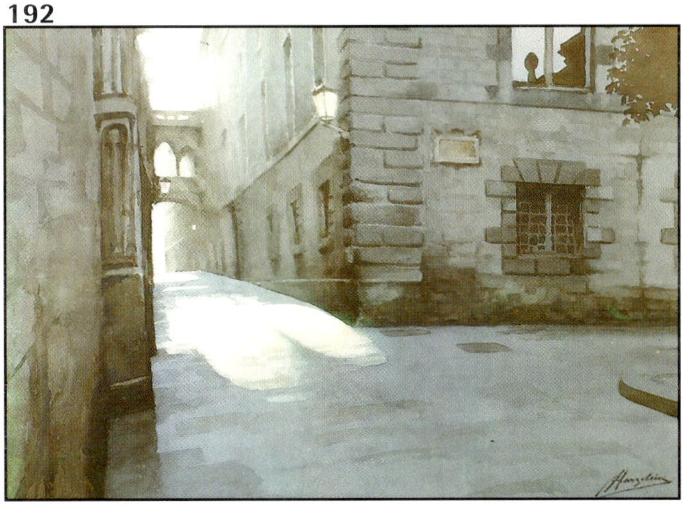

Abb. 192: Jordi Garzolini, Stadtszene, Sammlung der Vereinigung der Aquarellmaler Kataloniens, Barcelona. Garzolini malte dieses herrliche Aquarell in einer Straße Barcelonas in der Abenddämmerung, wenn das Licht schwächer wird und einen deutlichen Blaustich erhält. Gleichzeitig wird das Sonnenlicht, das auf den Boden fällt, auf die angrenzenden Hauswände reflektiert.

Verändern wir Farbe oder Stärke einer Lichtquelle, ändert sich die Farbwahrnehmung der Körper erheblich, wie anhand dieses Stillebens zu erkennen. Auch Sonnenlicht kann die Farbe der Körper verändern und die Tonwerte je nach Tageszeit und Bewölkung dämpfen oder verstärken. In der nebenstehenden Stadtszene von Jordi Garzolini (Abb. 192) ist die Farbe des aus dem Hintergrund stammenden reflektierten Lichts deutlich zu erkennen. Es fällt auf die rechte Wand und sorgt für einen eindeutigen Blaustich.

Abb. 190: Hier fällt das Licht ebenfalls von der Seite, beleuchtet jedoch zusätzlich einen gelben Schirm, dessen Farbe auf die Schattenseite des Krugs zurückgeworfen wird.

Abb. 191 (rechts oben): Dasselbe Stilleben schließlich von beiden Seiten beleuchtet, einmal mit rötlichem und einmal mit grünlichem Licht, wodurch sich die Eigenfarben und die tonalen Farben der Elemente restlos verändern.

Kontraste und Atmosphäre

Unterliegen Sie bitte nicht dem Irrtum, daß der Vordergrund immer am hellsten ist und daß der Hintergrund grundsätzlich am dunkelsten erscheint. Aufgrund der Perspektive und der Atmosphäre sind die Kontraste im Vordergrund am stärksten und werden mit zunehmender Entfernung immer schwächer. Dieses Phänomen der verblassenden Farben bezeichnet man als Luftperspektive:

Je weiter man sich von den Gegenständen entfernt, desto schwächer werden die Farben und desto stärker verschwimmen die Formen, da sich der Gegensatz zwischen Licht und Schatten verringert.

Betrachten Sie als Beispiel die folgende schrittweise Darstellung eines Aquarells, das ich am Kai des Fischerhafens von Barcelona gemalt habe (Abb. 194 bis 196). Bereits im ersten Stadium macht sich die Wirkung der zwischengeschobenen Atmosphäre bemerkbar. Während der Vordergrund kontrastreich ist, nimmt die Farbstärke der Elemente mit zunehmender Entfernung ab, und die Formen werden unscharf (was ich im letzten Stadium durch Absaugen von Farbe betont habe). Bei dem fertigen Werk auf Abbildung 196 erkennen Sie, daß der Vordergrund mit den Schiffen kontrastreicher und präziser ist als der Kai, weil die Körper mit zunehmender Entfernung unschärfer und blaustichiger erscheinen.

193

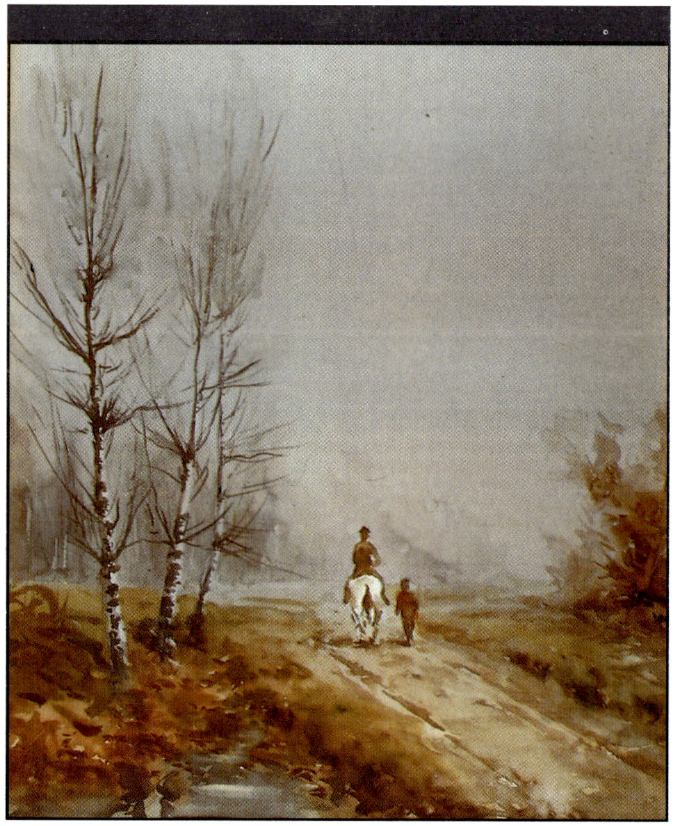

Abb. 193: Lleonart, Landschaft bei Nebel, Sammlung der Vereinigung der Aquarellmaler Kataloniens, Barcelona. Lleonart hat in seinem Aquarell den Nebel über der Landschaft festgehalten. Dieses Phänomen erzeugt eine Atmosphäre, welche die dritte Dimension des Bildes verstärkt.

Abb. 194 bis 196: Diese Schrittfolge eines Aquarells mit dem Fischerkai von Barcelona habe ich als Beispiel für die Wirkung der Kontraste und der Atmosphäre gemalt. Die Farb- und Tonwertkontraste der Schiffe wurden im Vordergrund verstärkt und mit zunehmender Entfernung immer schwächer gehalten.

194

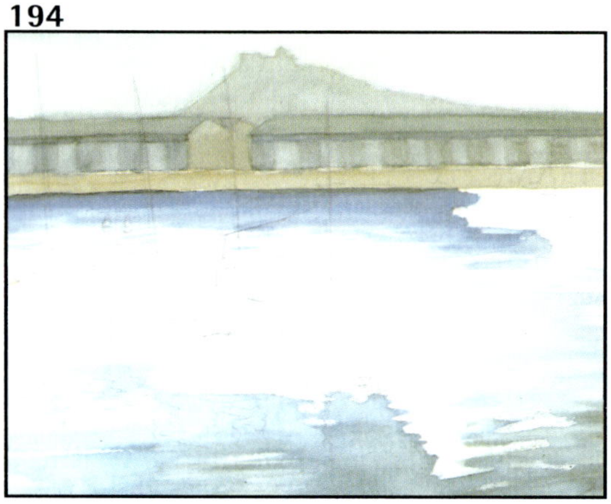

195

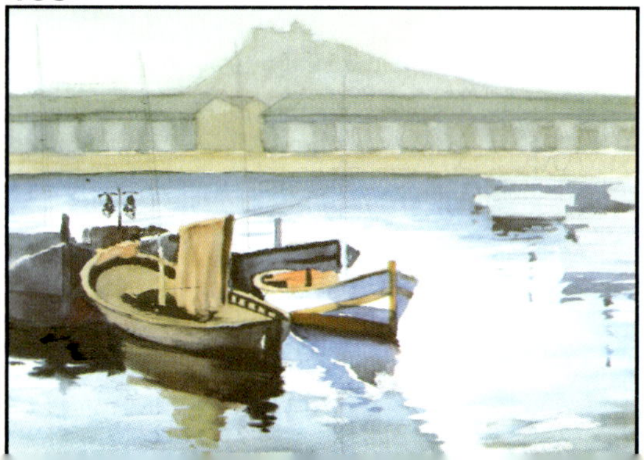

196

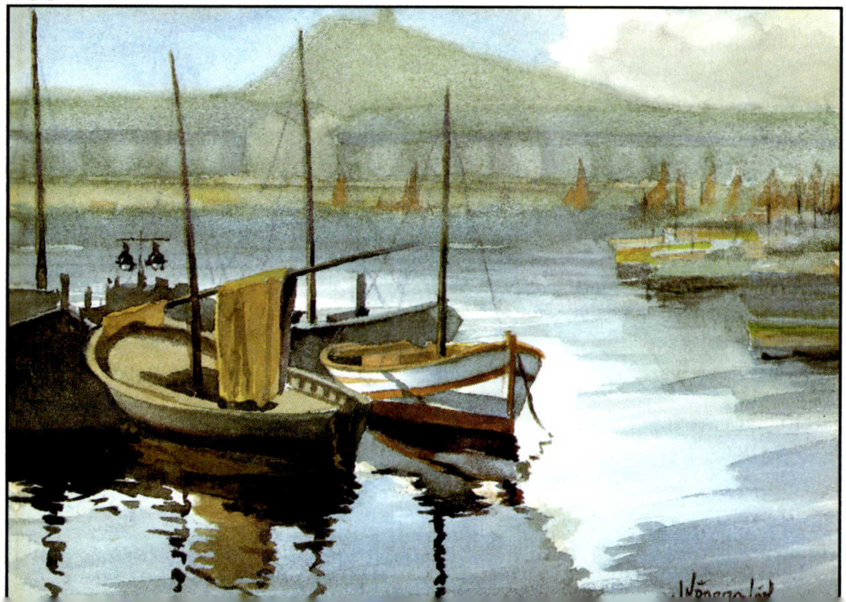

Die Farbe der Schatten

Seit dem 16. Jahrhundert stumpften Genies wie Leonardo da Vinci, Caravaggio oder Velazquez die Eigenfarbe der Körper für deren Schatten mehr oder weniger ab. Während der impressionistischen Strömung des 19. Jahrhunderts bekamen die Schatten einen Blaustich. Mit dem Aufkommen der Postimpressionisten und der Fauves zu Beginn dieses Jahrhunderts begannen die Schattenfarben zu vibrieren. Aufgrund der unterschiedlichen Experimente dieser Künstler können wir heute die Farben nennen, die man zum Malen von Schatten benötigt:

1. **Blau, das in allen Schatten vorhanden ist, gemischt mit**
2. **der um einen Ton dunkleren Eigenfarbe, gemischt mit**
3. **der jeweiligen Komplementärfarbe der Eigenfarbe.**

Betrachten wir dies nun in der Praxis anhand des Modells von Abbildung 197. Der erste Farbauszug zeigt ausschließlich Blau, das in allen Schattenfarben enthalten ist (Abb. 198). Bei dem zweiten Farbauszug handelt es sich um die Eigenfarben der einzelnen Körper (Abb. 199).

197

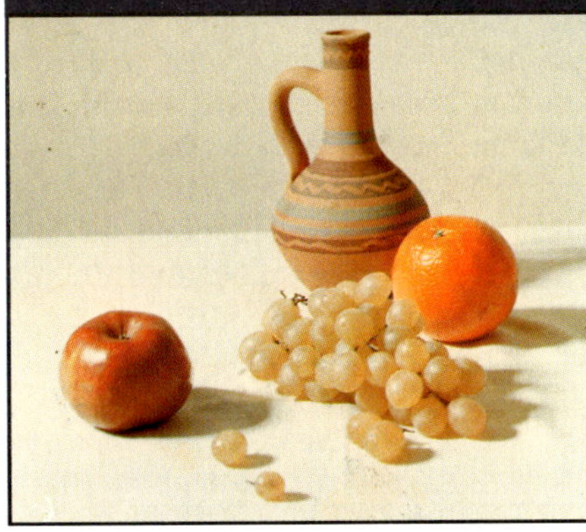

198

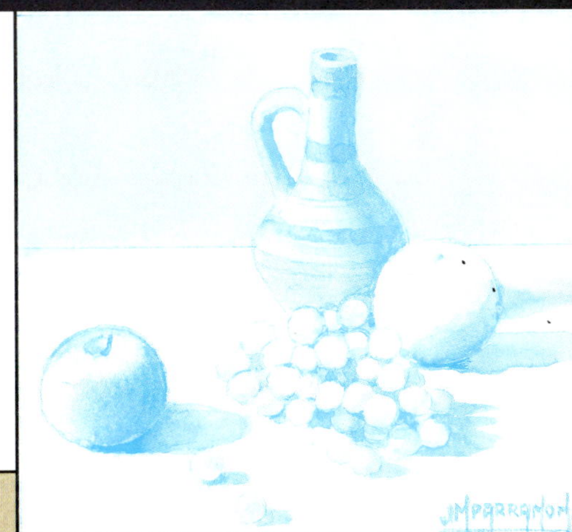

199

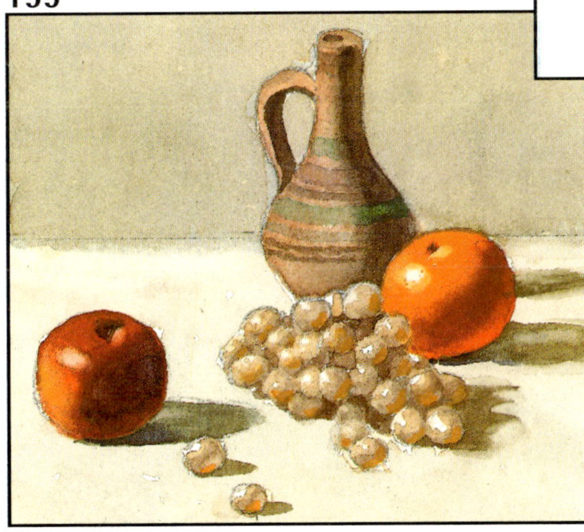

Der dritte Auszug entspricht den Erkenntnissen des Impressionismus und zeigt die Komplementärfarben der Eigenfarben der Körper (Abb. 200).
Zum Abschluß sehen Sie das fertige Werk mit dem Ergebnis aus den drei genannten Farben (Abb. 201).

200

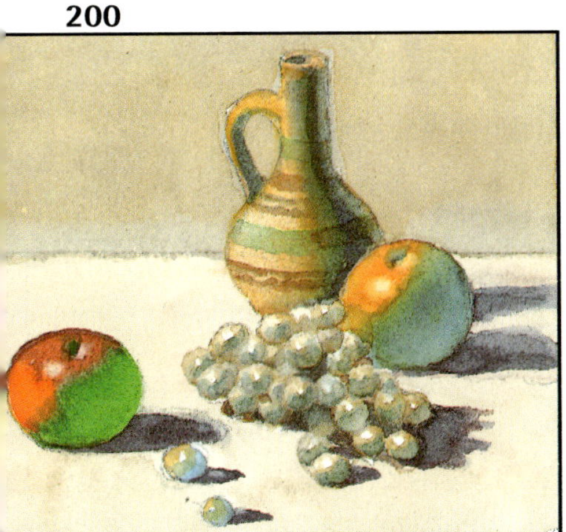

201

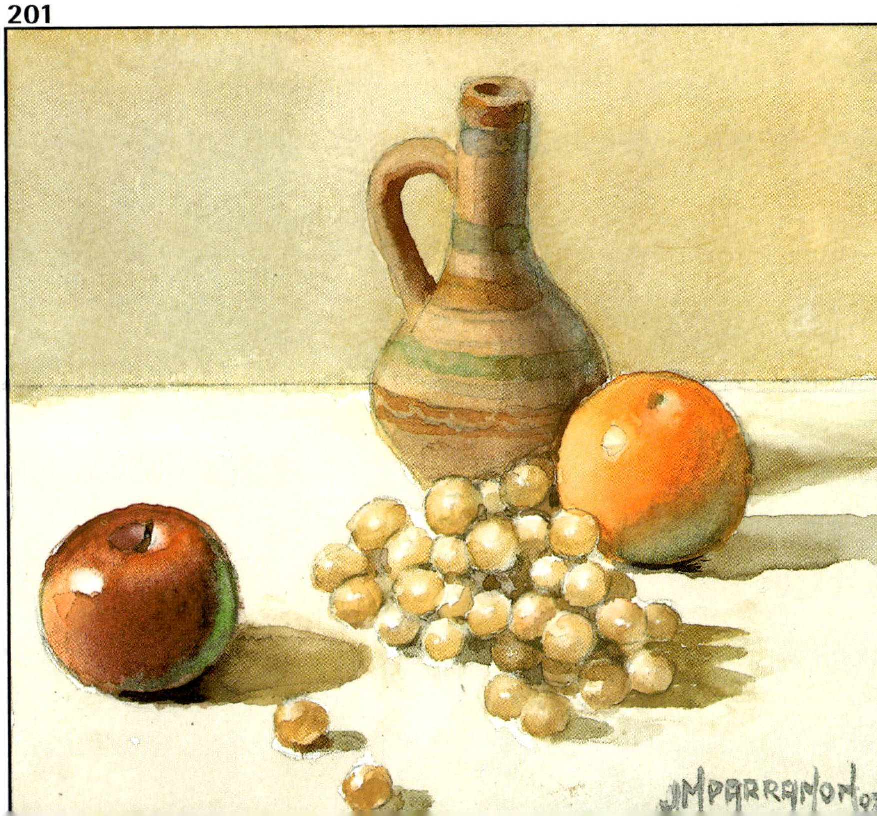

Abb. 197 bis 201: Ausgehend von dem Modell auf Abbildung 197, sehen Sie hier die Farbe der Schatten aus Blau (Abb. 198), der um einen Ton dunkleren Eigenfarbe (Abb. 199) und der jeweiligen Komplementärfarbe der Eigenfarbe (Abb. 200). Abbildung 201 zeigt das fertige Aquarell.

Malen wie ein Valorist

202

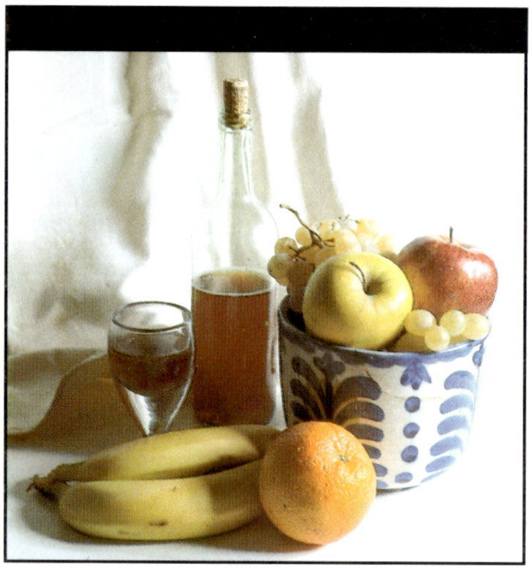

Wie ein Valorist zu malen heißt, mit allen Tonwerten und Variationen des Spiels von Licht und Schatten zu arbeiten.
Um die Technik und die Malweise für diesen Stil besser zu begreifen malen Sie bitte gemeinsam mit mir ein Stillleben. Sie können Ihr eigenes Modell zusammenstellen und dafür einige Dinge aus Ihrem Haushalt wählen oder mein Modell übernehmen (Abb. 202). Die Beleuchtung muß von der Seite fallen, damit ein kräftiges Spiel von Licht und Schatten entsteht.

Fangen wir an. Ich zeichne das Modell mit einem Bleistift 2B mit wenigen Linien ohne Schatten vor und markiere die Aussparungen für die weißen Reflexe auf dem Krug und den Früchten. Anschließend lege ich die ersten größeren Flächen an und beginne mit den Eigenschatten der einzelnen Elemente (Abb. 203).
Ich male die Wurfschatten und verstärke die Töne und Kontraste des Tuches im Hintergrund. Beachten Sie, daß das Weiß weiterhin ausgespart bleibt. Ferner sollte man für einen Kontrast zwischen dem Hintergrund und dem Stilleben sorgen (Abb. 204). Während des Abschlußstadiums kann man noch einige Retuschen anbringen und Kontraste schaffen oder verstärken, um das eine oder andere Element besser hervorzuheben (Abb. 205).

203

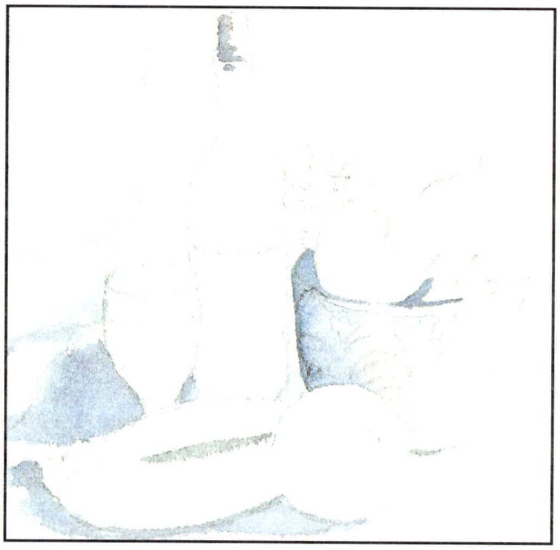

Abb. 202 bis 205: Kurze Darstellung der Schritte für ein Stilleben im valoristischen Stil. Die seitliche Beleuchtung verstärkt das Volumen und das Spiel von Licht und Schatten.

204

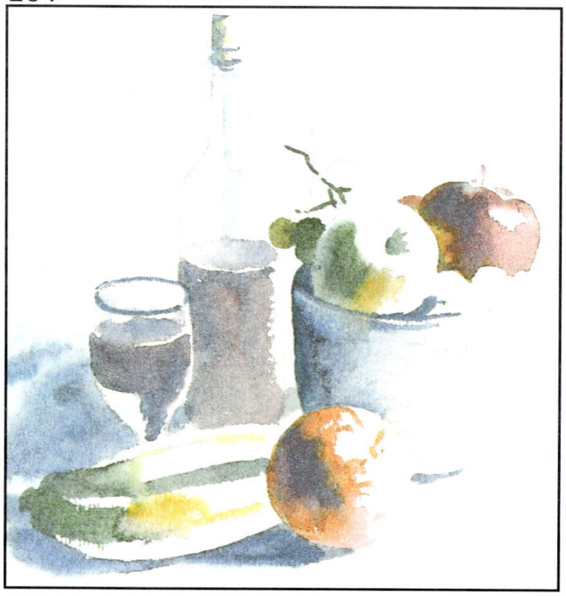

205

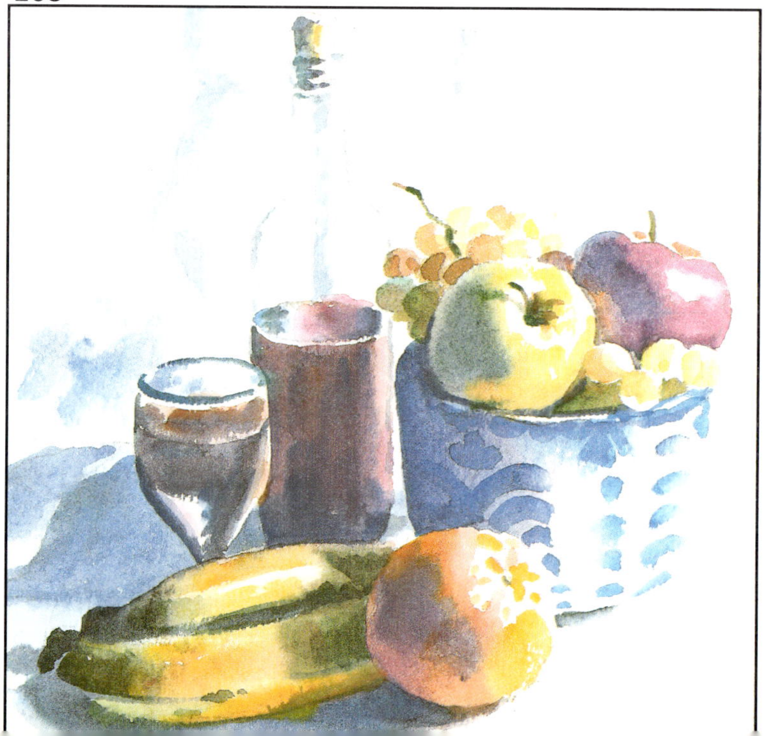

Malen wie ein Kolorist

206

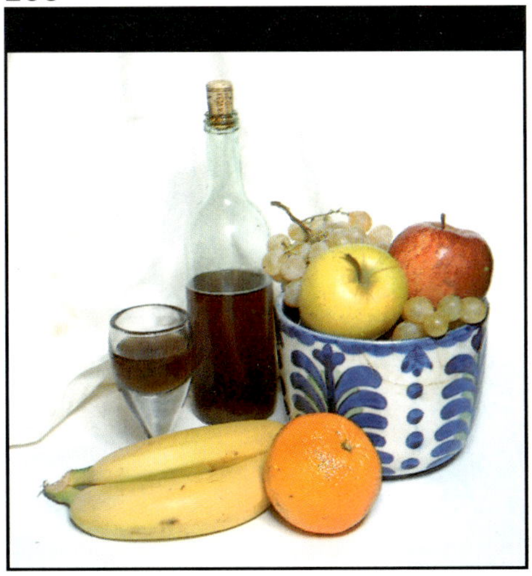

Der koloristische Stil stützt sich insbesondere auf Effekte aus sehr kräftigen Farbmischungen. Der Kolorismus wurde bekanntlich von den Fauves verbreitet, die eine Fläche mit Hilfe der Kombination reiner Farben aufbauten.
Ich schlage Ihnen jetzt eine neue Übung vor, mit der Sie die Wirkung von Farbkontrasten in einem Bild nachprüfen können. Unser Modell ist dasselbe wie zuvor (Abb. 206). Wählen Sie eine kräftige frontale Beleuchtung, um die Farben zu verstärken und das mögliche Auftauchen von Schatten zu verhindern. Fertigen Sie den Rahmen an, indem Sie wie zuvor die größten Flächen malen, diesmal jedoch mit lebhaften flachen Farben. Füllen Sie die Flächen aus koloristischer Sicht mit gesättigten Farben, und sorgen Sie für Farbkontraste (Abb. 207 und 208). Umreißen Sie zum Abschluß die Formen, heben Sie die Konturen stärker hervor, und konkretisieren Sie sie. Betrachten Sie das Modell, und erkennen Sie die zahlreichen Möglichkeiten der Farben, ohne deren Tonwert zu verändern. Die Leuchtkraft und das Relief entstehen ausschließlich aus der Kombination lebhafter Farben. Das wahre Geheimnis eines Bildes im koloristischen Stil besteht aus Ihrem Einfühlungsvermögen und dem Grad der Interpretation, zu dem Sie imstande sind – also aus Ihrer Fähigkeit, zu sehen und die Farben in lebhafte Kontraste umzusetzen.

207

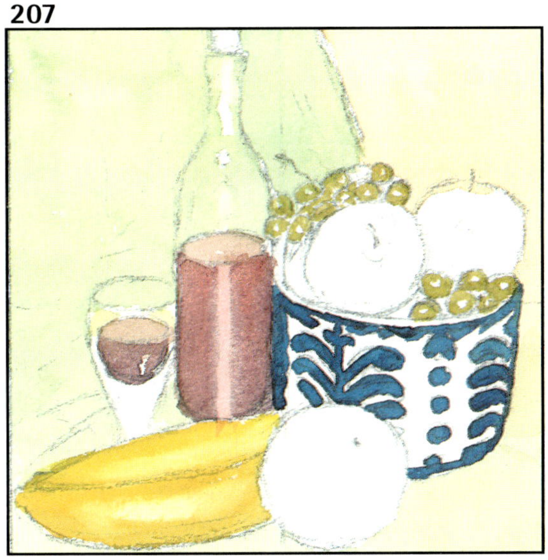

Abb. 206 bis 209: Kurze Darstellung der Schritte für ein koloristisches Bild. Das Modell wird von vorn beleuchtet, so daß keine Schatten entstehen. Man malt ausschließlich mit Farbwerten, drückt die Formen mit Farben aus und verstärkt allgemein die chromatische Interpretation.

208

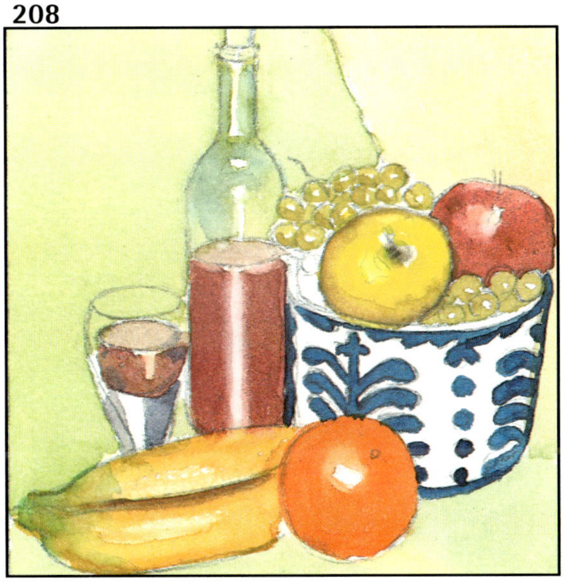

209

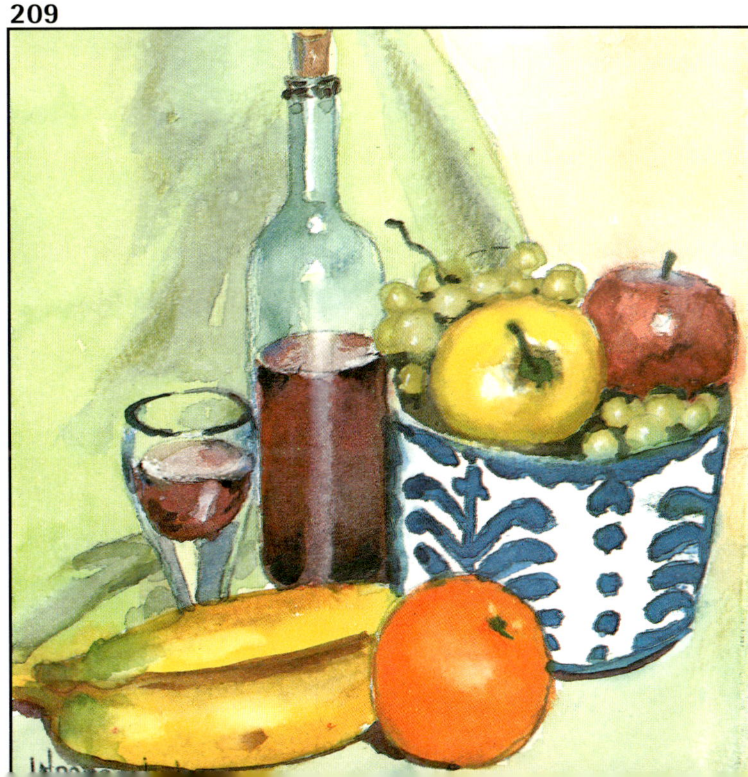

Die Harmonisierung der Farben

Die Harmonisierung der Farben wird vom natürlichen Licht vorgegeben. Ein praktisches Beispiel dafür sind meine beiden Aquarelle (Abb. 210 und 211) sowie die Fotos, die ich bei einem Besuch in Venedig aufgenommen habe (Abb. 212 bis 215). Je nach Tageszeit und Sonnenschein oder bewölktem Himmel sind die Farben lebhaft wie auf den Abbildungen 210 und 212, oder sie gehören einer graustichigen gebrochenen Harmonieskala an (Abb. 211, 213 und 215). Bei Sonnenuntergang um sechs Uhr abends im Sommer erhält die Fassade von Sankt Markus (Abb. 214) einen goldene Farbstich innerhalb einer eindeutig warmen Harmonieskala.
Bevor Sie mit dem Malen beginnen, müssen Sie zunächst die Harmonieskala ermitteln, die Ihnen die Natur liefert. Sollte diese nicht klar zu erkennen sein, müssen Sie sie verstärken oder auf die eine oder andere Weise sogar übertreiben und in einer eindeutig warmen, kalten oder gebrochenen Farbenskala malen.

210

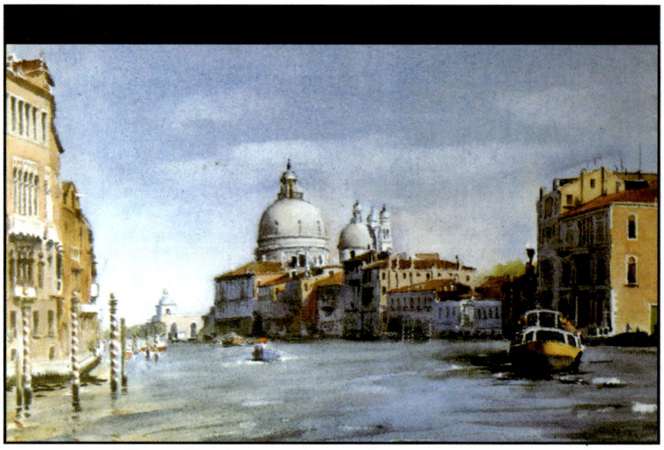

211

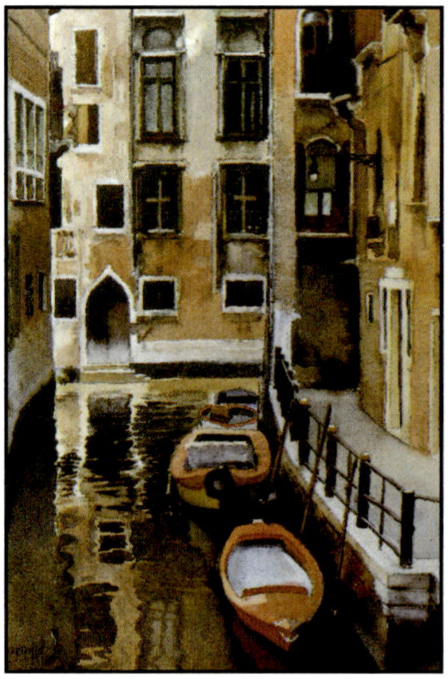

212

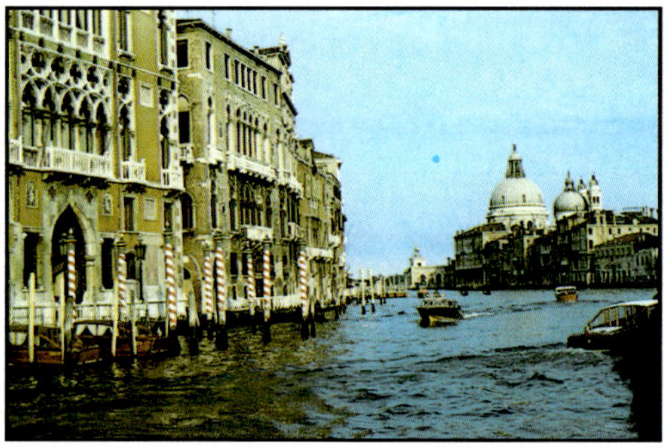

213

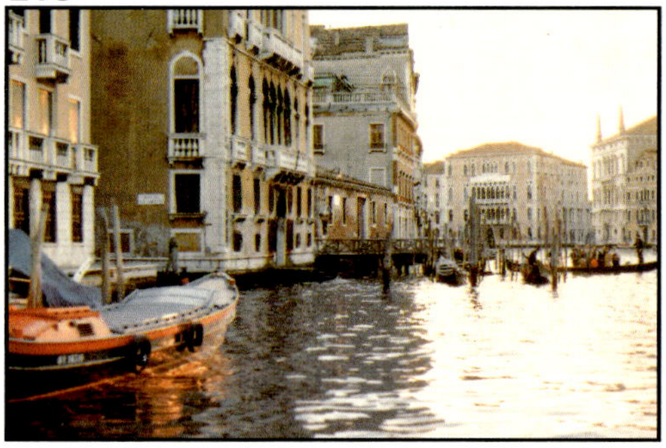

Abb. 210 bis 215: José M. Parramón: Aquarelle und Fotos von Venedig. Je nach Tageszeit, klarem, heiterem oder bewölktem Himmel herrscht in der Natur ein bestimmtes Licht vor, das die Farben zueinander in Beziehung setzt.

214

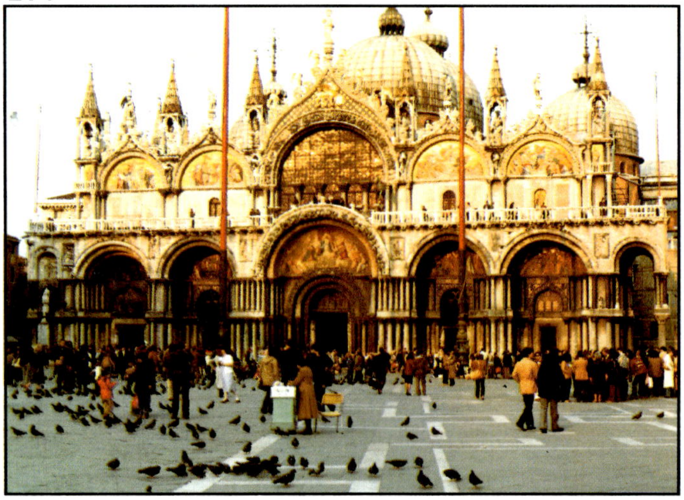

215

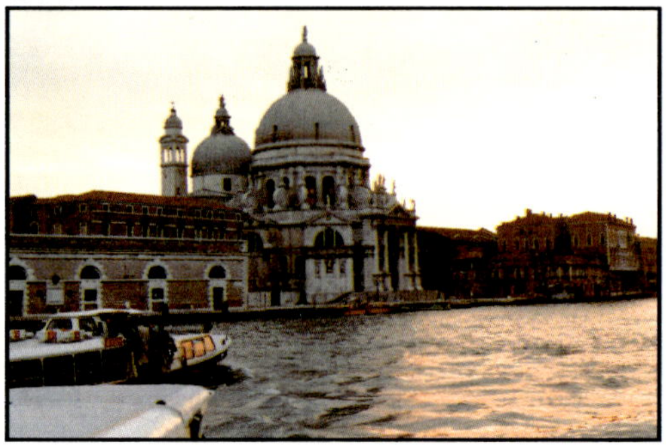

Eine Harmonieskala aus zwei Farben

216

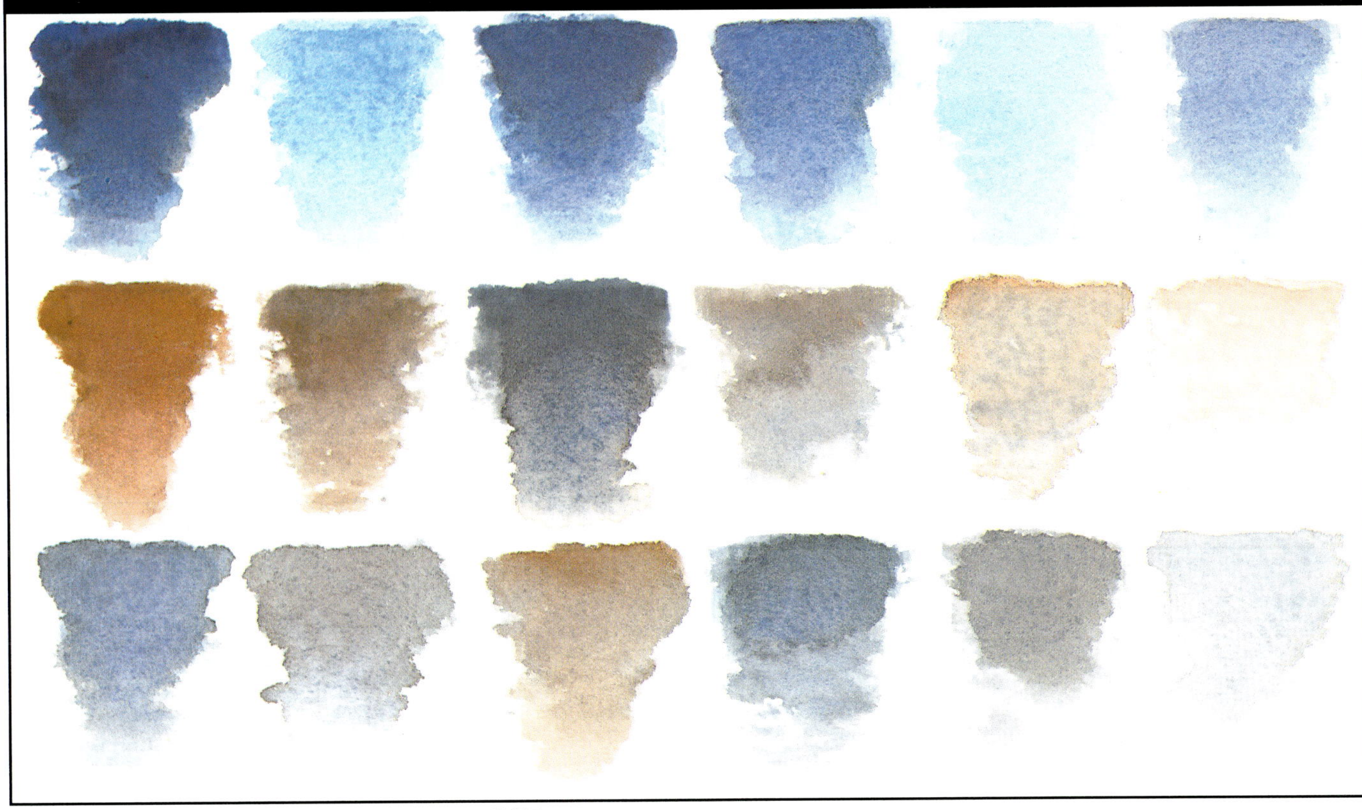

217

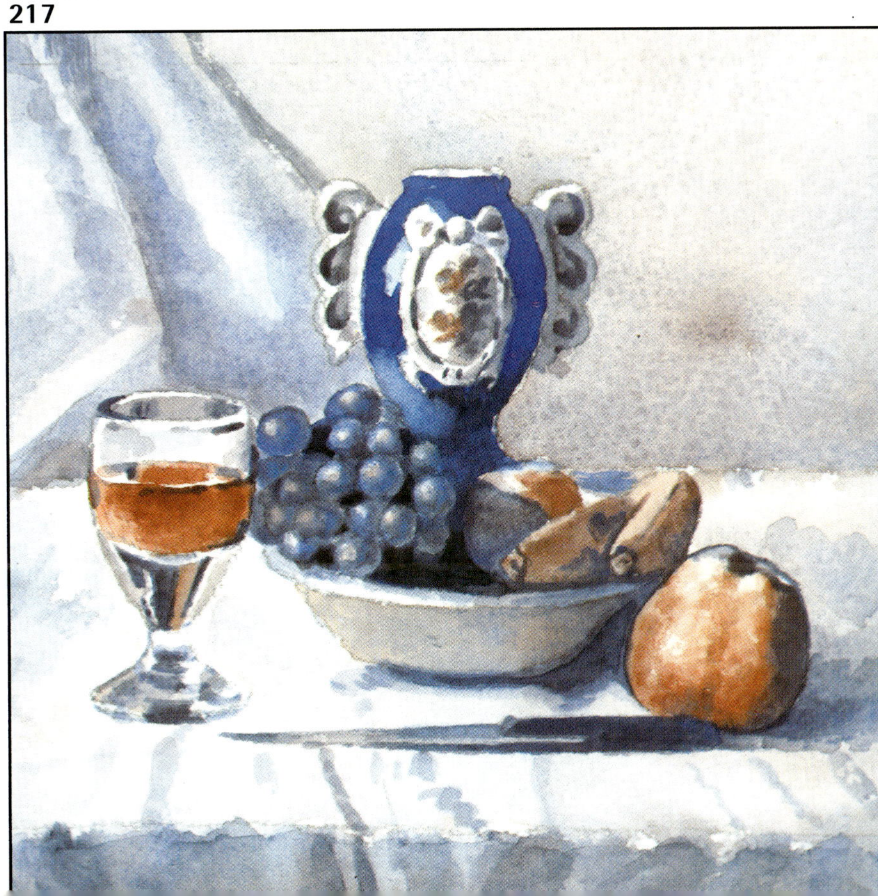

Ziel dieser Übung ist es, ein Stilleben ausschließlich mit einer Skala aus der Mischung zweier unterschiedlicher Farben zu malen: Englischrot hell und Ultramarinblau. Hinzu kommen natürlich das Weiß des Papiers sowie Schwarz, das aus der Mischung der beiden Farben zu gleichen Teilen entsteht (Abb. 216 und 217). Beim Malen mit zwei Farben lernen Sie, wie man ein Bild harmonisiert, Nuancen findet, Mischungen anfertigt, Tonwerte abstuft etc., also das Medium in der Praxis zu beherrschen und ein richtiges Aquarell anzufertigen.

Abb. 216 und 217: Farbenskala und Aquarell aus der Mischung von Englischrot und Ultramarinblau plus dem Weiß des Papiers sowie Schwarz aus der Mischung der beiden Farben zu gleichen Teilen.

Die Harmonieskala der warmen Farben

218

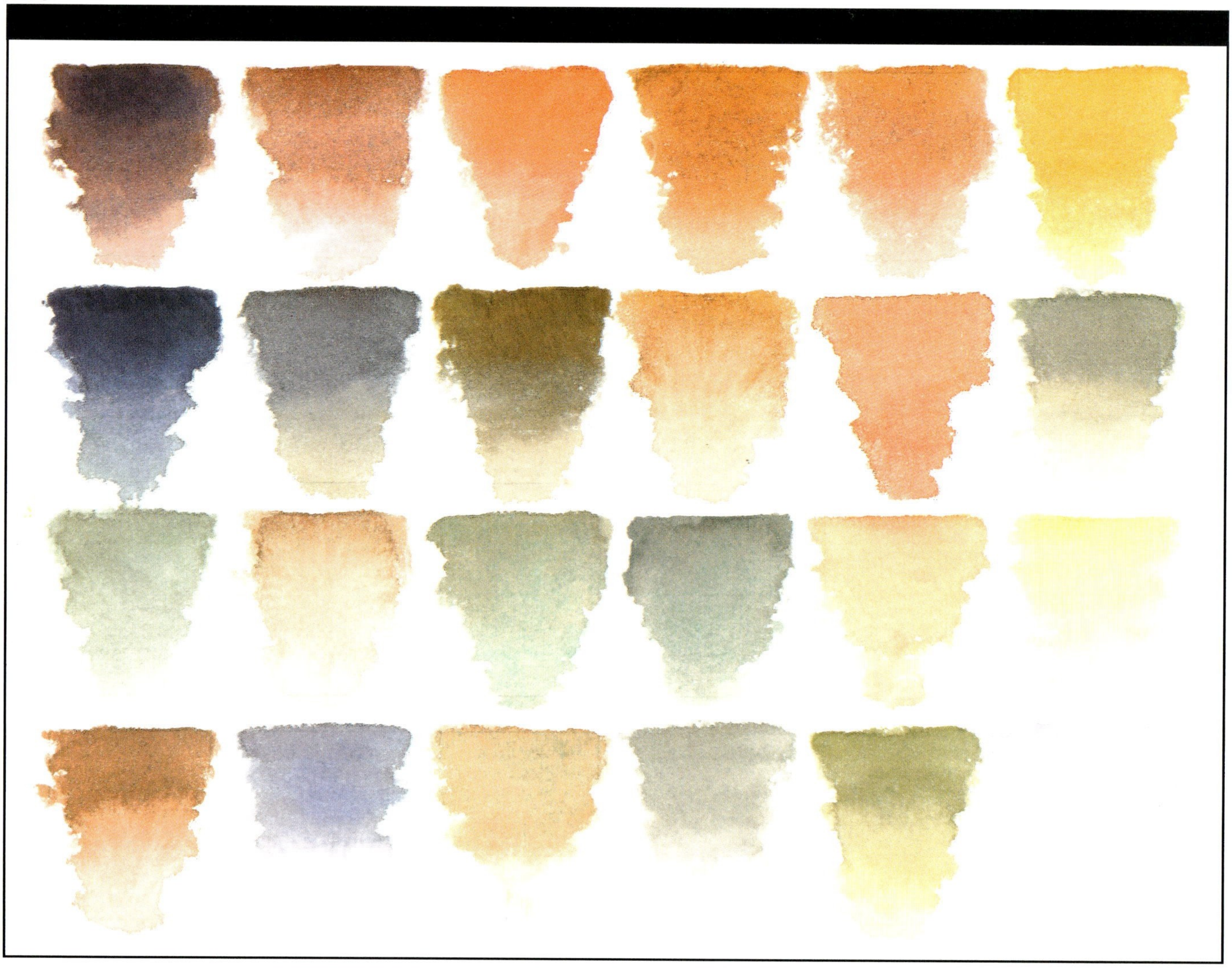

Warme Farben zeichnen sich durch einen Rotstich aus, wobei unterstellt wird, daß Rot grundsätzlich die wärmste Farbe ist. In Wirklichkeit gibt es durchaus wärmeres und kälteres Rot. Betrachten Sie die Harmonieskala der warmen Farben auf Abbildung 218. Alle Mischungen enthalten eine Dominante, die aus Rot in unterschiedlichen Anteilen besteht. Die Beziehung der warmen Farben zueinander geht aus dem nebenstehenden Ausschnitt des Farbenkreises hervor (Abb. 219). Er setzt sich wie folgt zusammen:

HARMONIESKALA DER WARMEN FARBEN

Grüngelb
Gelb
Orange
Rot
Karmin
Purpur
Violett

Zwei dieser Farben könnte man allerdings als Übergangsfarben bezeichnen: Grüngelb und Violett. Je nach ihrer Lage innerhalb eines Bildes können sie sowohl der warmen

219

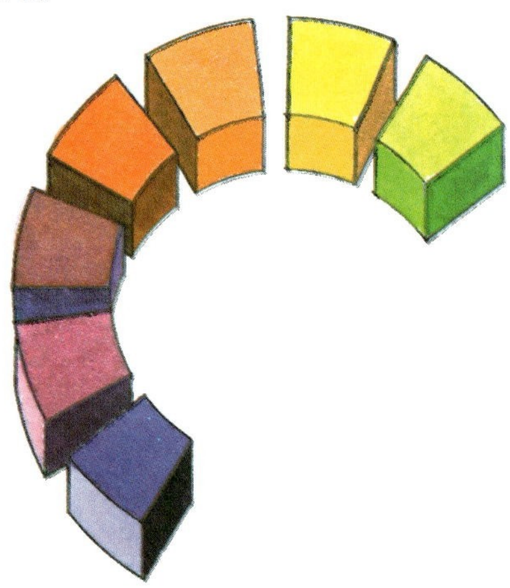

220

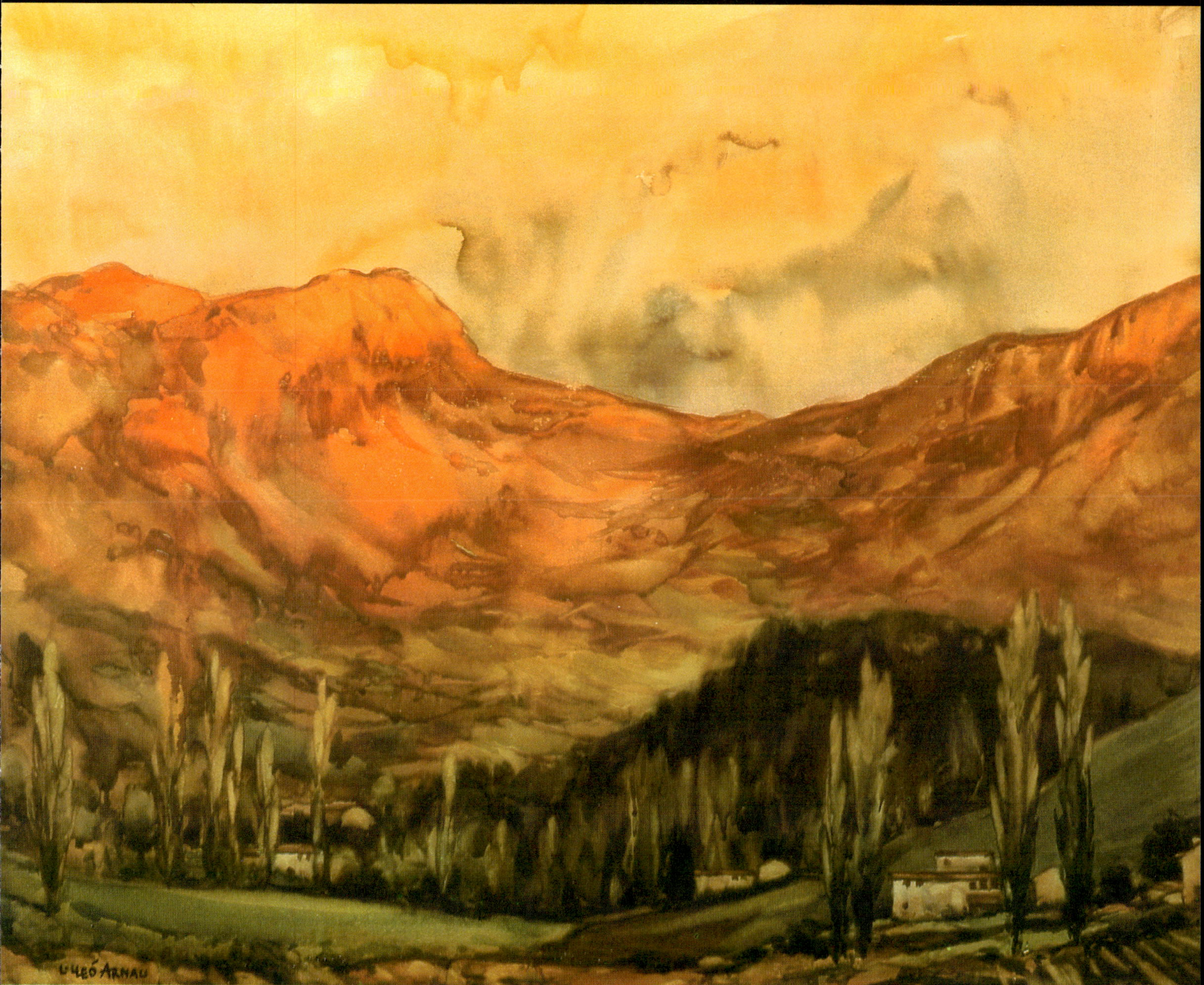

als auch der kalten Harmonieskala angehören.

Die Harmonieskala der warmen Farben bietet ganz bestimmte Ausdrucksmöglichkeiten für die Anfertigung eines Bildes. Betrachten Sie die Skala der warmen Farben in dem herrlichen Aquarell von Lluis Lleó Arnau (Abb. 220), das wir mit freundlicher Genehmigung der Vereinigung der Aquarellmaler Kataloniens in diesem Buch abgebildet haben. Der Himmel und die Berge erscheinen in wunderbarem Rot, Orange, Gold, Ocker, Siena und Gelb. Die letzten Strahlen der untergehenden Sonne beleuchten die Szene. Sie tauchen alle Lokalfarben in ein rötliches Licht und rufen ein Gefühl von Wärme hervor.

Abb. 218 und 219 (gegenüber): Harmonieskala der warmen Farben, zu der auch einige neutrale und kalte Nuancen gehören. Unten: Ausschnitt des chromatischen Kreises mit den warmen Farben.

Abb. 220: Lluis Lleó Arnau, Landschaft mit warmen Farben, Sammlung der Vereinigung der Aquarellmaler Kataloniens, Barcelona. Eine Landschaft mit warmen, fast aggressiven Farben und Tönen, die die Sicherheit des Künstler bei der Beherrschung von Technik und Wahrnehmung der Farben zeigt.

Die Harmonieskala der kalten Farben

221

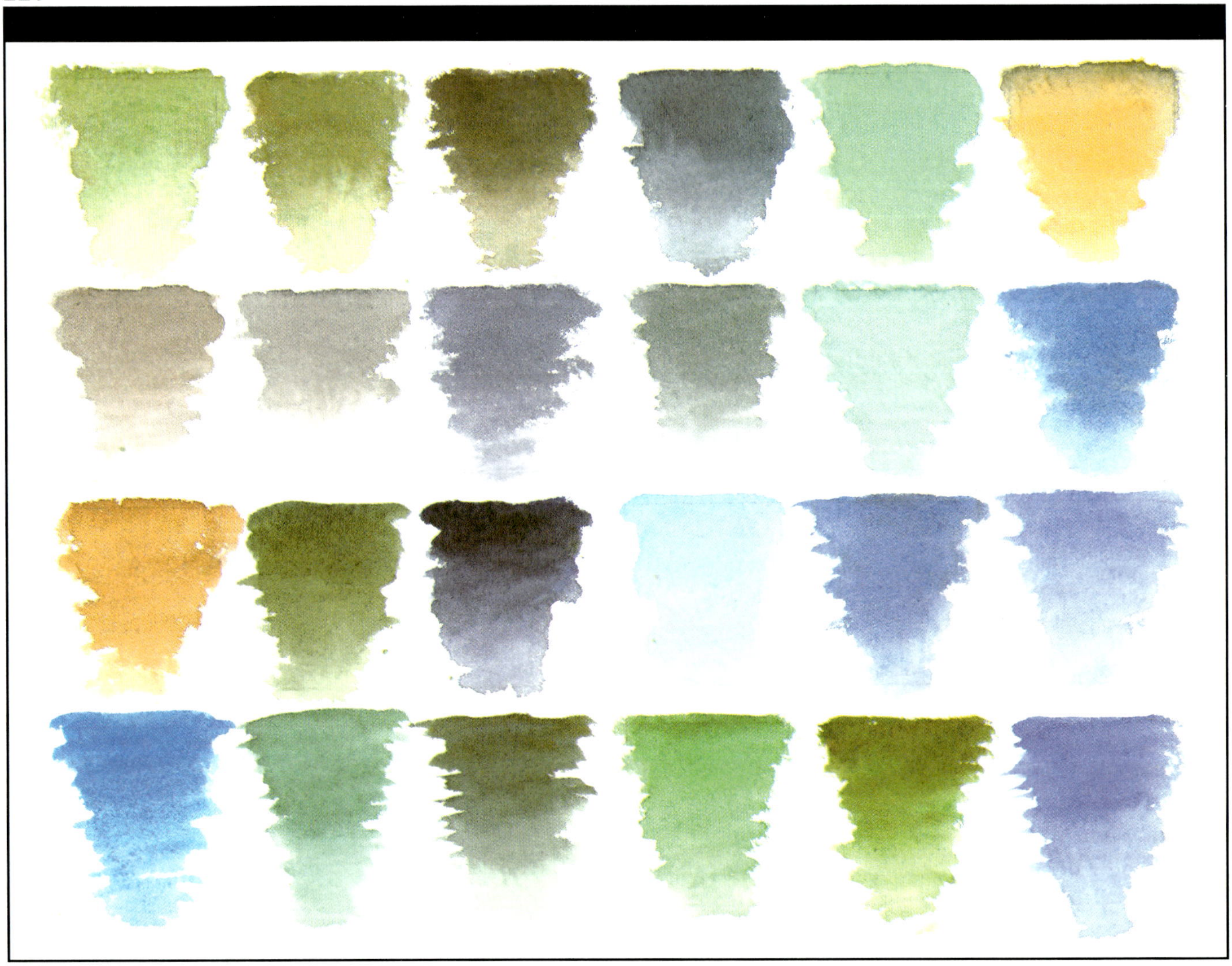

Im Gegensatz zur vorigen Skala vermittelt die Harmonieskala der kalten Farben ein visuelles Gefühl von Kälte. Die Beziehung der kalten Farben zueinander geht aus dem nebenstehenden Ausschnitt des Farbenkreises hervor (Abb. 222). Dieser setzt sich wie folgt zusammen:

HARMONIESKALA
DER KALTEN FARBEN

Gelbgrün
Grün
Chromoxidgrün feurig
Zyanblau
Kobaltblau
Dunkelblau
Violett

Betrachten Sie die Skala der kalten Farben, die wir oben abgebildet haben (Abb. 221). Während Rot die Dominante der Harmonieskala der warmen Farben ist, nimmt Blau diese Rolle bei den kalten Farben ein.
Im folgenden werden wir feststellen, daß die Harmonieskala der kalten Farben andere Ausdrucksmöglichkeiten bietet als die der warmen Farben. Während warme Farben ein Synonym für Nähe, Lebhaftigkeit und Energie sind, vermitteln kalte Farben den Eindruck von Zurückgezogenheit, Intimität und Ferne.

222

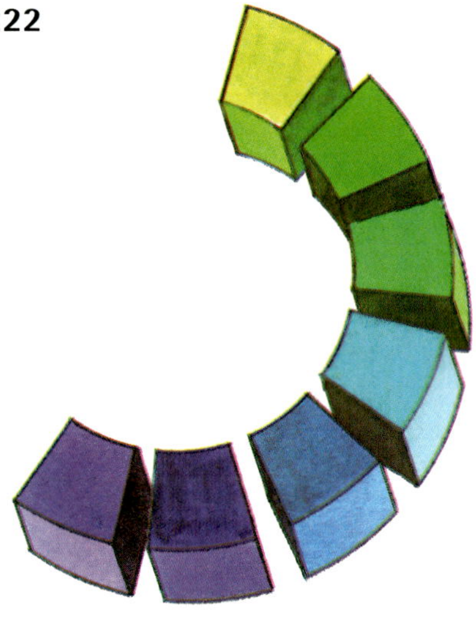

223

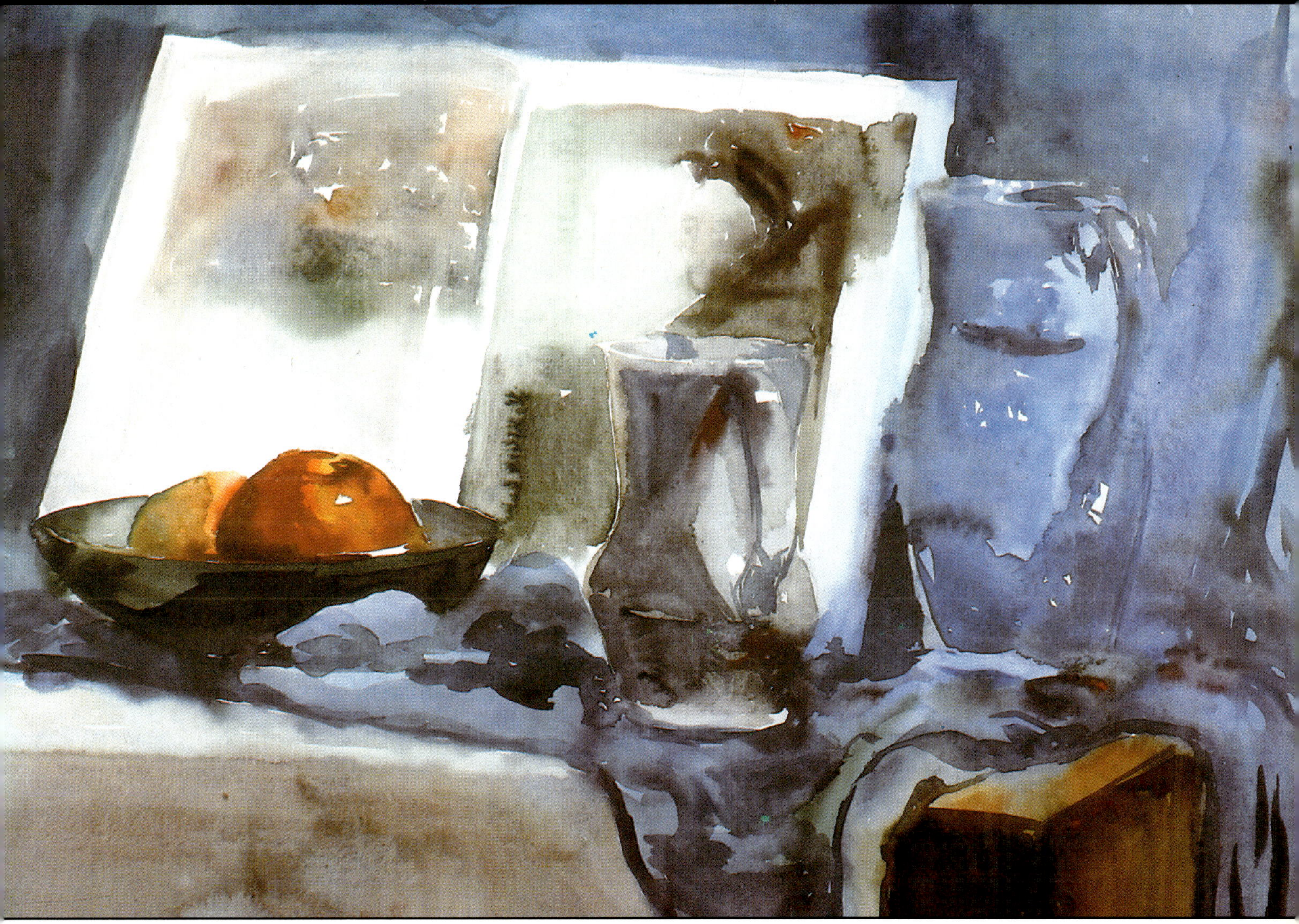

Schauen Sie sich Abbildung 223 näher an. Es ist ein farblich und technisch hervorragendes Aquarell von Antón Martín, Professor für Aquarellmalerei in der Vereinigung der Aquarellmaler Kataloniens, mit deren freundlicher Genehmigung wird dieses Werk abbilden. Der Künstler hat für sein Stilleben eine Skala von kalten Farben verwendet, die sich vermutlich aus der Art des Raumlichts ergaben. Möglich wäre auch, daß er es bewußt in dieser Skala interpretiert hat, um eine Beziehung zwischen den blauen Tönen des Tischtuchs, der Glaskrüge, des Buches, des Tellers und der Äpfel herzustellen, die sich trotz ihrer warmen Farbe perfekt in das blaustichige Aquarell einfügen. Dies beweist, daß eine Harmonieskala der kalten Farben die Aufnahme warmer Nuancen wie das Rot und das Orange der Früchte nicht ausschließt (umgekehrt gilt dasselbe), vorausgesetzt, die Harmonie des Gesamtwerks leidet nicht darunter.

Abb. 221 und 222 (gegenüber): Bei dieser Harmonieskala überwiegen die kalten Farben. Man erkennt jedoch auch warme Töne. Abbildung 222 zeigt den Ausschnitt des chromatischen Kreises mit den kalten Farben, die eine blaue Dominante aufweisen.

Abb. 223: Antón Martín, Blaues Stilleben, Sammlung der Vereinigung der Aquarellmaler Kataloniens, Barcelona. Martín komponierte für dieses außergewöhnliche Aquarell eine wahre Sinfonie von Blautönen, die mit dem neutralen Weiß des Buches und den beiden Früchten in einer warmen Skala kontrastieren.

Die Harmonieskala der gebrochenen Farben

224

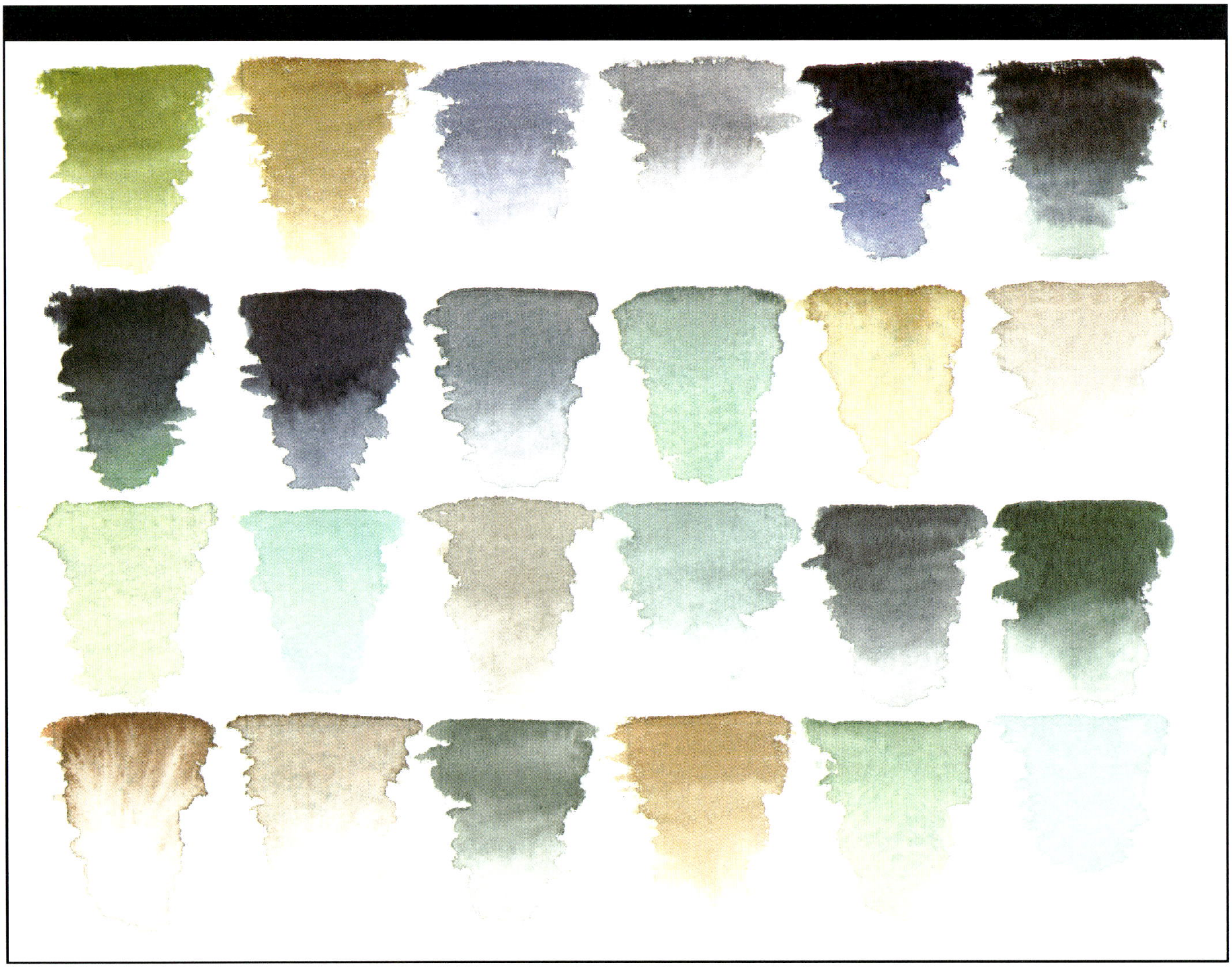

Die Harmonieskala der gebrochenen Farben ist das Ergebnis von Mischungen zweier Komplementärfarben zu ungleichen Teilen plus Weiß. Tragen wir diese Mischungen auf weißes Papier, erhalten wir graustichige Töne.

HARMONIESKALA DER GEBROCHENEN FARBEN

Sie entsteht aus der Mischung zweier Komplementärfarben zu ungleichen Teilen plus dem Weiß des Papiers.

Nehmen Sie zwei Komplementärfarben, zum Beispiel Gelb zitron und Ultramarinblau, und tragen Sie deren Mischung zu ungleichen Teilen auf weißes Papier, stellen Sie fest, daß eine Reihe von graustichigen Tönen entsteht, die je nach überwiegendem Anteil der einen oder anderen Farbe grünlicher, bläulicher oder gelblicher sind. Bei der Harmonieskala der gebrochenen Farben ist Grau die Dominante. Prüfen Sie diesen Graustich anhand der Farbmuster auf der Seite gegenüber nach (Abb. 224).

225

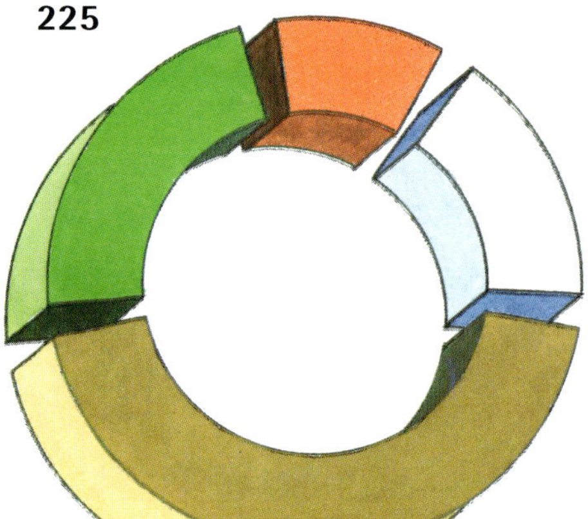

226

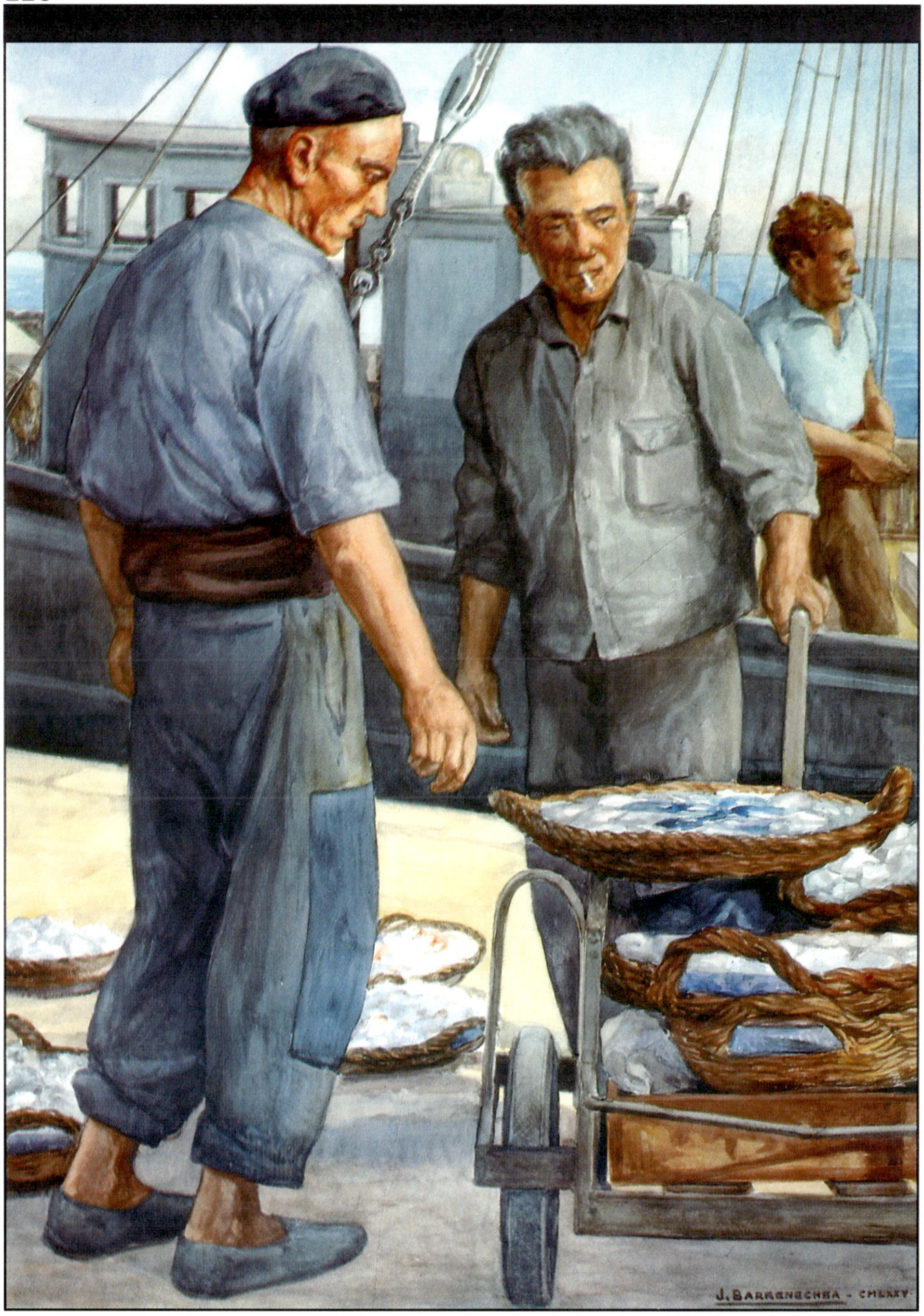

Abb. 224 und 225 (gegenüber): Harmonieskala mit gebrochenen, schmutzigen Tönen, von denen einige Nuancen kalt und andere warm sind, so daß man die Wahl zwischen den beiden Skalen hat. Abbildung 225 zeigt die Synthese der gebrochenen Farben aus der Mischung zweier Komplementärfarben zu ungleichen Teilen plus Weiß, beim Malen mit Aquarellfarben dem Weiß des Papiers.

Abb. 226: José Barrenechea, Fischer bei der Vorbereitung der Versteigerung, Sammlung der Vereinigung der Aquarellmaler Kataloniens, Barcelona.
Ein herrliches Aquarell mit einer hervorragenden Qualität der Zeichnung und der Farben, das durch die perfekte Beherrschung der menschlichen Gestalt und eine Harmonisierung in kalten gebrochenen Farben besticht.

Um den praktischen Nutzen dieser Skala besser zu verstehen, betrachten Sie bitte das Aquarell von José Barrenechea, das uns ebenfalls freundlicherweise von der Vereinigung der Aquarellmaler Kataloniens zur Verfügung gestellt wurde (Abb. 226). Es weist eine sehr zarte Farbenharmonie auf, die der Maler mit Hilfe der Skala der gebrochenen Farben aus der Mischung von Komplementärfarben plus Weiß erhielt.
Zum Abschluß dieses Kapitels fasse ich zum besseren Verständnis noch einmal zusammen, was Sie beim Malen in der Harmonieskala Ihres Werkes berücksichtigen müssen:

1. Analysieren Sie die Farbtendenz Ihres Modells.
2. Wählen Sie Ihre Harmonieskala entsprechend dieser Tendenz.
3. Verstärken Sie diese Tendenz, um eine größere Ausdruckskraft zu erhalten.

227

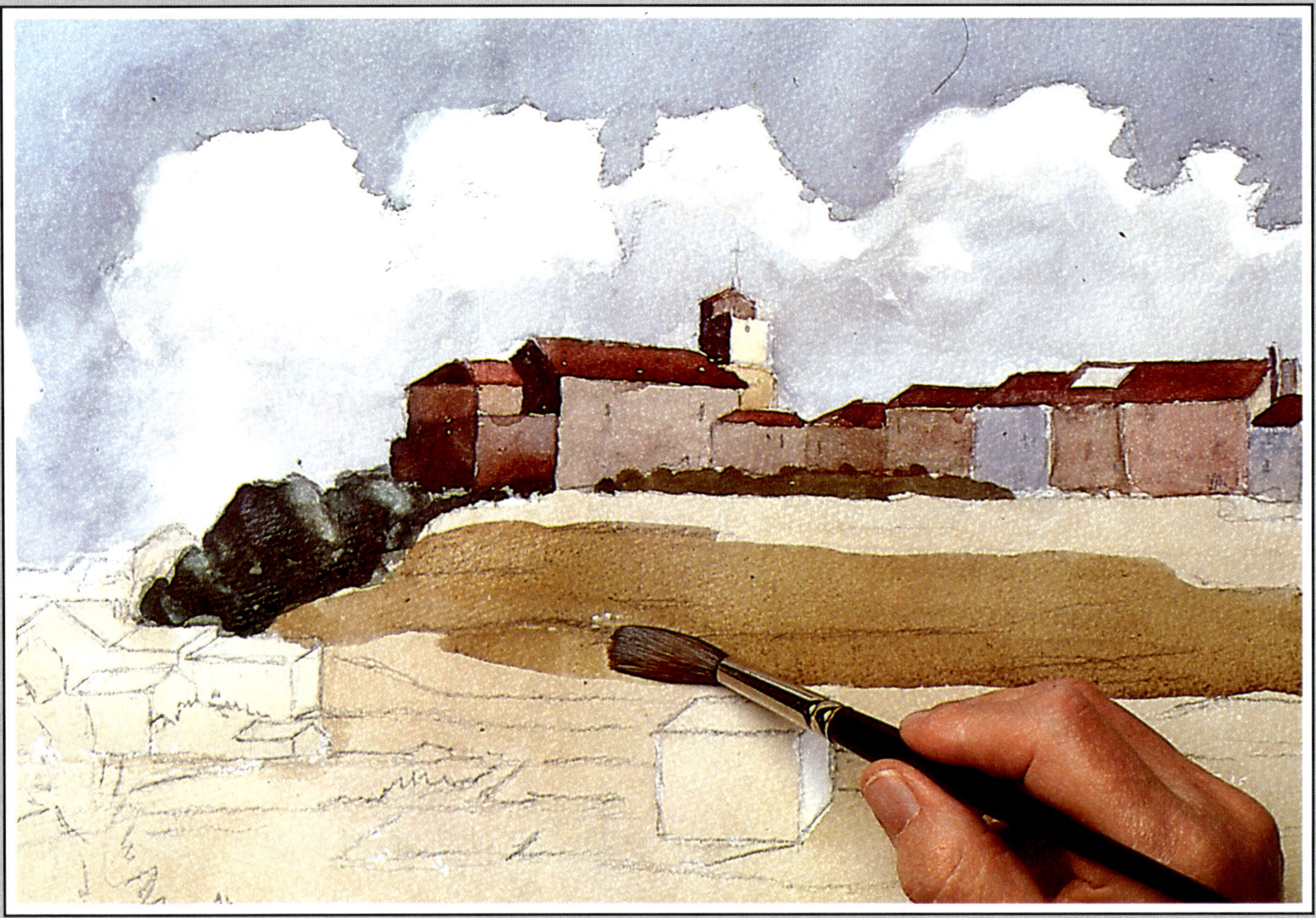

Abb. 227: Ein Stadium der schrittweisen Darstellung des Landschaftsaquarells, das Sie zum Abschluß dieses Buches finden. Es handelt sich um das kleine Dorf Carboneras in der Provinz Cuenca, das ich in der Absicht gemalt habe, ein kontrastreiches Bild innerhalb der Harmonieskala der warmen Farben zu erhalten.

DIE FARBEN. PRAKTISCHE ÜBUNGEN

Fahren wir mit den Farben fort, diesmal mit praktischen Übungen. Auf den folgenden Seiten behandeln wir die Farbmischungen. Zunächst mischen wir nur mit den drei Primärfarben Gelb, Karmin und Preußischblau plus Schwarz insgesamt 48 unterschiedliche Nuancen in der Harmonieskala der warmen, der kalten und der gebrochenen Farben. Anschließend arbeiten wir mit allen Farben der Palette, um unterschiedliche Grüntöne, Fleischfarben, Schwarz ohne Schwarz etc. zu erhalten. Zum Abschluß dieser praktischen Übungen fertigen einige Künstler extra für *Parramóns Aquarellmalschule* Schritt für Schritt eigene beispielhafte Werke an.

Farbmuster aus drei Farben

228

Genauer gesagt, aus drei Farben plus Schwarz, weil Schwarz das Mischen einiger Farben erleichtert. Selbstverständlich sollten Sie diese wichtige Übung als Vorbereitung auf die folgenden Aquarelle ebenfalls durchführen. Wie Ihnen bekannt, handelt es sich um die drei Primärfarben Gelb zitron, Krappkarmin und Preußischblau. Die Mischungen der ersten vier Reihen sind warm; die nächsten vier sind kalt; und bei den letzten vier Reihen gegenüber handelt es sich um gebrochene Farben. Auf den Seiten 70 und 71 nenne ich Ihnen die jeweiligen Farbmengen für die einzelnen Mischungen.

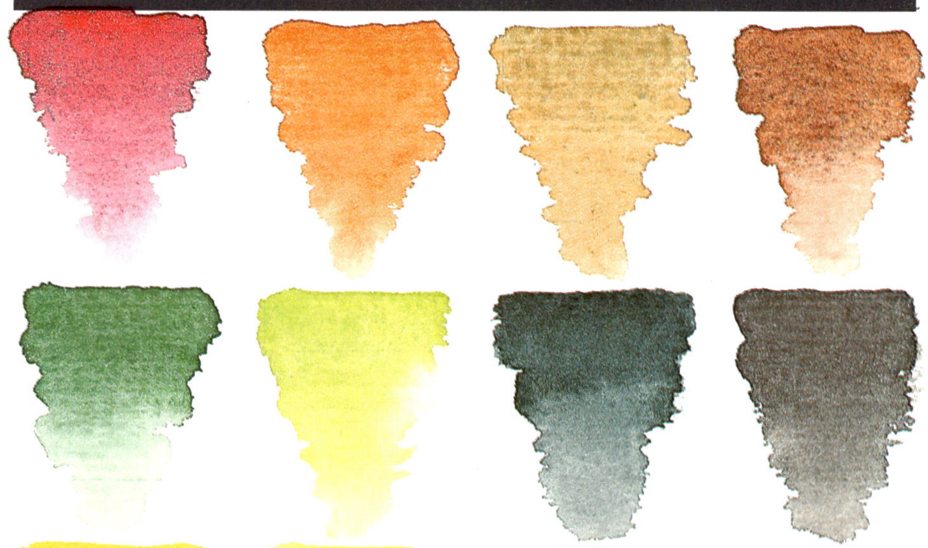

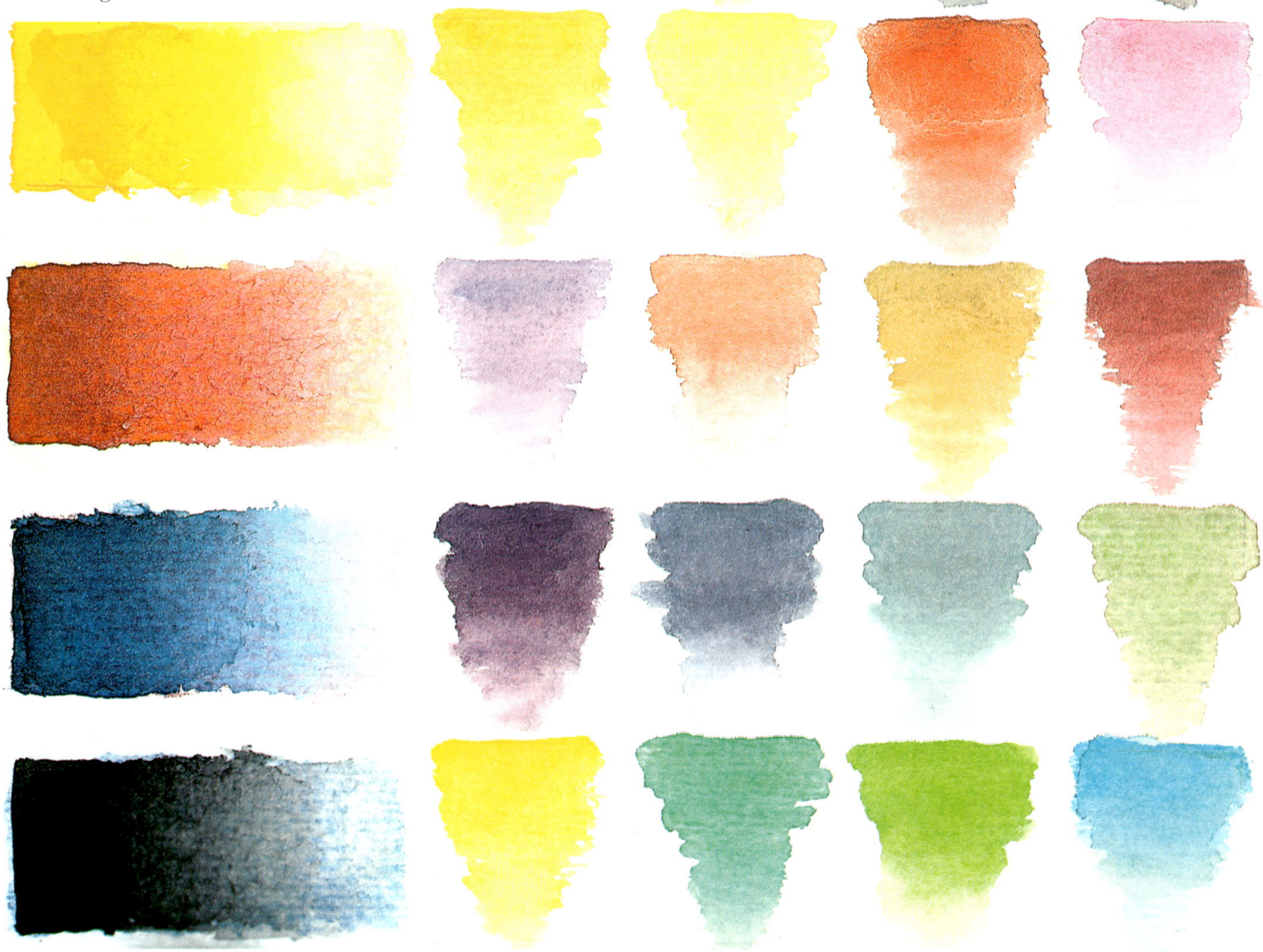

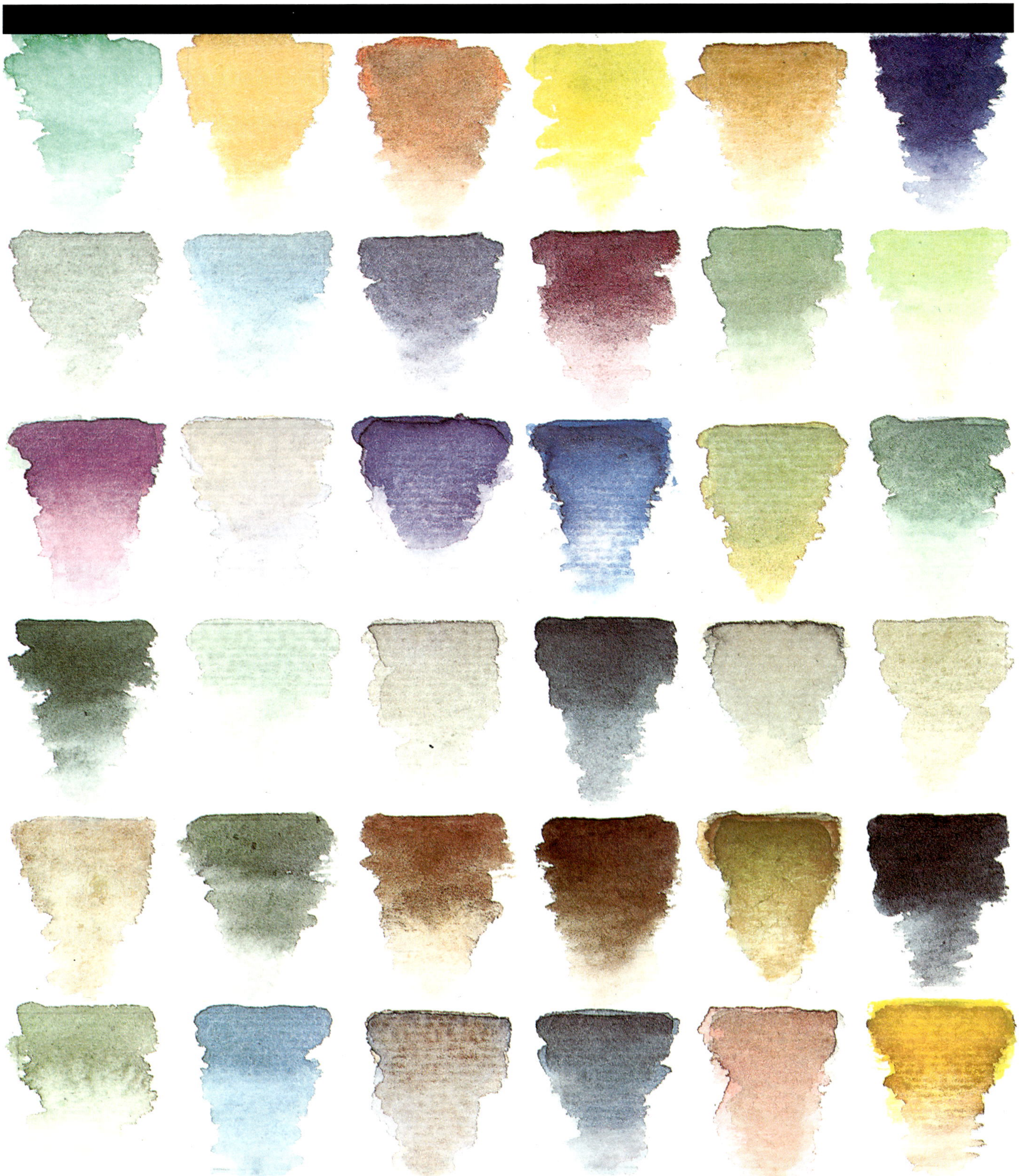

Mischungen mit drei Farben plus Schwarz

Achtundvierzig unterschiedliche Nuancen, die der Harmonieskala der warmen, der kalten oder der gebrochenen Farben angehören. Es sind praktisch dieselben wie auf den beiden vorigen Seiten – aus Platzgründen fehlen die letzten zwölf –, die Sie nach folgenden Angaben mischen können:

WARME FARBEN

1. *Krappkarmin*: Reines Karmin.
2. *Orange*: Mischung aus Karmin und Gelb.
3. *Ocker*: Zunächst Gelb und etwas Karmin, dann eine Spur Blau, bis der gewünschte Ton erreicht ist.
4. *Siena gebrannt*: Farbe-Wassermischung aus Karmin und Blau, zu der Sie etwas Gelb geben.
5. *Olivgrün*: Gelb, Blau und etwas Karmin.
6. *Hellgrün*: Gelb, etwas Blau und viel Wasser.
7. *Dunkelgrau*: Schwarz plus eine Spur Gelb.
8. *Umbra gebrannt*: Blau, die halbe Menge davon Gelb, etwas Schwarz und Karmin, bis der gewünschte Ton erreicht ist.

9 und 10: *Gelb und Hellgelb*: Reines Gelb und Gelb plus Wasser.

11. *Rotorange*: Gelb und etwas Karmin.
12. *Rosa*: Karmin plus Wasser.
13. *Hellviolett*: Karmin und eine winzige Spur Blau sowie sehr viel Wasser.
14. *Hellorange*: Gelb und etwas Karmin sowie ziemlich viel Wasser.
15. *Lichter Ocker*: Wie Nr. 3, aber mit mehr Wasser.
16. *Englischrot*: Karmin, Gelb und eine winzige Spur Blau.

KALTE FARBEN

17. *Sepia*: Karmin, Gelb und etwas Blau, bis der Ton erreicht ist.
18. *Grau*: Farbe-Wassermischung aus Schwarz mit einer winzigen Spur Blau.
19. *Kaltes Grau*: Wie zuvor mit mehr Blau und Wasser.
20. *Grünstichiges Grau*: Blau, Gelb und eine winzige Spur Schwarz.
21. *Kaltes Gelb*: Gelb, eine Spur Blau und viel Wasser.

229

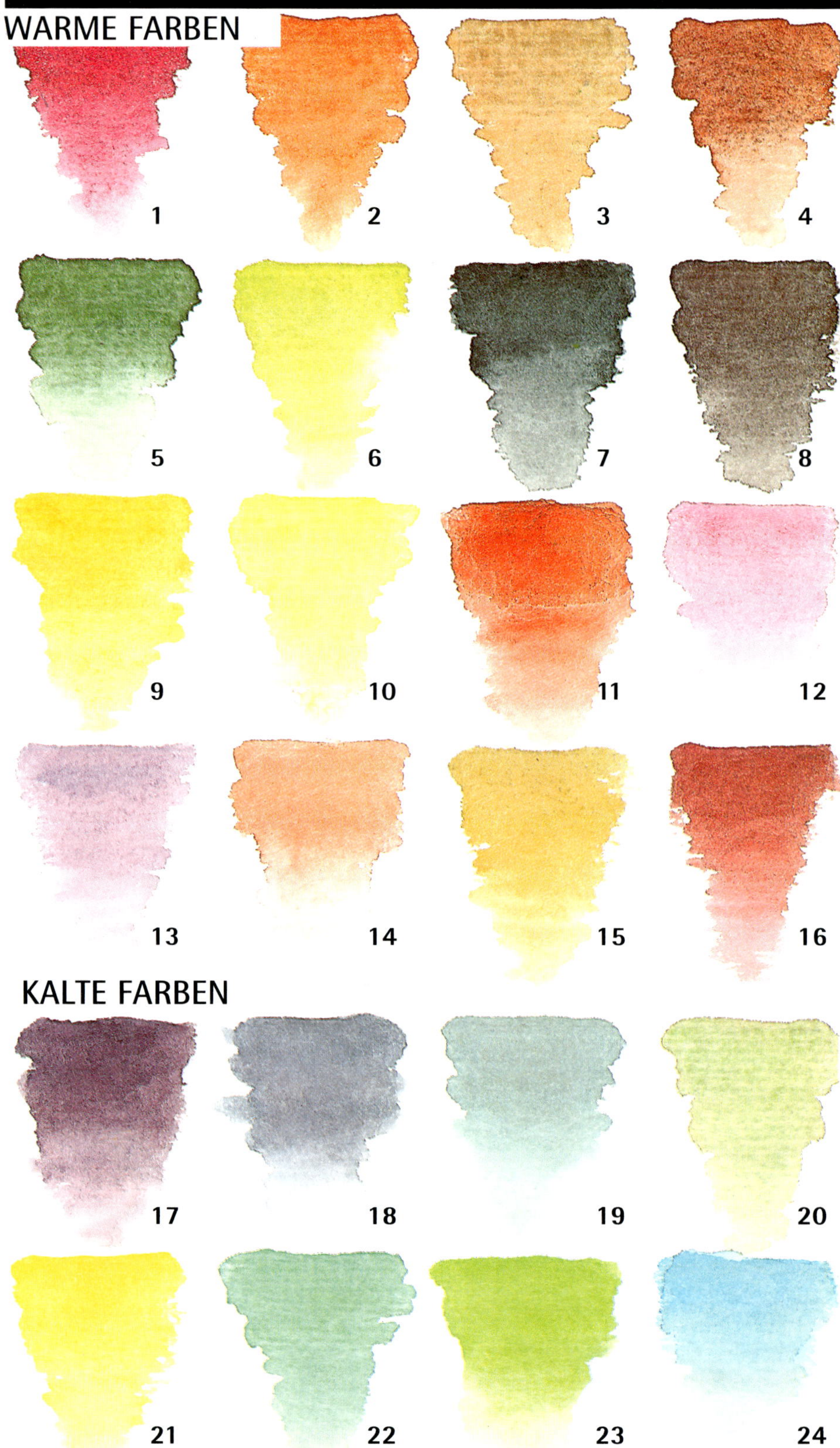

22. *Kaltes Himmelblau*: Blau und eine Spur Gelb.
23. *Hellgrün*: Farbe-Wassermischung aus Blau und Gelb.
24. *Hellblau*: Reines Preußischblau mit viel Wasser.
25. *Siena natur*: Karmin, Gelb und eine winzige Spur Blau.
26. *Helles Olivgrün*: Gelb, Blau und eine Spur Karmin.
27. *Dunkler Ocker*: Gelb, eine Spur Karmin und eine weitere Spur Blau.
28. *Indigo*: Schwarz, etwas Karmin und die gleiche Menge Blau.
29. *Helles Sepia*: Nacheinander Karmin, Gelb und Blau mit viel Wasser.
30. *Indischrot*: In abnehmender Menge Karmin, Gelb und Blau.
31. *Hell Olivgrün*: Gelb, Blau und etwas Karmin.
32: *Permanentgrün hell*: Blau und etwas Gelb.

GEBROCHENE FARBEN

33. *Violett*: Blau und Karmin.
34: *Blaustichiges Schwarz*: Schwarz und Blau.
35. *Khaki*: Blaustichiges Grün und etwas Karmin.
36. *Grau*: Reines Schwarz mit viel Wasser.
37. *Warmes Grau*: Schwarz plus eine Mischung aus Karmin und Gelb mit einer Spur Blau.
38. *Kaltes Schwarz*: Schwarz und eine Spur Blau.
39. *Kaltes Grau*: Schwarz und etwas Blau mit viel Wasser.
40. *Helles Khaki*: Wie Nr. 35, jedoch mit mehr Wasser.
41. *Umbra gebrannt*: Mehr Karmin als Gelb und Blau.
42. *Sepia*: Wie Nr. 17.
43. *Dunkles Khaki*: Wie Nr. 35, aber mit dichterer Farbe.
44. *Neutrales Schwarz*: Reines Schwarz.
45. *Grauviolett*: Blau, Karmin und Schwarz.
46. *Blaustichiges Schwarz*: Schwarz und Blau.
47. *Gebrochenes Rosa*: Karmin und eine winzige Spur Schwarz sowie viel Wasser.
48: *Lichter Ocker*: Wie Nr. 3 mit etwas mehr Gelb.

230

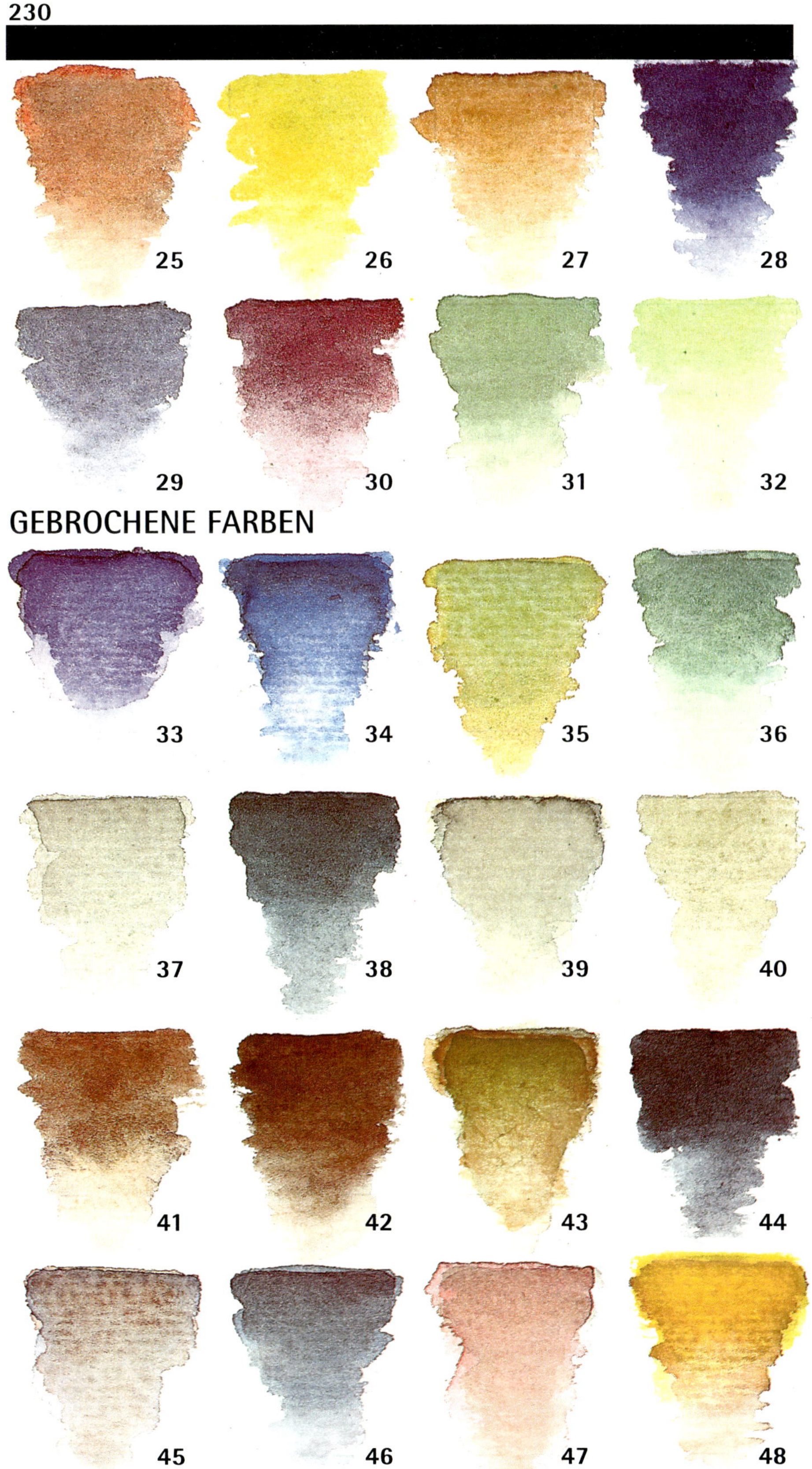

Mischungen mit allen Farben

Wir werden jetzt mit allen Farben der Palette arbeiten, um zu lernen, wie man weitere Farben erhält, zum Beispiel das leuchtende Grün von Nr. 1 aus Preußischblau und Gelb zitron. Wir erfahren, daß aus der Mischung von Ultramarinblau und Kadmiumgelb dunkel Schwarz oder Dunkelgrau entsteht, weil die beiden Farben zueinander komplementär sind. Wir betrachten die unterschiedlichen Grüntöne von Nr. 3 bis 6 und stellen fest, daß man mit Karmin oder Englischrot ideal abstumpfen kann, so daß gebrochenes Dunkelgrün für die Schatten entsteht (Abb. 7 bis 9). Beachten Sie auch die Farben Nr. 13 bis 16. Es sind die Fleischfarben, die der berühmte frühverstorbene französische Maler Francesc Serra in Öl mischte: Ocker mit Englischrot und Weiß – dem Weiß des Papiers bei der Aquarellmalerei – (Abb. 13) plus etwas Ultramarinblau für die mehr oder weniger kräftigen Fleischfarben im Schatten (Abb. 14 und 16). Die Abbildungen 17 bis 20 zeigen eine Alternative für die Fleischfarben im Schatten. Die Mischung der drei Primärfarben Gelb zitron, Karmin und Preußischblau in schwacher Form ergibt Grau, in intensiver Form entsteht Schwarz (Abb. 21 und 22). Betrachten Sie zum Abschluß die Mischungen von Schwarz – ohne Schwarz – auf den Abbildungen 23 bis 27. Ich rate Ihnen dringend, nun selbst zu Papier, Pinsel und Farbe zu greifen. Probieren Sie diese und weitere Mischungen in der Praxis aus, um die Aquarellmalerei voll und ganz beherrschen zu lernen.

231

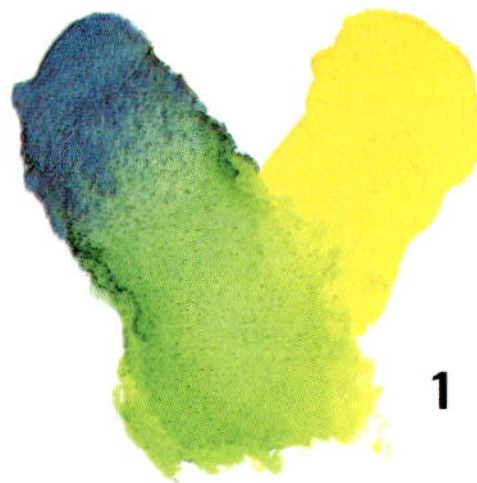

1. Mischung aus Preußischblau mit Gelb zitron.

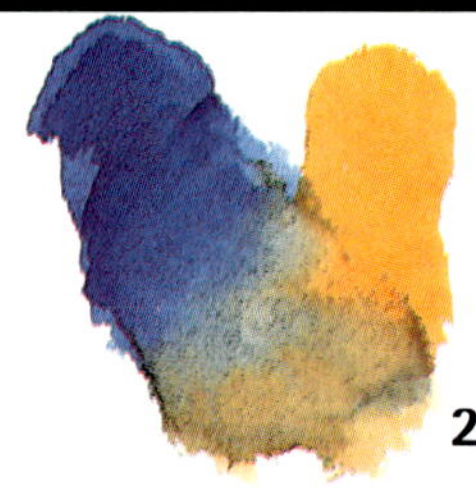

2. Ultramarinblau mit Kadmiumgelb dunkel.

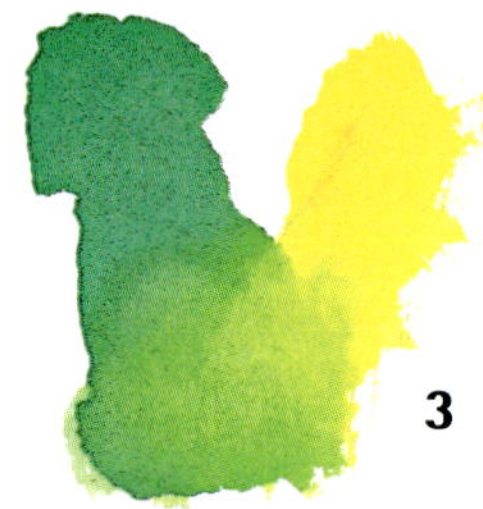

3. Chromoxidgrün mit Gelb zitron.

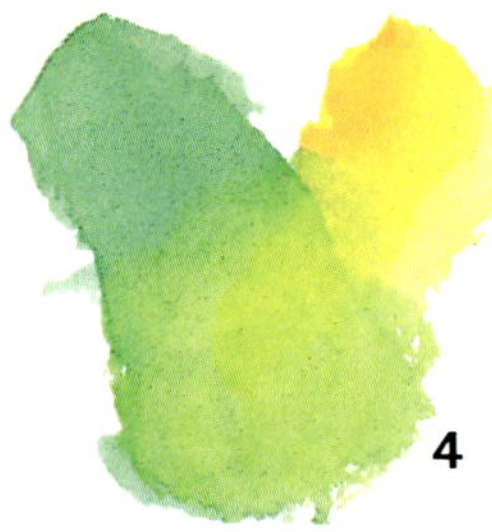

4. Permanentgrün mit Gelb zitron.

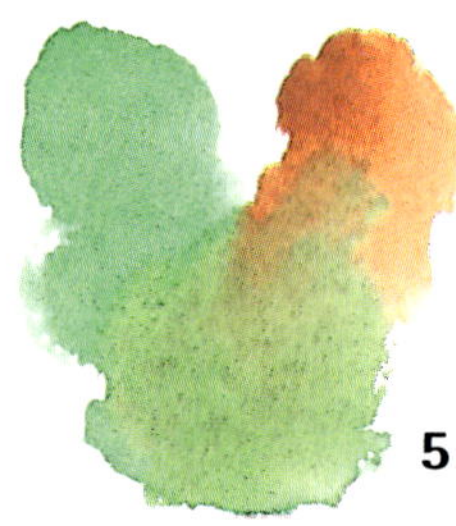

5. Permanentgrün mit Ocker.

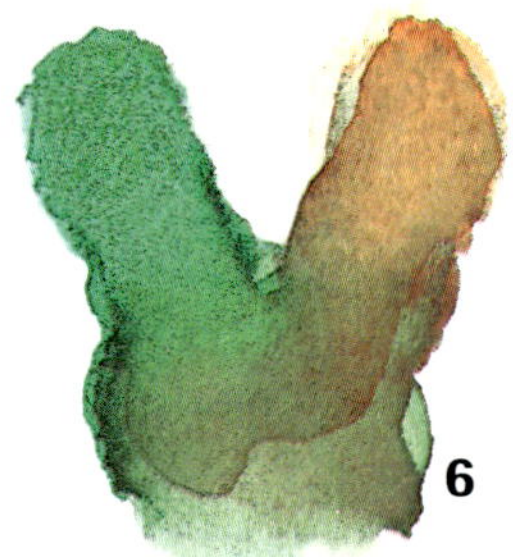

6. Chromoxidgrün mit Ocker.

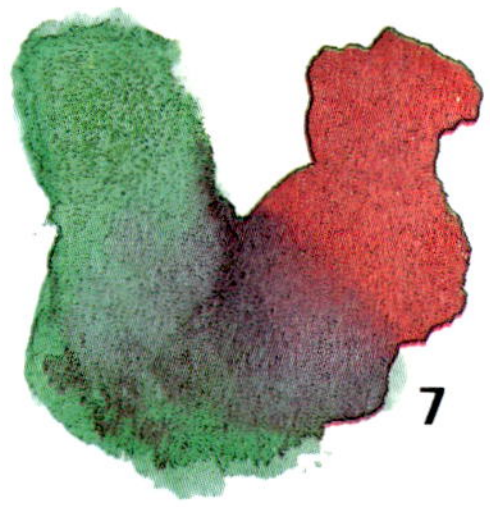

7. Chromoxidgrün feurig mit Krappkarmin dunkel.

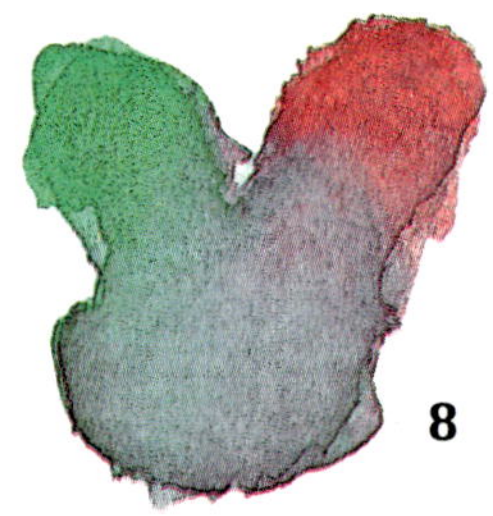

8. Chromoxidgrün mittel mit Karmin mittel.

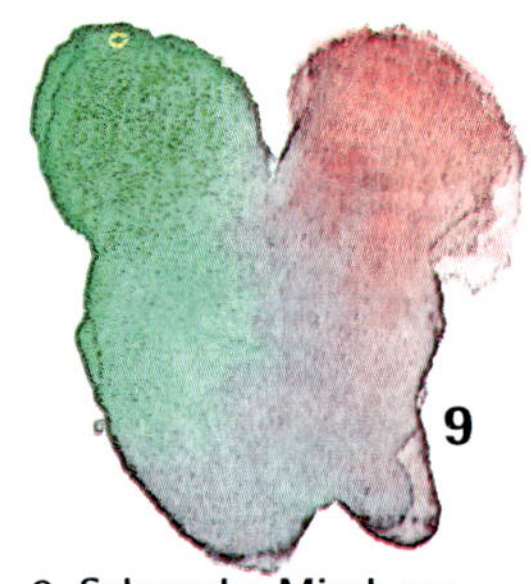

9. Schwache Mischung aus Chromoxidgrün und Karmin.

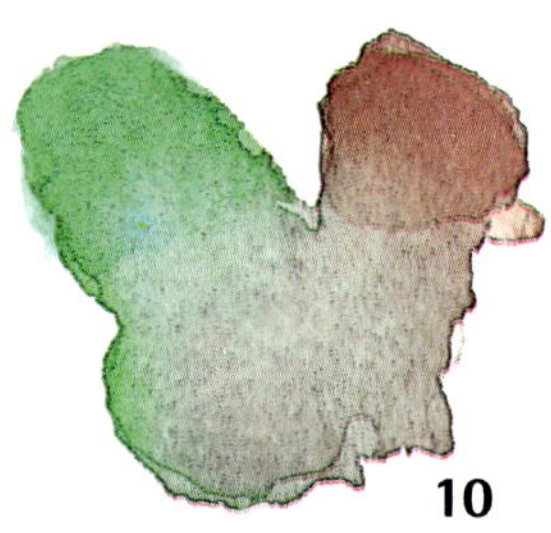

10. Schwache Mischung aus Permanentgrün und Englischrot.

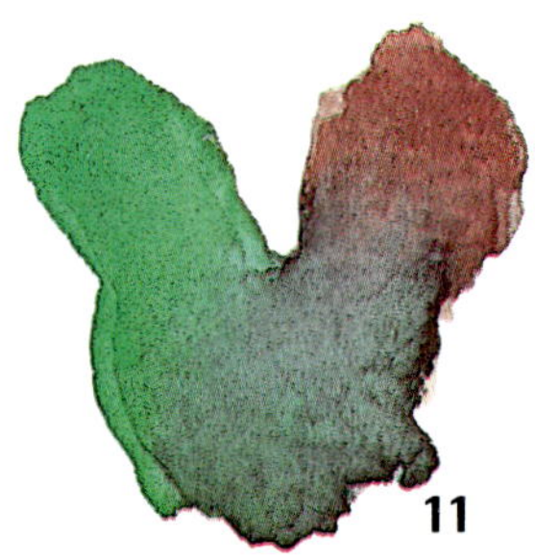

11. Kräftige Mischung aus Permanentgrün und Englischrot.

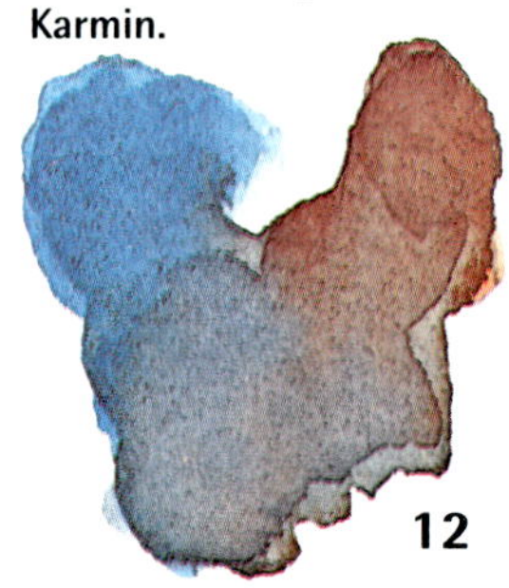

12. Kobaltblau mit Englischrot.

232

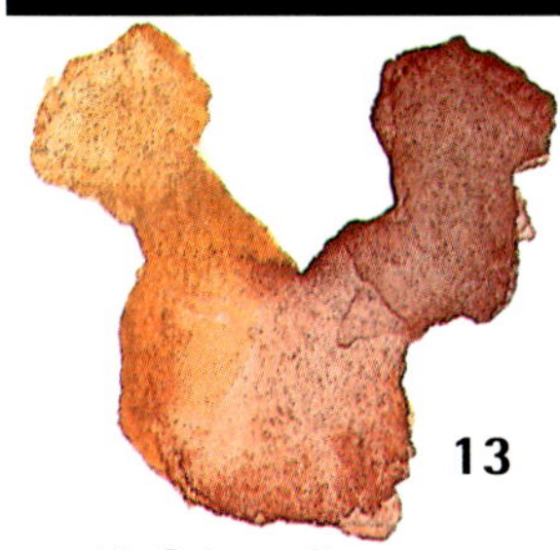

13

13. Ocker mit Englischrot.

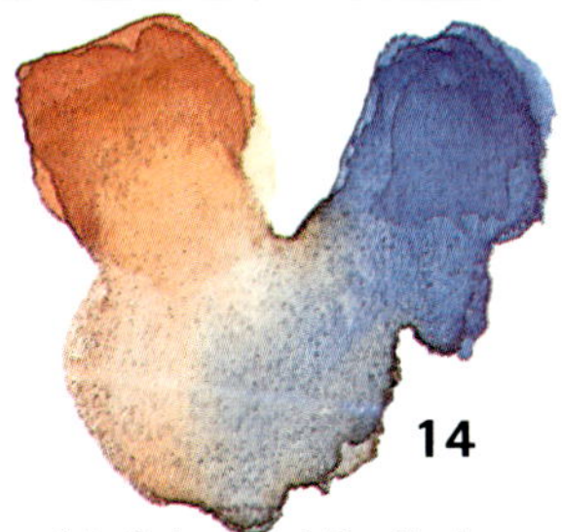

14

14. Ocker und Englischrot mit Ultramarinblau.

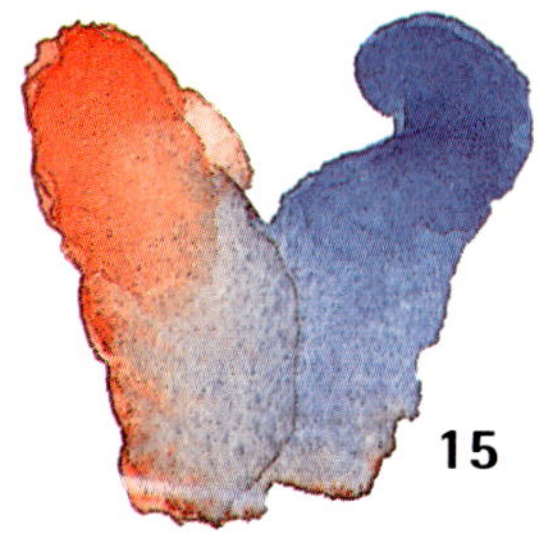

15

15. Kadmiumrot mit Ultramarinblau.

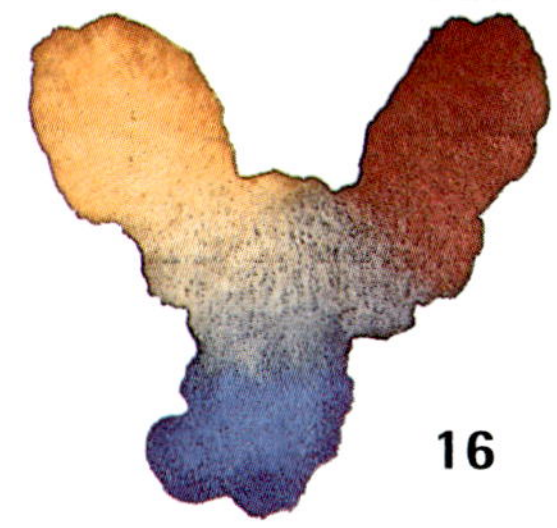

16

16. Ocker, Englischrot und Ultramarinblau.

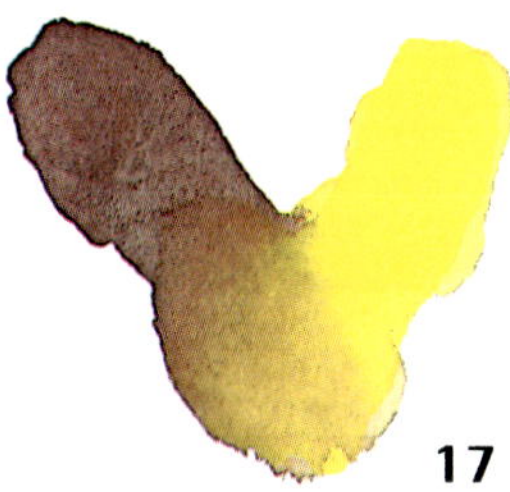

17

17. Umbra gebrannt und Gelb zitron.

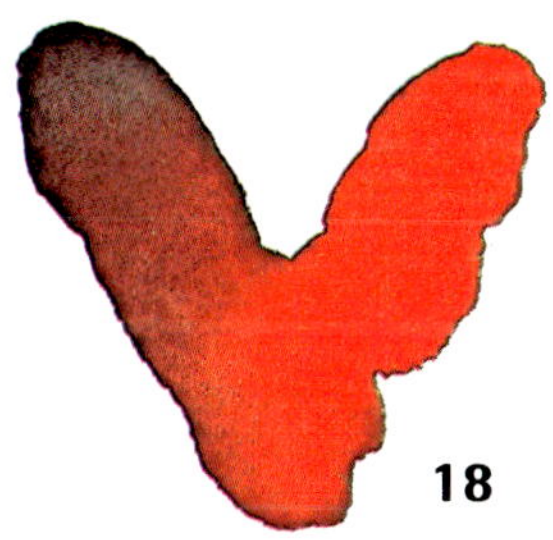

18

18. Umbra gebrannt und Kadmiumrot.

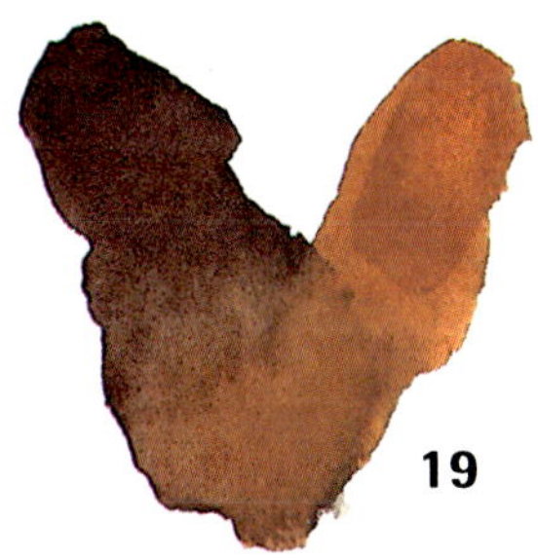

19

19. Umbra gebrannt und Ocker.

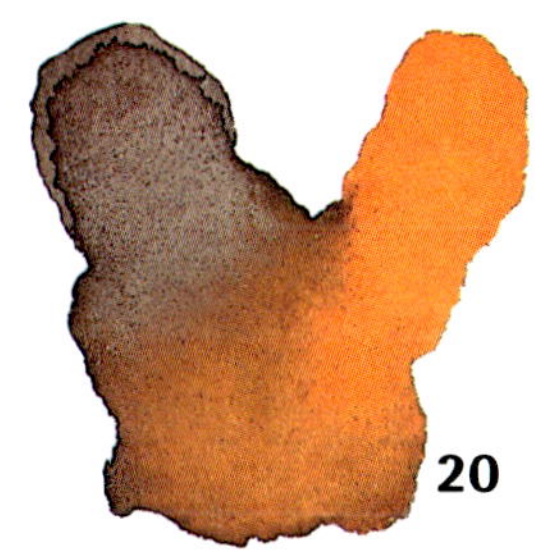

20

20. Umbra gebrannt und Kadmiumgelb dunkel.

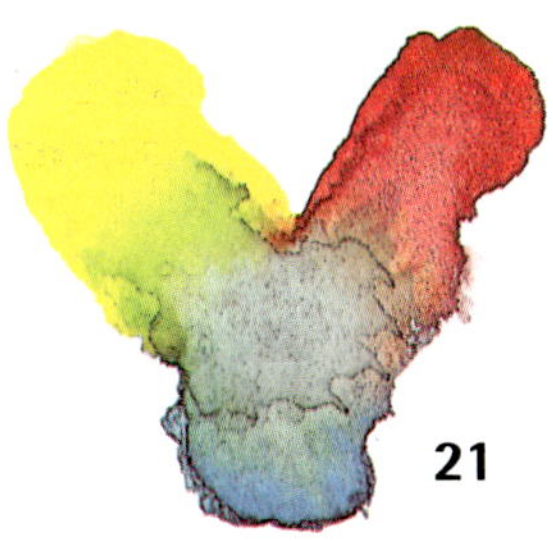

21

21. Schwache Mischung aus Gelb, Karmin und Preußischblau.

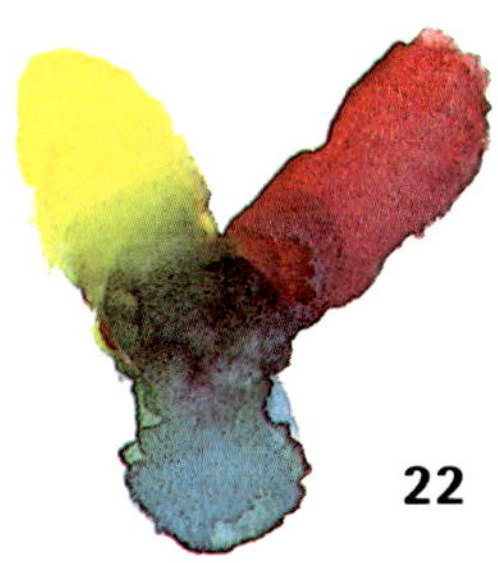

22

22. Kräftige Mischung aus Gelb, Karmin und Preußischblau.

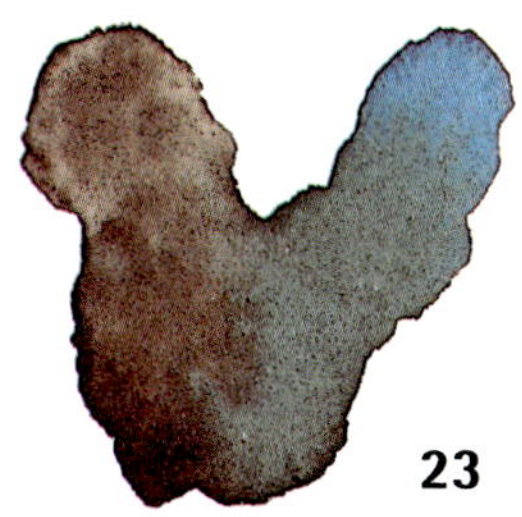

23

23. Umbra gebrannt und Preußischblau.

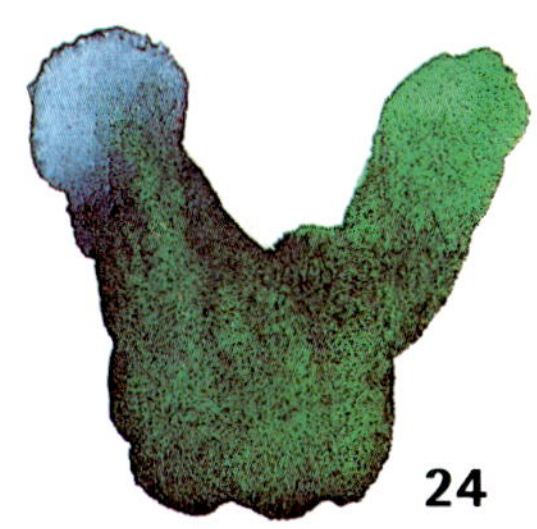

24

24. Kräftiges Preußischblau und Chromoxidgrün feurig.

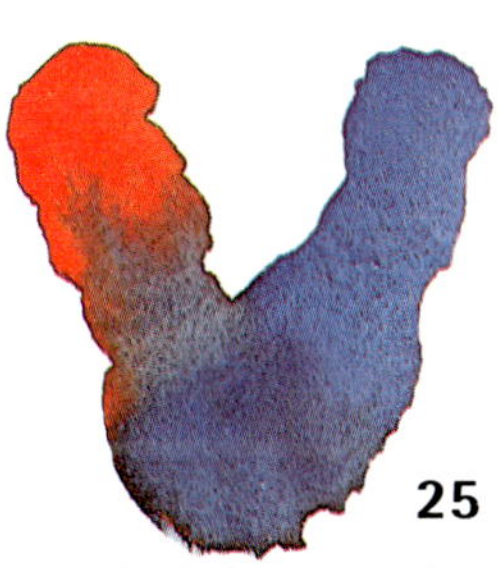

25

25. Kadmiumrot und Ultramarinblau.

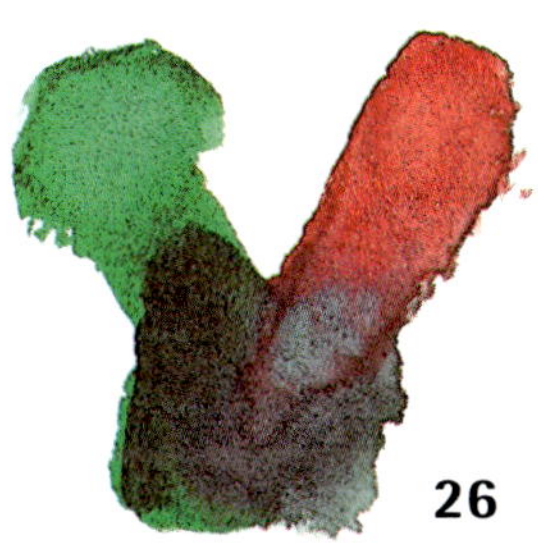

26

26. Kräftiges Chromoxidgrün und kräftiges Karmin.

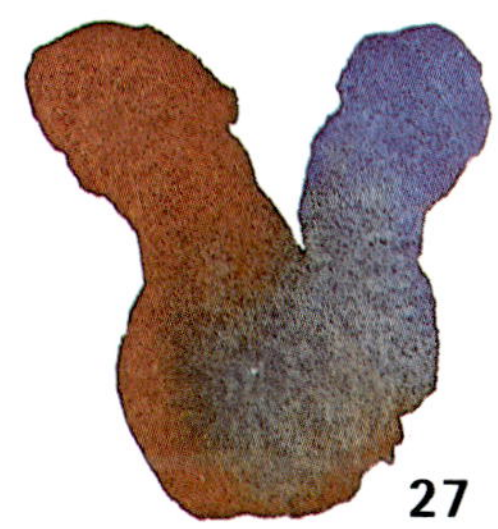

27

27. Sepia und Ultramarinblau.

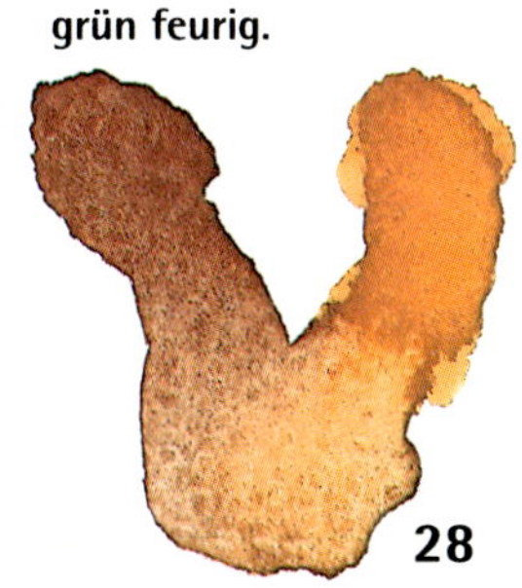

28

28. Sepia mit Kadmiumgelb dunkel.

Eine Landschaft mit drei Farben

Ich werde jetzt nur mit drei Farben malen: Preußischblau, Krappkarmin und Gelb zitron, die bekanntlich den Pigment-Primärfarben Zyanblau, Purpur und Gelb entsprechen, und die Darstellung der Landschaft (Abb. 233) mit einer Übung für Kontraste und Atmosphäre verbinden. Dabei werde ich mich an Hegels Theorie halten, nach der „der Vordergrund gleichzeitig am dunkelsten und am hellsten ist", anders ausgedrückt, am kontrastreichsten. Hegel fügte sinngemäß hinzu: „Je weiter sich die Körper entfernen, desto schwächer werden ihre Farben und desto verschwommener erscheinen ihre Formen."
Ich beginne die Vorzeichnung mit einem Kreuz als Synthese von Dürers Raster (1), das mir die Berechnung der Maße und Proportionen erleichtert. Nachdem die Zeichnung fertiggestellt ist (Abb. 235), radiere ich das Kreuz wieder aus und greife zu Pinsel und Farbe.
Als ersten Schritt male ich eine gleichförmige Lasur für die Berge im Hintergrund aus einer Mischung von Preußischblau, das mit etwas Karmin und einer winzigen Spur Gelb abgestuft wurde. Ich dunkle die Mischung ein wenig ab, füge weiteres Gelb hinzu, um grünstichigeres Blau zu erhalten, und spare das kleine Haus im Hintergrund rechts weiß aus. Während die blaugrüne Lasur noch leicht feucht ist, zeichne ich mit schmutzigem Grün (Blau, Gelb und etwas Karmin) die Baumreihe im Hintergrund (Abb. 236).

MATERIAL

Die drei Aquarellfarben Preußischblau, Krappkarmin und Gelb zitron (Abb. 234). Aquarellpapier Fontenay von Canson (37 x 30 cm). Rotmarderpinsel Nr. 12, rund und Synthetikfaserpinsel Nr. 6. Bleistift 2B und knetbarer Radiergummi.

233

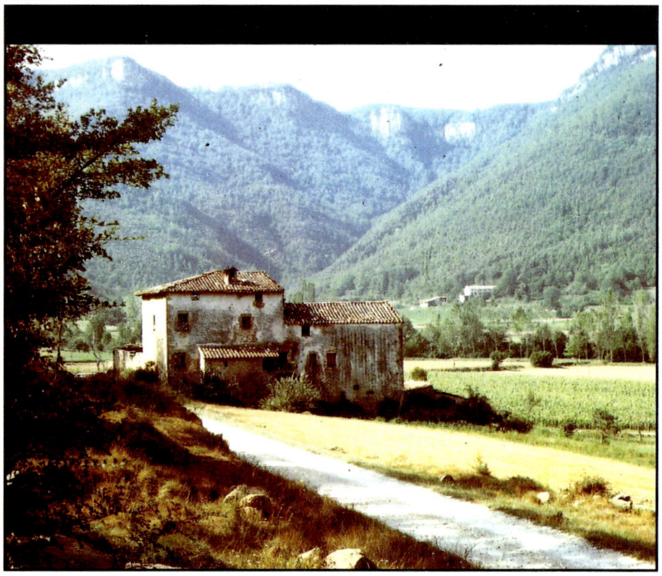

234

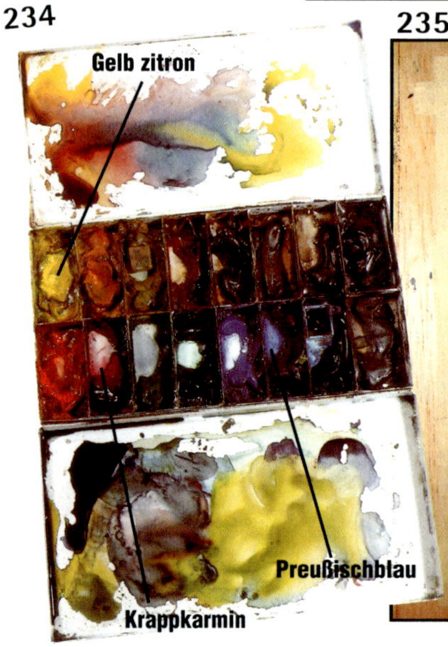

235

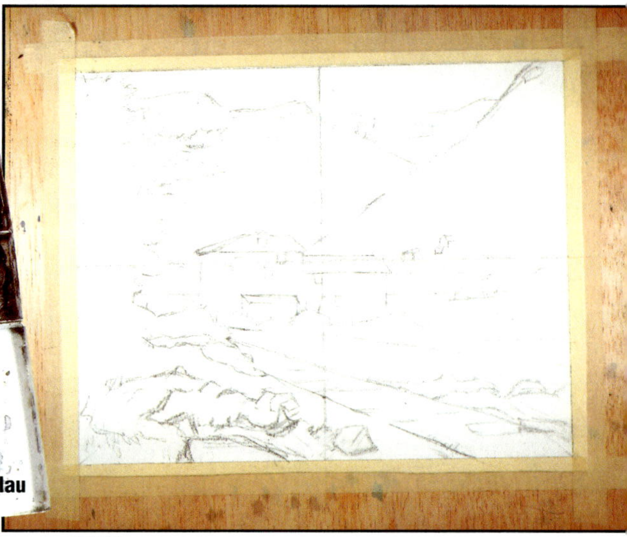

236

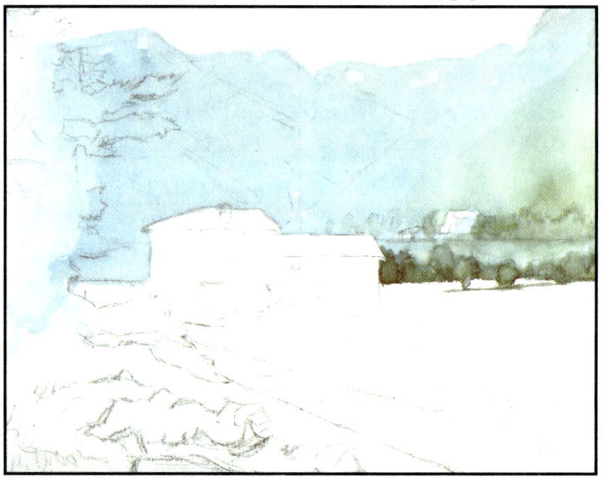

Abb. 233: Das Modell, eine Landschaft mit starken Kontrasten zwischen dem Vorder- und Mittelgrund sowie den Bergen und der Atmosphäre der entfernteren Ebenen.

Abb. 234: Palettkasten mit den drei Farben Gelb zitron, Krappkarmin und Preußischblau.

Abb. 235 und 236: Zeichnung und erster Farbversuch für die Berge.

(1) Im ersten Band „Material und Techniken" von Parramóns Aquarellmalschule wird die Arbeit mit dem Raster, den Dürer zum Zeichnen empfahl und mit dessen Synthese auch der Autor arbeitet, ausführlich erklärt. Das Kreuz erleichtert die Berechnung der Maße und Proportionen.

Nun lege ich die erste Farbschicht auf die Dächer (Karmin, etwas Gelb und etwas Blau), spare das Weiß für den Schornstein aus und male den hellen Erdstreifen vom Vorder- zum Mittelgrund (Gelb, etwas Karmin und eine Spur Blau, um das grelle Orangegelb abzustumpfen). Als nächstes kommen die grüne Wiese (Gelb, etwas Blau und eine Spur Karmin, um das Grün ein bißchen zu dämpfen) sowie der dunkelgrüne Streifen zu Füßen der Häuser an die Reihe, den ich später mit Schwarz übermalen werde. Zum Abschluß dieses Stadiums erhält die schattige Vorderseite der Häuser ihre erste Farbschicht (hauptsächlich graustichiges Blau mit einer winzigen Spur Karmin und Gelb). Beachten Sie, daß ich die Stelle für den Busch in der Mitte ausgespart habe (Abb. 237).
Aufgrund des Eingangskontrastes aus dunklen Farben für das Haus muß ich das Blaugrün der Berge verstärken. Schließlich male ich das Dach des Häuschens im Hintergrund (Abb. 238). Ich schließe die Formen und Farben ab, male die Schatten der Vordächer und Fenster (Karmin, eine winzige Spur Gelb und Blau) sowie des Schornsteins und lege den tiefen Schatten für das Gebüsch zu Füßen der Häuser an, der sich bis zu der grünen Wiese zieht (Dunkelgrün aus Gelb und Blau plus etwas Karmin zum Abstumpfen).

237

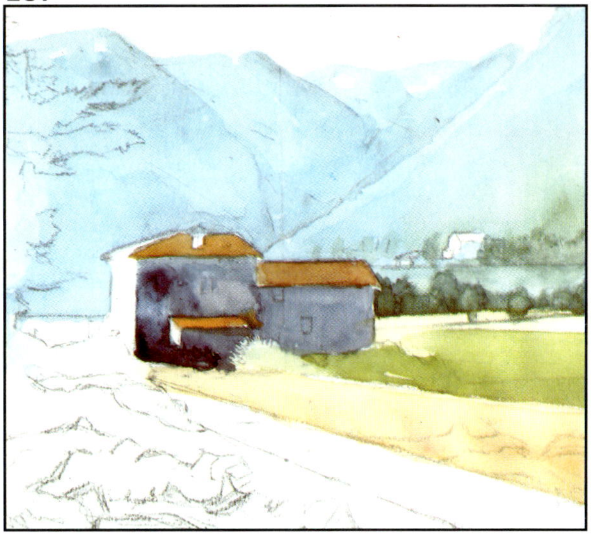

238

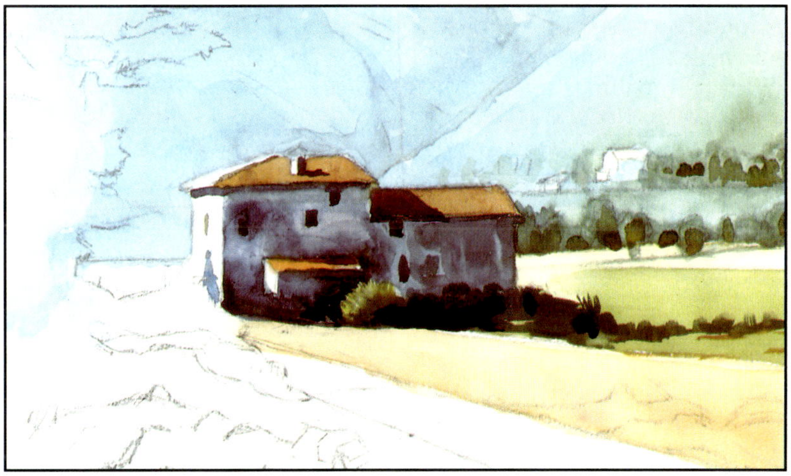

239

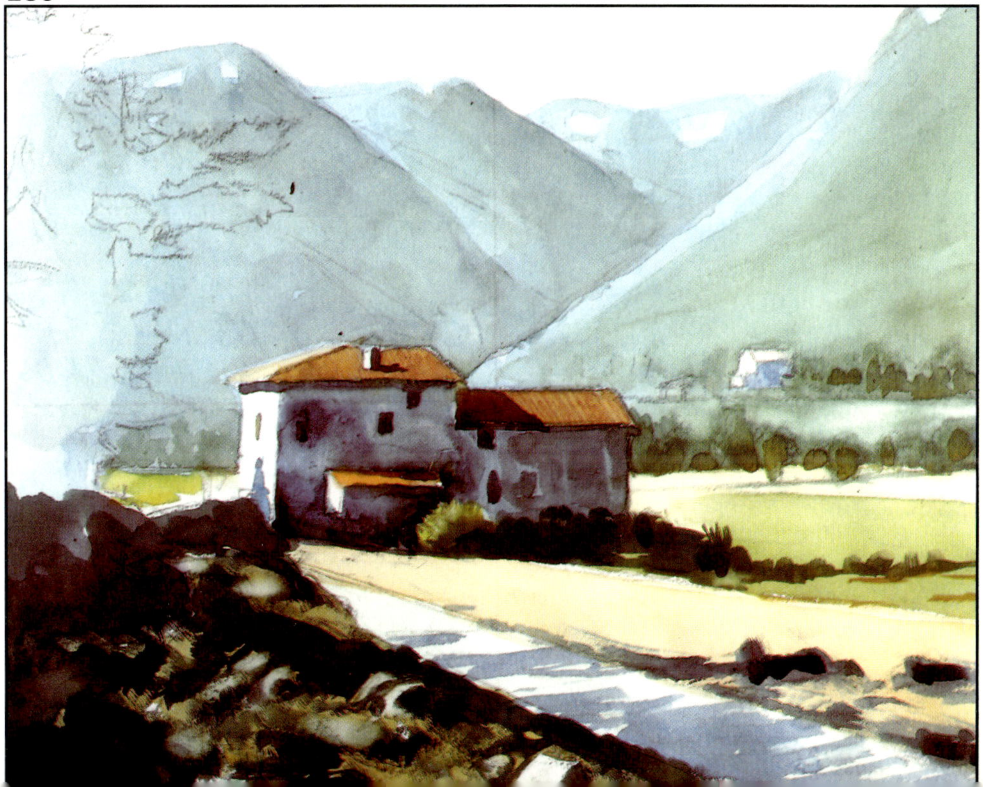

Abb. 237 und 238: Die Häuser, deren Vorderseiten wegen des Gegenlichts im Schatten liegen, und die Wiese im Mittelgrund. Ferner wurde das Blau der Berge verstärkt.

Abb. 239: Ich beginne mit dem Vordergrund und lege einige Details wie die bläulichen Schatten auf dem Weg und den Häusern an, die bereits fertig sind. Außerdem verstärke ich die Atmosphäre der Berge im Hintergrund.

Eine Landschaft mit drei Farben

Nun befasse ich mich mit den Steinen, den Gräsern und den Unebenheiten des Bodens. Zuerst male ich die Flecken für die dunkelsten Massen, denn ich erinnere mich an den großen französischen Landschaftsmaler Corot:

„Beachtet immer die Massen. Beginnt mit der Ermittlung der Tonwerte und der Beziehung zwischen den Formen und diesen Werten. Sie bilden die Grundlage. Anschließend kommt die Farbe und zum Schluß die Ausarbeitung."

Die weißen Steine spare ich von vornherein aus. Anschließend male ich die hellsten Töne in Beziehung zu den dunkelsten Stellen (Abb. 239, vorige Seite). Ich lasse diesen Abschnitt kurz beiseite und lege eine dünne Lasur auf den Weg zum Haus. Außerdem male ich die bläulichen Schatten (Blau, etwas Karmin sowie eine Spur Gelb, um das Violett zu neutralisieren) und deren Verlängerung zum Erdreich im rechten Vordergrund und verstärke die Farben und das Volumen der Berge im Hintergrund.

Ich male und zeichne die Tanne, beginne mit dem hellsten Grün für die beleuchteten Stellen (Abb. 240) und fahre mit dem dunklen Grün von oben nach unten fort (Abb. 241).

Ich beende das Bild mit einigen Details und Retuschen wie die sehr hellblaue Lasur für den Himmel. Ich löse die Umrisse der Berge auf, um mehr Atmosphäre zu erhalten, verdeutliche die weißen bröckeligen Massen auf den Gipfeln, verstärke ein wenig das Grün der Wiese im Mittelgrund, hole Weiß im oberen Abschnitt der Tanne wieder hervor und übermale es mit hellerem Grün, um das Volumen besser zum Ausdruck zu bringen. Ich öffne weiteres Weiß in dem steinigen Gelände im Vordergrund und retuschiere einige Stellen, um die Struktur und die Farbgebung zu bereichern.

Das Ergebnis sehen Sie, wenn Sie das fertige Bild (Abb. 243) mit dem vorigen Stadium vergleichen (Abb. 242).

240

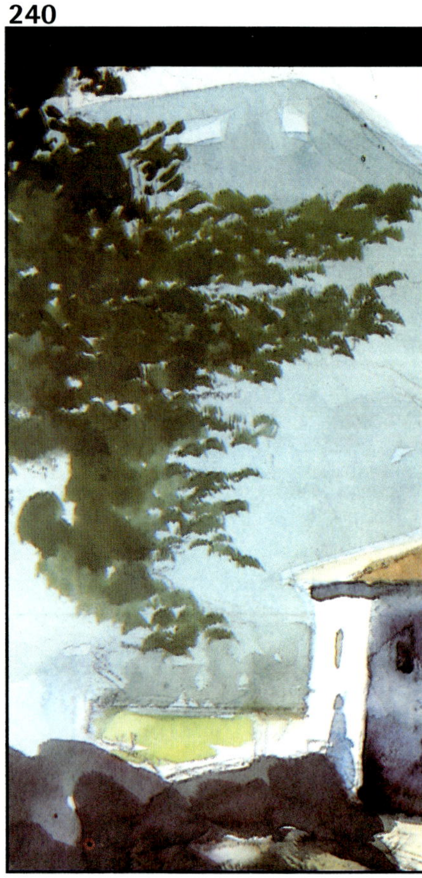

241

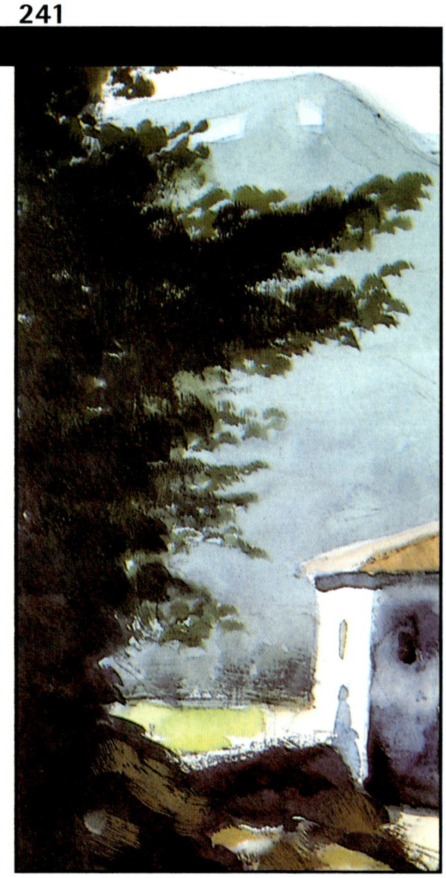

242

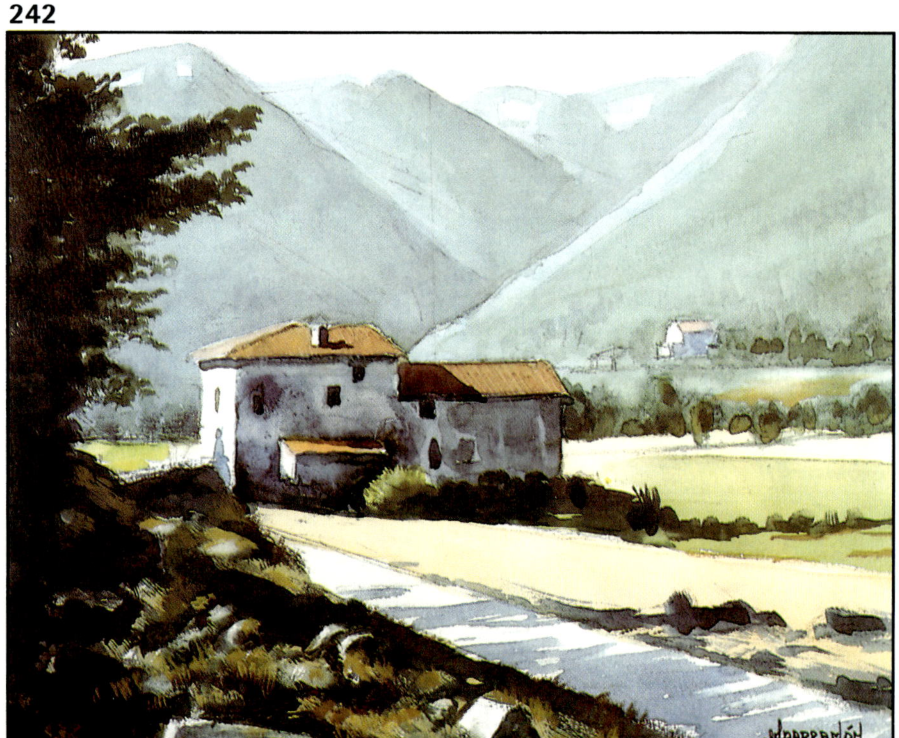

243

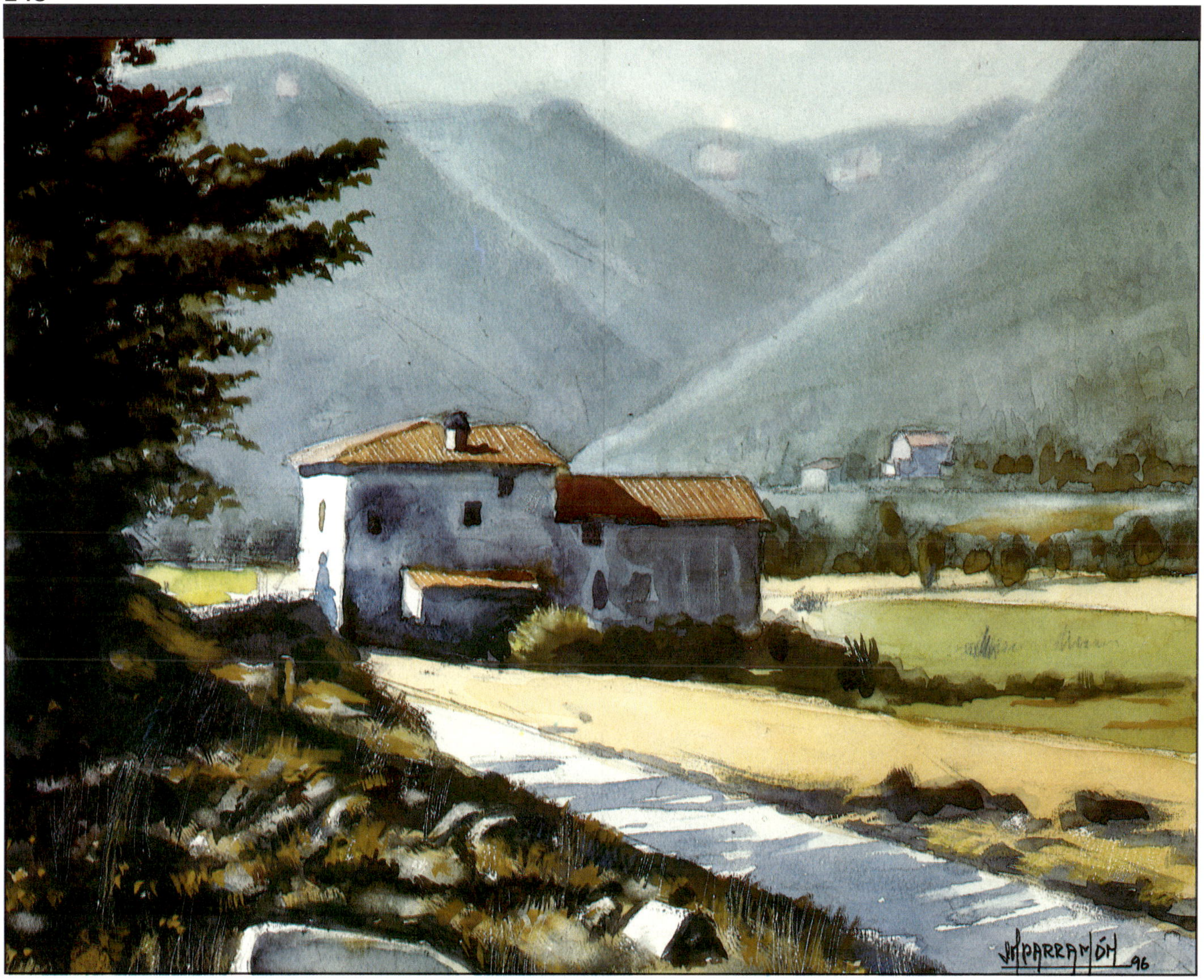

Abb. 240 und 241 (gegenüber): Für die Tanne im Vordergrund links benötige ich zunächst Mittelgrün für die beleuchteten Stellen (Abb. 240) und anschließend Dunkelgrün für die Darstellung der Schatten und des Volumens.

Abb. 242: Das Aquarell am Ende dieses Stadiums. Vergleichen Sie es mit dem endgültigen Werk, erkennen Sie die Abschlußretuschen, die zu seiner Fertigstellung noch erforderlich sind.

Abb. 243: Zwischen dem fertigen Werk und seinem vorigen Stadium (Abb. 242) sind erhebliche Unterschiede zu erkennen. Um das Gefühl von Volumen für die Tanne im Vordergrund zu vergrößern, habe ich an etlichen Stellen Weiß zwischen den Zweigen wieder hervorgeholt. Ferner habe ich den Himmel mit einer hellblauen Lasur überzogen, die Begrenzungen der Berge aufgelöst, das Grün der Wiesen verstärkt und das Erdreich sowie die Steine im Vordergrund überarbeitet und retuschiert. Mit dem Cutter, den ich auch zum Zeichnen der Gräser benötigte, habe ich Weiß aus der bereits getrockneten Fläche wieder hervorgeholt und die Dachziegel angedeutet. So habe ich das endgültige Stadium des Aquarells erreicht, das Abbildung 243 zeigt.

Anemonen mit drei Farben

Mein Freund Jordi Segú wird nun einen Anemonenstrauß in einer weißen Porzellanvase malen. Abbildung 244 zeigt das Modell. Er wählt dafür drei Farben, nämlich die Primärfarben Zyanblau, Magenta oder Purpur und Gelb, die folgenden Aquarellfarben entsprechen:

Preußischblau
Krappkarmin
Kadmiumgelb mittel.

Der Künstler bittet Paco, unseren Fotografen, um einen weißen Tisch und einen glatten weißen Hintergrund für den Strauß und befestigt das Aquarellpapier (36 x 27 cm) mit Klebestreifen auf seinem Zeichenbrett. Mit dem Bleistift 2B in der Hand betrachtet er das Modell eine ganze Weile, studiert die Farben und die Beleuchtung und beginnt schließlich zu zeichnen.

Abbildung 245: Die Zeichnung. Segú legt zunächst eine Senkrechte in die Mitte des Papiers. Dann berechnet er den Durchmesser des Straußes und deutet ihn leicht an. Er zeichnet einen Kreis und beginnt mit den Anemonen im Zentrum. Einige Minuten vergehen, und die Vorzeichnung ist fertig.

Abbildung 245: Der Hintergrund. Mit einer grauen Lasur aus den drei Primärfarben und Preußischblau als Dominante malt Segú den Hintergrund. Er arbeitet mit einem runden Rotmarderpinsel Nr. 18.

Abbildungen 246 und 247: Die grünen Lücken und die Blumenkronen. Segú wechselt zu einem Rotmarderpinsel Nr. 12, fährt mit dem Blumenstrauß fort und malt die grünen Lükken zwischen den einzelnen Anemonen sowie die Blütenkronen. Für letztere verwendet er Umbra gebrannt. Dunkelgrün erhält er aus einer Mischung von Preußischblau und Gelb, die leuchtendes Grün ergibt, und stumpft es mit Krappkarmin ab, damit es nicht zu grell wirkt. Sein Umbra gebrannt ist eine Mischung aus Krappkarmin und Preußischblau, mit der er dunkles Violett erhält. Dazu fügt er eine geringe Menge Gelb, bis eine Farbe ähnlich wie Umbra gebrannt entsteht.

Abbildungen 248 bis 251: Die roten Blüten. Richtig rot sind die Anemonen nicht, sondern eher karminstichig. Deshalb greift Segú zu Krappkarmin, das er mehr oder weniger mit Wasser verdünnt, je nachdem, wie kräftig die Farbe der einzelnen Blütenblätter ist. Er malt mit kleinen Peitschenhieben, setzt die Spitze seines Rotmarderpinsels Nr. 12 an der entsprechenden Stelle auf, übt einen ge-

244

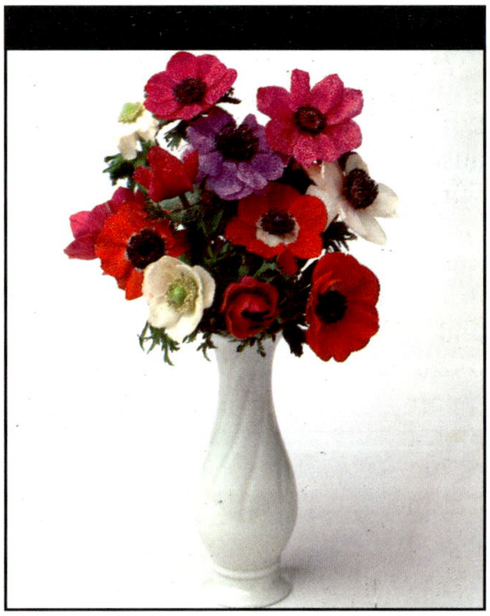

245

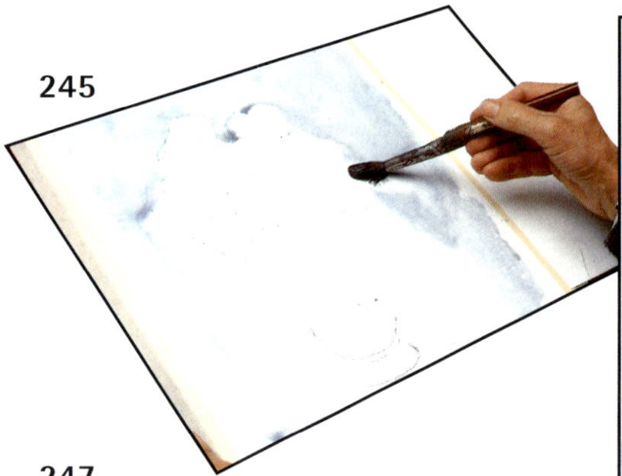

246

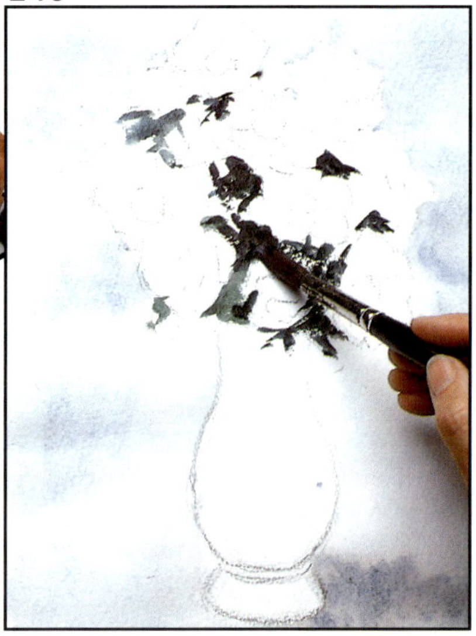

247

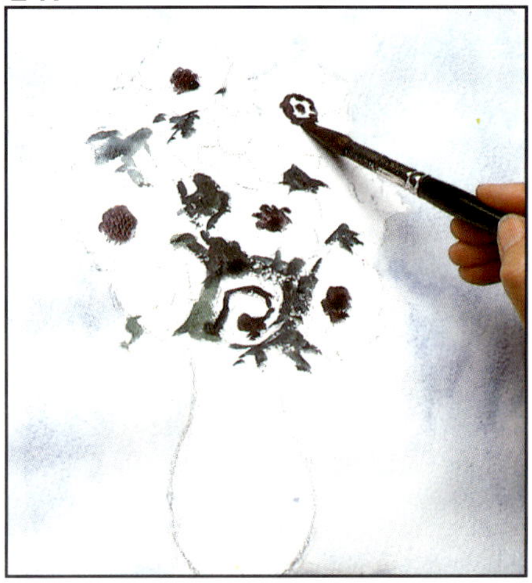

248

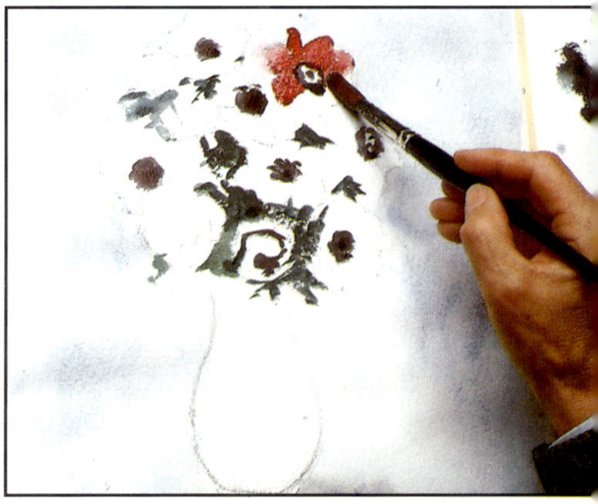

wissen Druck aus, so daß sich der Haarkörper etwas spreizt, und malt die beinahe flachen unterschiedlich breiten Formen. Kennzeichnend für seine Arbeitsweise ist, daß er den Pinsel von Zeit zu Zeit anhebt und einige Striche mit der Hand in der Luft simuliert, als wollte er etwas ausprobieren, ohne zu malen.
Für einige kräftigere Blüten, wie die Anemone im Zentrum des Straußes, mischt er eine winzige Spur Preußischblau unter das Krappkarmin. In anderen Fällen fügt er eine Spur Gelb hinzu, um eine rötlichere Farbe zu erhalten, wie das Modell es ihm eingibt. Für die Anemone in der oberen Mitte des Straußes wählt er zum Beispiel blaustichiges Karmin. Von Zeit zu Zeit probiert Segú eine Farbe auf einem Extrablatt aus, das seitlich von seinem Aquarellpapier liegt. (Sie erkennen es auf Abbildung 251.)

249

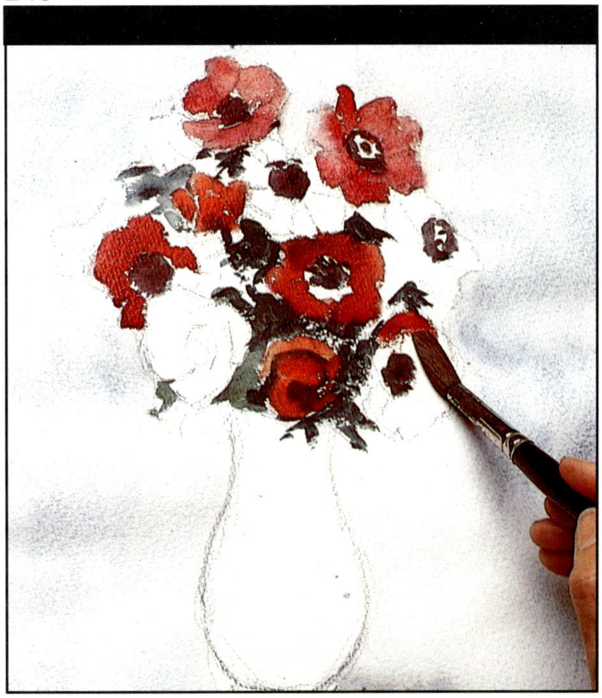

Abbildung 252: Die weißen Blüten. Die weißen? Nun, das Weiß ist etwas schmutzig. Segú malt die Blüten mit einer sehr hellen gelben Lasur, in die er eine winzige Spur Karmin und noch weniger Blau mischt. Das Weiß ist leicht rot- oder gelbstichig, in jedem Fall aber gebrochen.

250

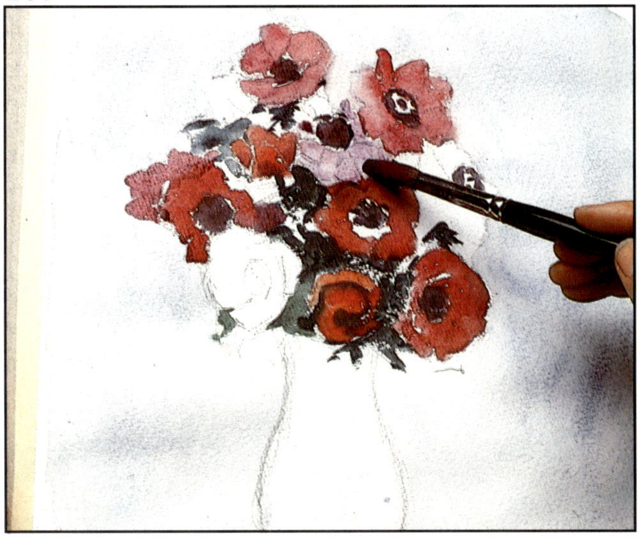

251

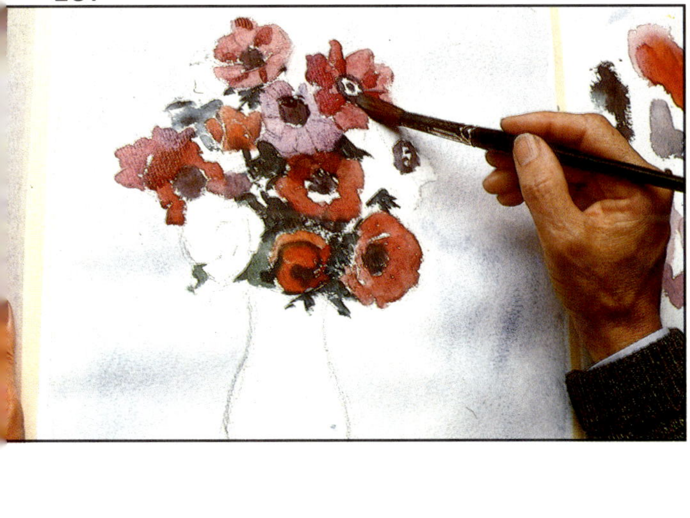

252

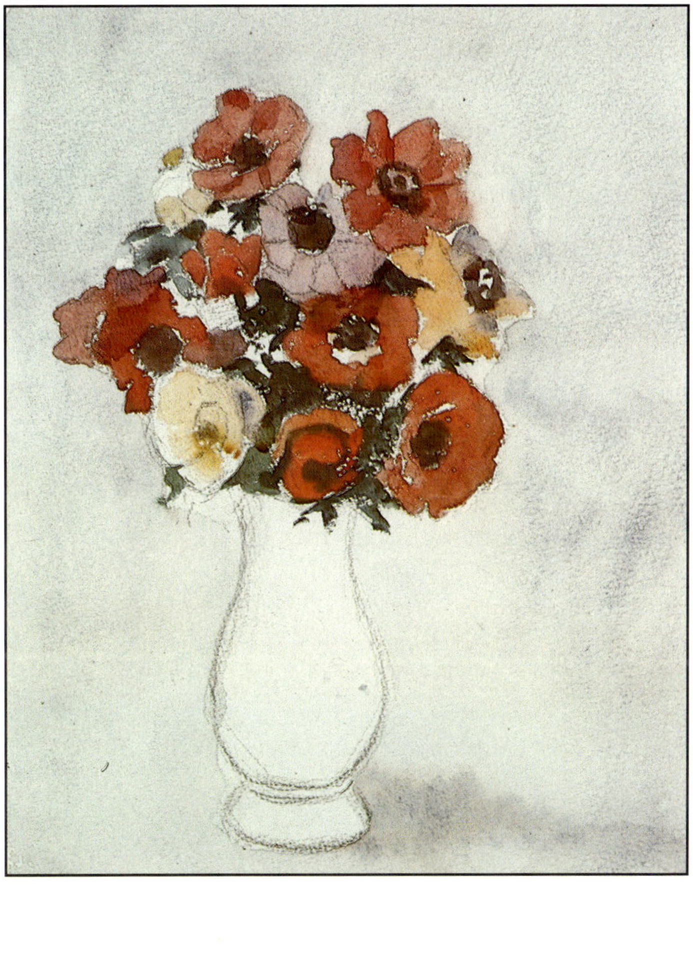

Anemonen mit drei Farben

253

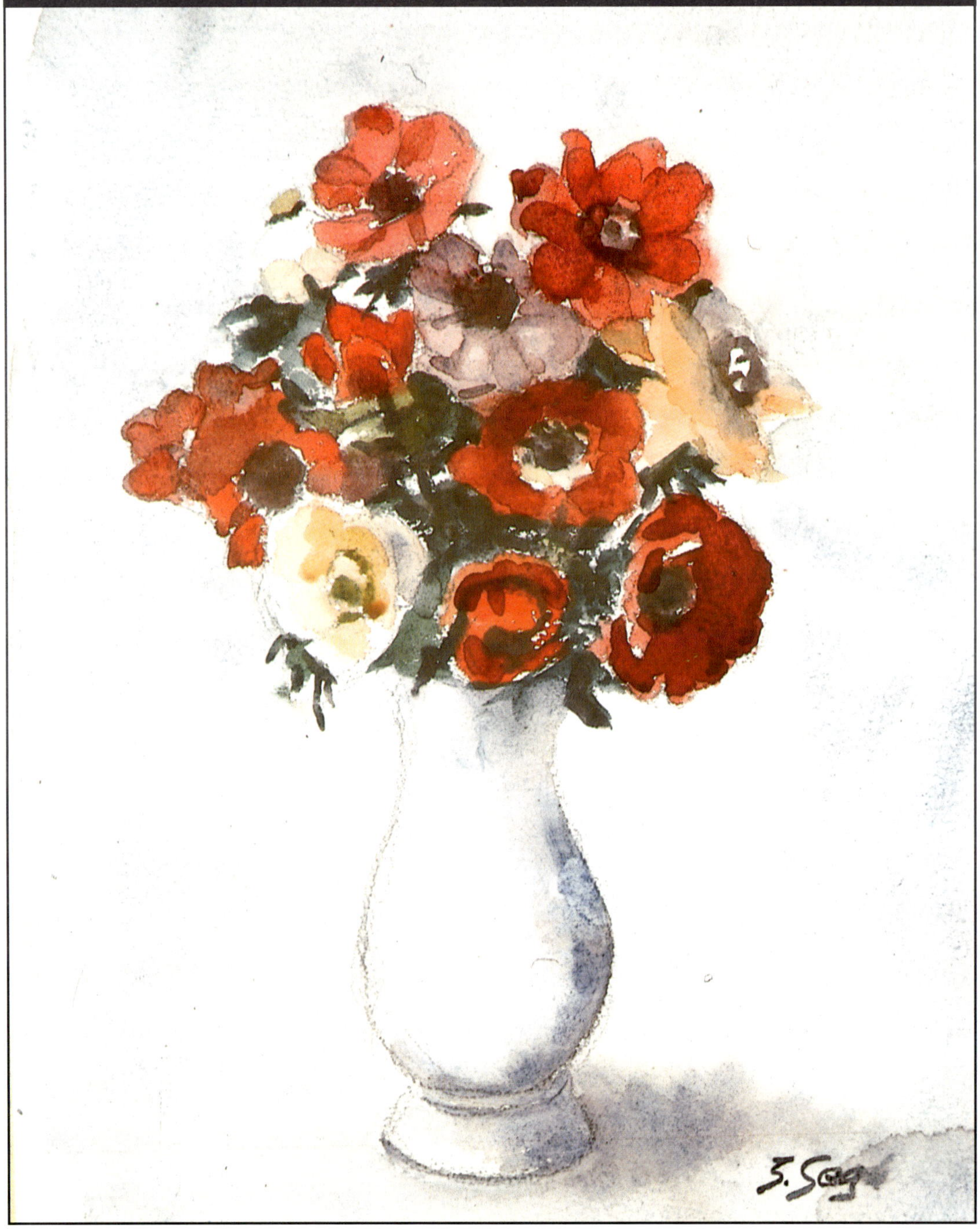

Abbildung 253: Das **fertige Aquarell.** In diesem letzten Stadium malt Segú den Eigenschatten und den Wurfschatten der Vase. Dafür mischt er Preußischblau mit einer winzigen Spur Krappkarmin und einer ebenso geringen Menge Gelb, um blaustichiges Grau zu erhalten. Anschließend retuschiert er mit kleinen kurzen Farbtupfern den ganzen Strauß, dunkelt einige Blütenblätter nach, saugt Farbe ab oder stellt winzige Abstufungen her. Es handelt sich um kleine, aber wichtige Veränderungen, die das endgültige Ergebnis verbessern, wie ein Vergleich zwischen Abbildung 252 und 253 beweist. Es ist ein fabelhaftes Aquarell aus drei Farben geworden. Sehr gut, Segú. Meinen Glückwunsch!

Ein Seestück mit allen Farben

Gaspar Romero wird das Thema malen, das Sie auf dem Foto von Abbildung 254 sehen: Zwei Schlepper und ein großes Passagierschiff am Kai von Barcelona mit einigen Kränen im Hintergrund. Er wird mit allen Farben malen, und zwar auf Aquarellpapier von Fabriano mit den Maßen 50 x 65 cm.

Abbildung 255: Die Zeichnung. Gaspar Romero zeichnet sein Thema normalerweise mit Bleistift vor und hält das Spiel von Licht und Schatten vor Beginn des eigentlichen Malens mit einer sehr dünnen Lasur aus Ultramarinblau fest. „Mit dieser Arbeitsweise kann ich das Modell besser zeichnen und studieren", erklärt der Maler.

Abbildungen 256 bis 258: Der Himmel und der Hintergrund. Für den Himmel feuchtet Gaspar Romero die Fläche zunächst mit Wasser an. Er malt mit Kobaltblau und dreht seinen Papierblock auf den Kopf, so daß sich die Farbe-Wassermischung am oberen Rand sammelt und in Richtung Horizont heller wird. So arbeiten fast alle Aquarellmaler; ich ebenfalls. Romero spart von Anfang an die Formen für die Wolken aus. Er malt in der Naß-in-Naßtechnik und saugt von Zeit zu Zeit Farbe mit Küchenpapier wieder ab. Er beendet den Himmel und befaßt sich nun mit dem weißen Passagierschiff im Hintergrund. Dafür verwendet er eine sehr helle Lasur aus Ultramarinblau, um die Ferne anzudeuten. Blau taucht auch in dem blassen Orange auf, stumpft es ab und rückt es in den Hintergrund.

254

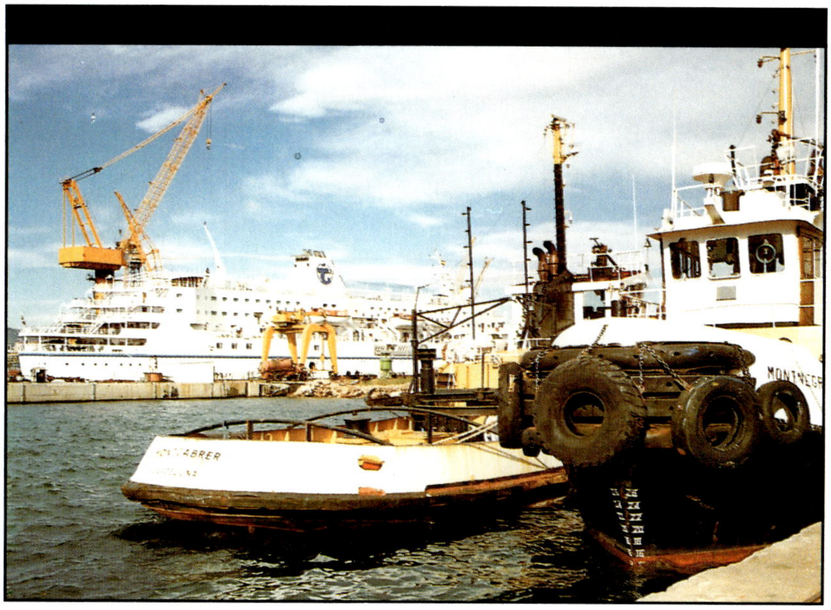

255

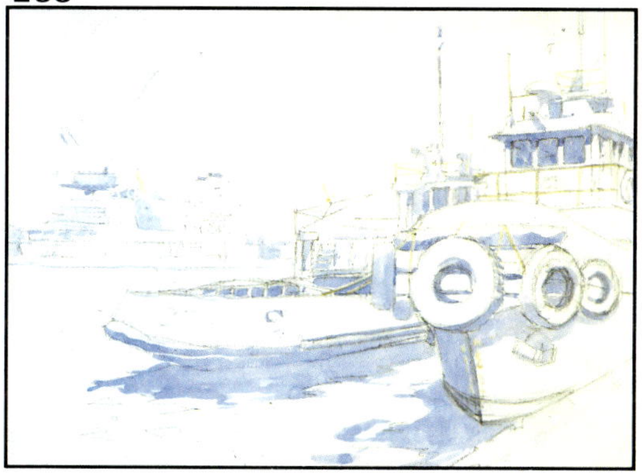

256

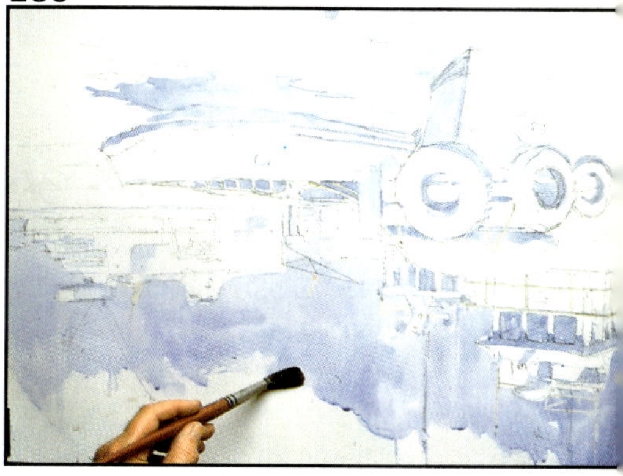

257

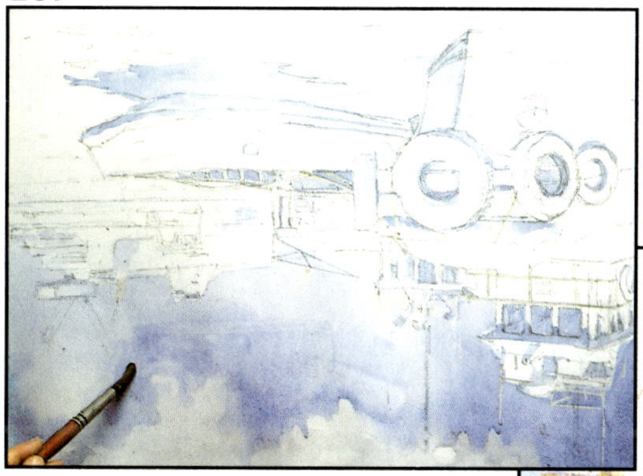

258

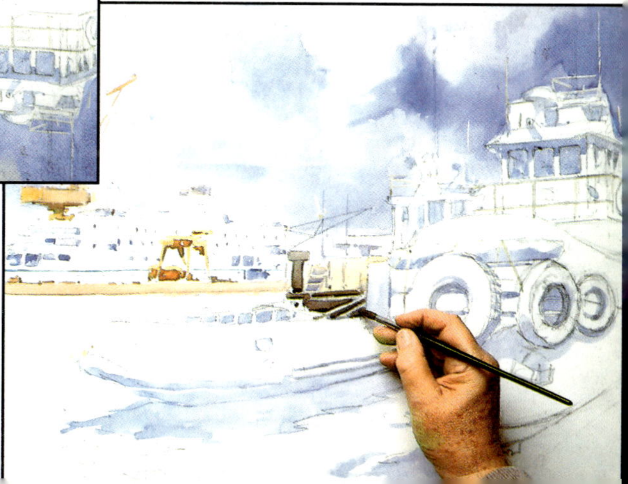

Ein Seestück mit allen Farben

Gaspar Romeros Techniken.
Gaspar Romero verwendet mehrere Pinsel, unter anderem einen Rotmarderpinsel Nr. 14, mit dem er den Himmel malt. Die vier oder fünf Pinsel, die er sonst noch benötigt, stellt er in ein Wassergefäß. Zum Säubern und Ausdrücken der Pinsel sowie zum Absaugen der Farbe benutzt er grundsätzlich Saugpapier (eine Rolle Küchenpapier). Zu seiner Malweise stellt er fest:

„Ich arbeitete immer von links nach rechts und von oben nach unten und stelle praktisch alle Formen und Farben auf Anhieb her."

Das ist die normale Arbeitsweise bei der Aquarellmalerei. Sie erinnert mich an den Rat des großen französischen Malers Camille Corot, der zu diesem Thema sagte:

„Man muß das Bild Schritt für Schritt so vollständig wie möglich aufbauen, also auf Anhieb, so daß anschließend nur noch wenig zu tun bleibt."

259
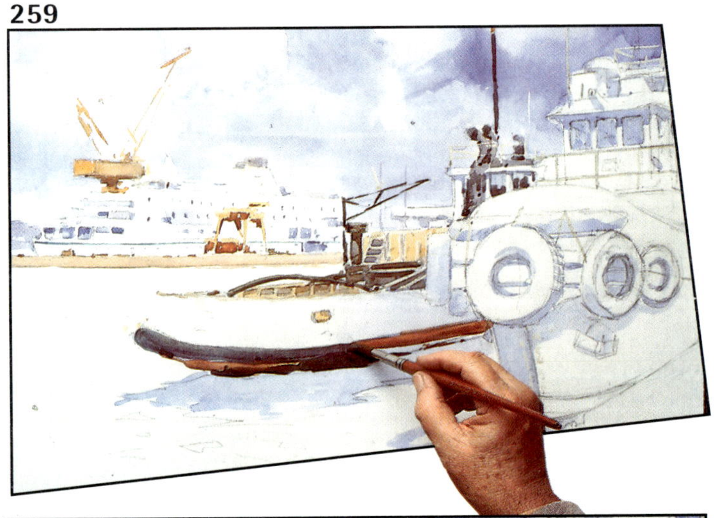

260
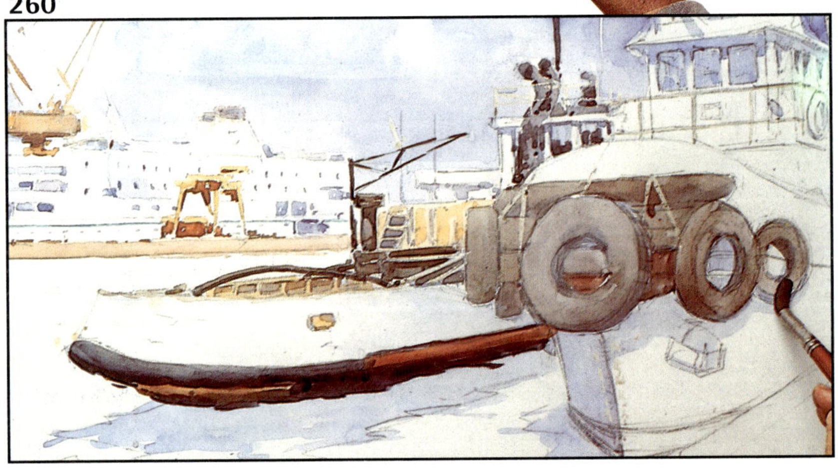

262
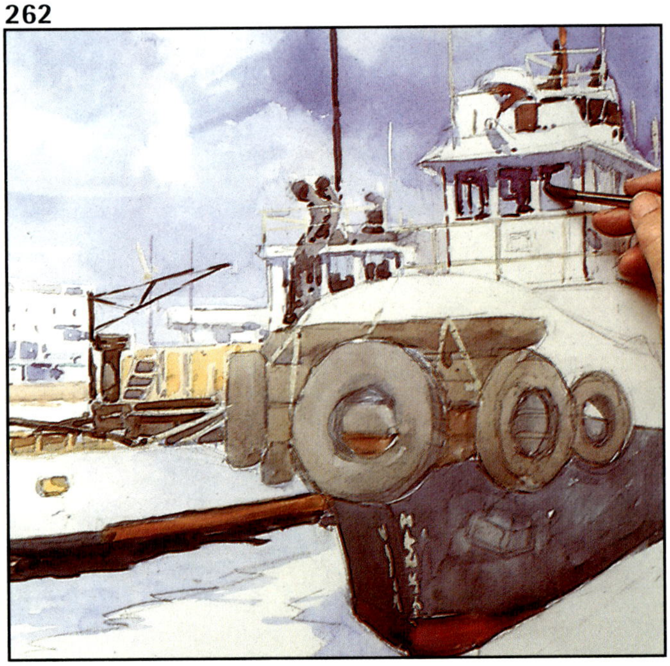

261
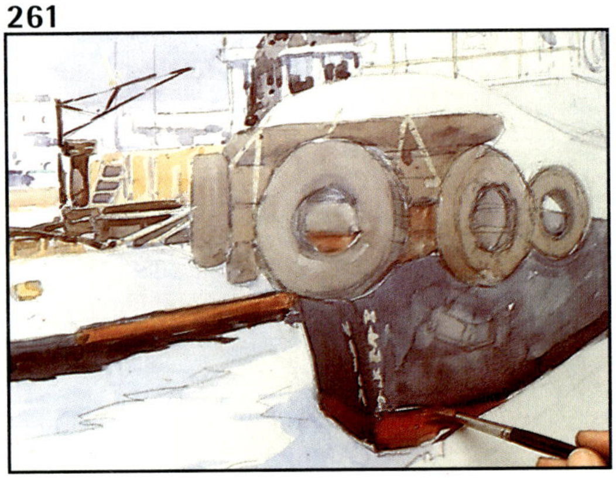

Abbildungen 258 bis 262: Der **Schlepper im Mittelgrund:** Auf Abbildung 258, Seite 81, hat Gaspar Romero schon mit den Aufbauten des Schleppers begonnen. Im folgenden Stadium verstärkt er die dunklen Abschnitte des Schiffes mit einer Mischung aus Sepia und Ultramarinblau, wobei Sepia dominiert. Mit kräftigem Preußischblau und Paynesgrau malt er die dunkle Wasserlinie. Das Vorderschiff legt er hellgrau an und verdünnt die Farbe sofort, um die Rundung darzustellen. Anschließend befaßt er sich mit dem oberen Abschnitt, deutet die Fenster der Kommandobrücke an und dunkelt alle Formen ab, die über diese Stelle hinausragen.

Abbildungen 263 bis 264: Der Bug und die Kommandobrücke. Gaspar Romero nimmt nun den Bug des Schiffes im Vordergrund in Angriff. Zunächst malt er die erste Schicht für die Reifen und verwendet eine Mischung aus Paynesgrau und einer winzigen Spur Englischrot. Anschließend kommt der Rumpf mit Paynesgrau und Ultramarinblau an die Reihe, erhält aber noch nicht seine volle Farbstärke. Mit Kadmiumrot malt er die Wasserlinie und schließt, während diese trocknet, die Kommandobrücke ab. Er verstärkt die Schatten innerhalb der Fensterrahmen mit Ultramarinblau und dem Grau der Palette und zeichnet die seitlichen Formen der Kabine sowie deren Aufbauten. Das Geländer hat er zuvor mit Rubbelgummi ausgespart. Er dunkelt den Schiffsrumpf weiter ab und verstärkt auch die Reifen mit kräftigerem Schwarz – Ultramarinblau plus Schwarz –, damit sie ihre runde Form erhalten. Mit dem sauberen Radiergummi entfernt er die restlichen Bleistiftstriche, um die Formen und Farben vor allem des Passagierschiffes stärker leuchten zu lassen. Desgleichen entfernt er den Rubbelgummi, mit dem er das Geländer, einige Masten, die Ziffern am Bug des Schleppers im Vordergrund etc. ausgespart hat.

263

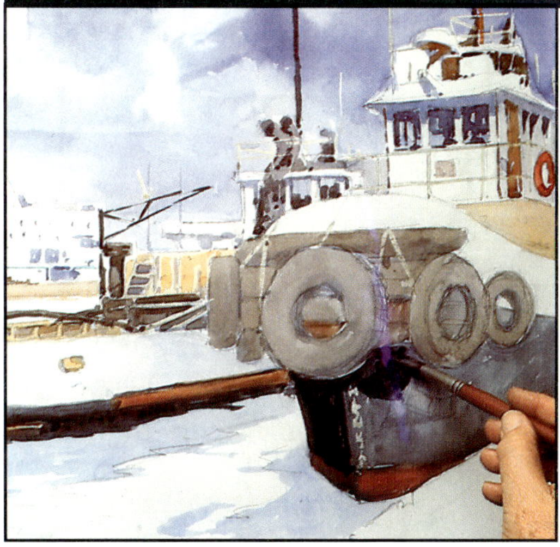

264

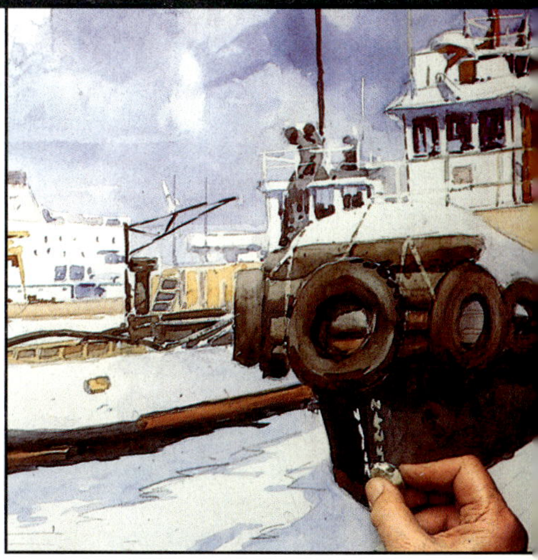

265

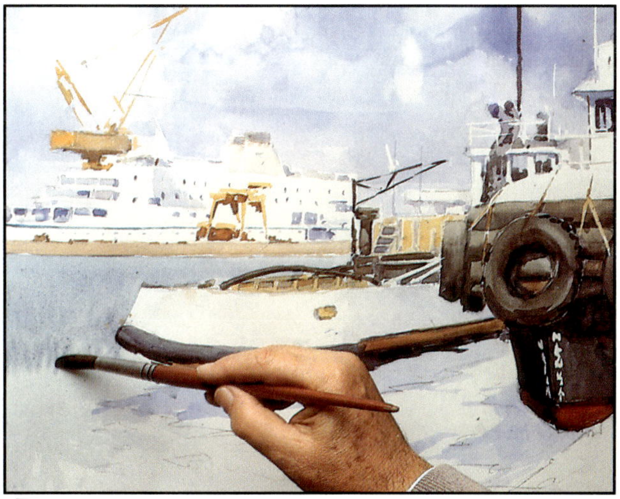

266

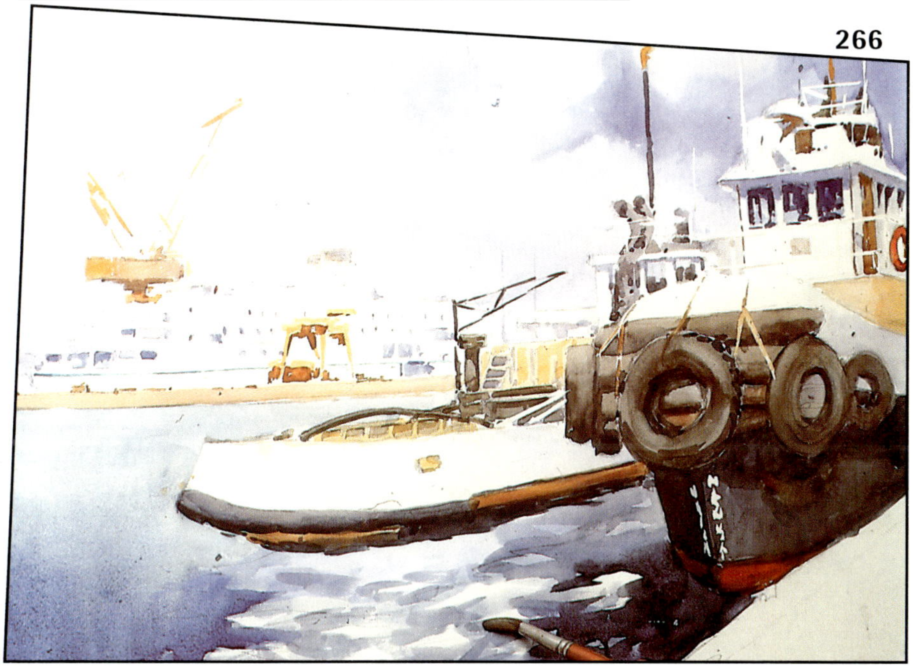

Ein Seestück mit allen Farben

Da das reine Weiß dieser Stellen zu stark mit dem übrigen Aquarell kontrastiert, stumpft er es mit einen leichten Lasur aus Paynesgrau ab (Abb. 264).

Abbildungen 265 bis 270: Das Meer. Gaspar Romero befaßt sich nun mit dem Meer. Er feuchtet die entsprechende Fläche mit Wasser an, trägt die erste Schicht aus Ultramarinblau mit Chromoxidgrün auf und spart von Anfang an etliche Stellen für die weißen Wellenkämme sowie die Reflexe und Spiegelungen im Vordergrund aus (Abb. 265, vorige Seite). Er verstärkt die Farbe des Meeres mit weiteren Lasuren aus Ultramarinblau, das er mit Chromoxidgrün und Paynesgrau mischt, und malt den dunkelsten Ton im Vordergrund sowie die Spiegelung des Schleppers im Mittelgrund (Abb. 266, vorige Seite). Er retuschiert die Wellen, verstärkt das Blau im Vordergrund und malt das Dreieck für den Kai rechts im Bild. Dafür verwendet er eine Lasur aus Lichter Ocker, etwas Englischrot und einer geringeren Menge Ultramarinblau. Er beendet das Aquarell mit einigen allgemeinen Retuschen, die an der Qualität dieses herrlichen Seestücks grundsätzlich nichts mehr ändern.

267

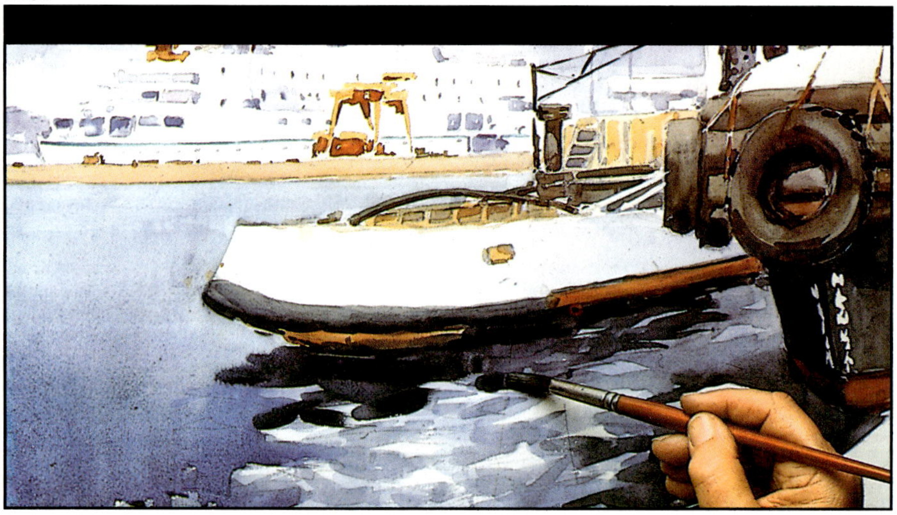

268

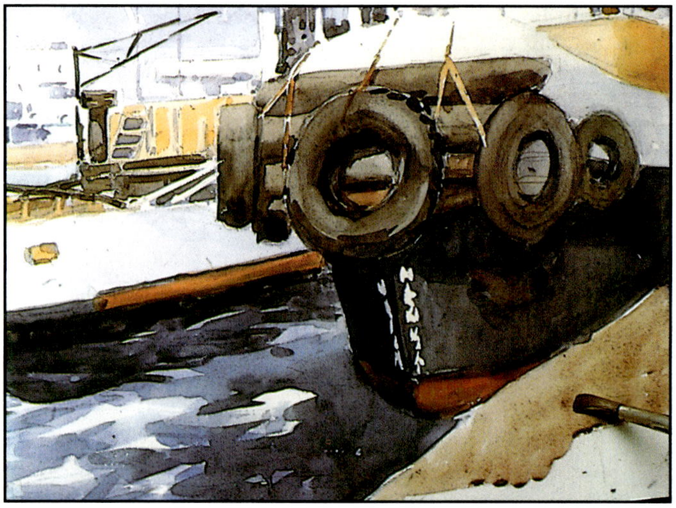

269

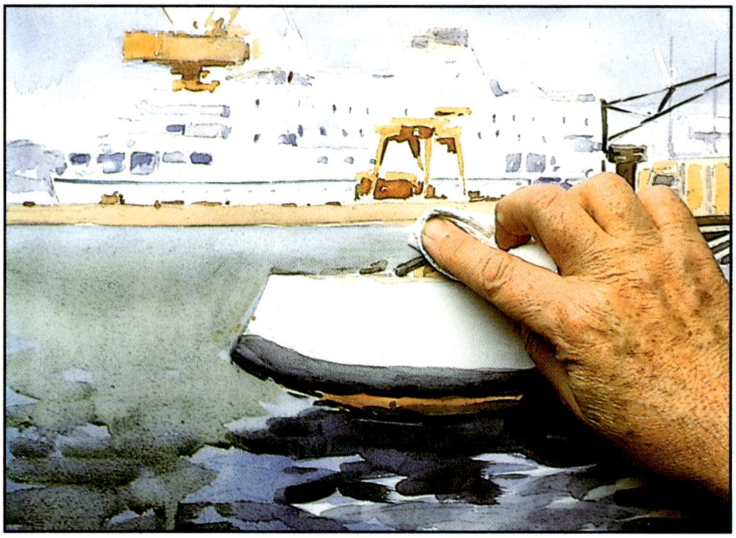

270

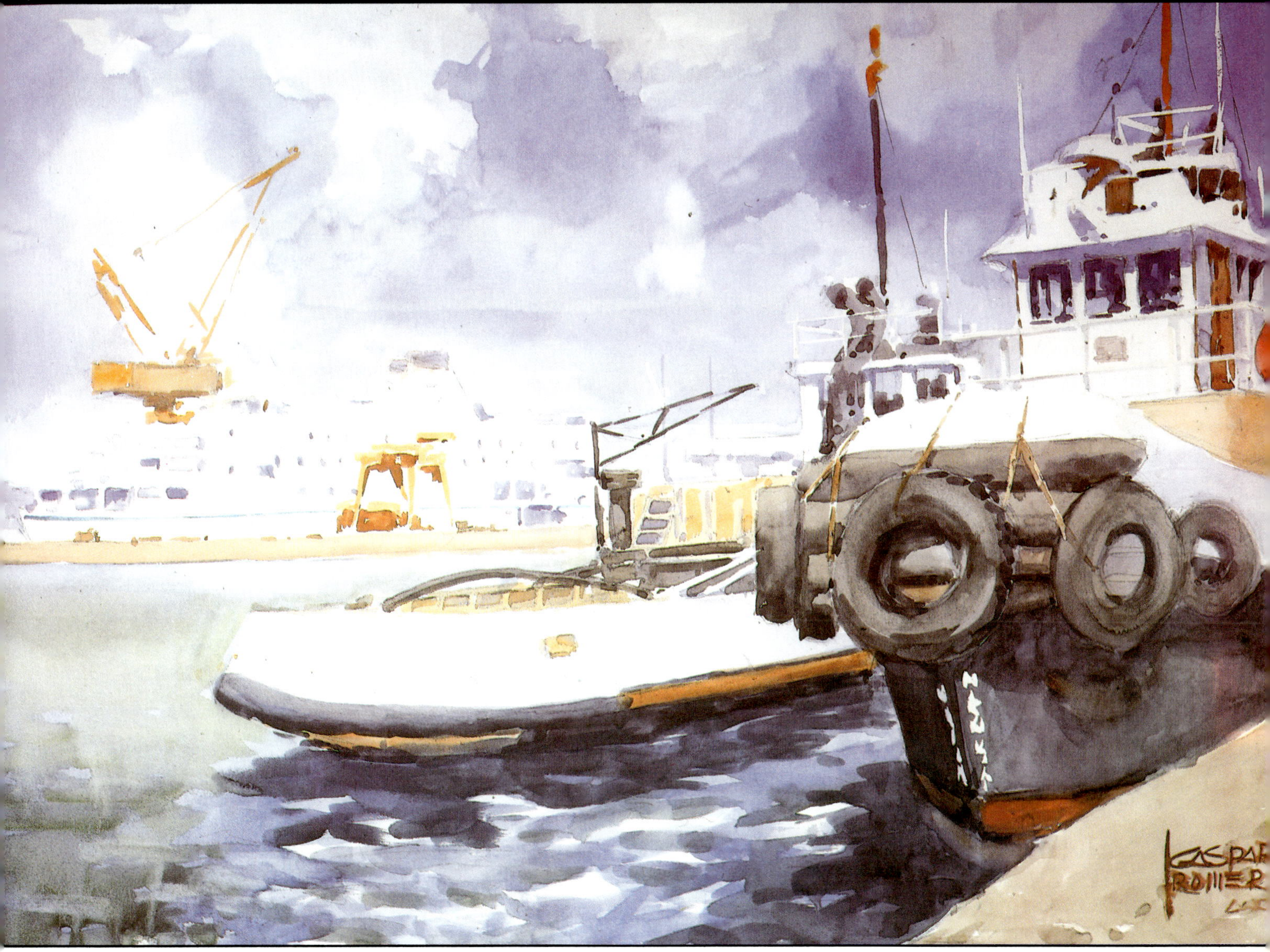

Eine Stadtlandschaft mit allen Farben

Mein Freund Pepe Martínez Lozano wird das nächste Aquarell malen. Er ist Präsident der Vereinigung der Aquarellmaler Kataloniens und Gründer des Aquarellmuseums – der Stiftung Martínez Lozano – in Llança, einem Dorf an der Costa Brava in der Provinz Gerona. In diesem Museum hält Pepe jedes Jahr ein Symposium über die Aquarellmalerei ab, an dem die Vereinigungen der Aquarellmaler ganz Spaniens sowie einige ausländische Kunstvereine teilnehmen. Pepe besitzt zwei Ateliers, eines in Llança und eines in der Stadt Terrassa, einige Kilometer von Barcelona entfernt. Er ist ein äußerst erfolgreicher Maler von Aquarellen wie von Ölgemälden. „Was soll ich malen?" fragt Pepe mich. „Keine Ahnung. Was du möchtest", antworte ich.

Wir sind in seinem Atelier in Terrassa: Pepe, der Fotograf Paco, ein Assistent des Fotografen, drei Schüler und ich. Die drei Schüler sitzen auf dem Sofa und warten gespannt, was ihr Professor malen wird. Der Fotograf hat seine Ausrüstung aus Stativ, Scheinwerfern und Lichtschirmen schon aufgestellt. Nun befestigt Pepe sein 55 x 36 cm großes Aquarellpapier der englischen Firma Steinbach mit Klemmen auf dem Zeichenbrett. Rechts von ihm hängt ein kleiner Wassereimer an der Staffelei. Der Palettkasten mit den Tubenfarben liegt auf einem Hocker neben dem Maler. Es gibt weder ein Modell noch sonst einen Hinweis darauf, was Pepe malen wird.

271

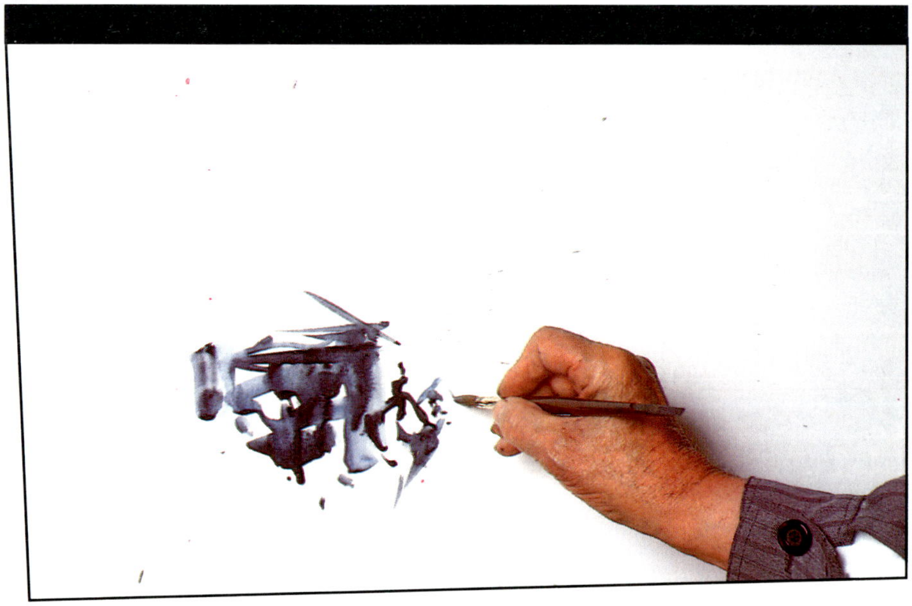

272

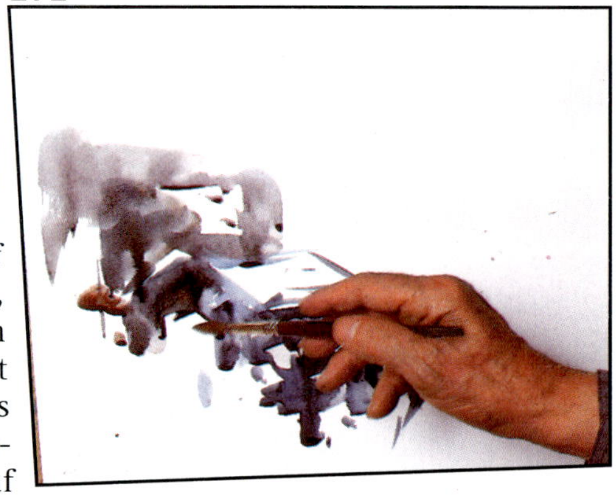

273

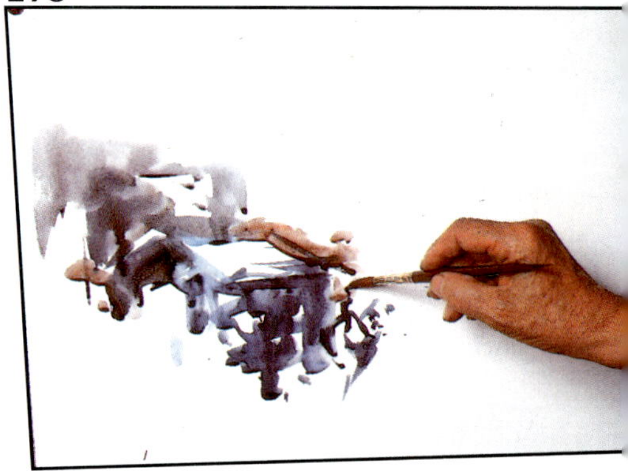

274

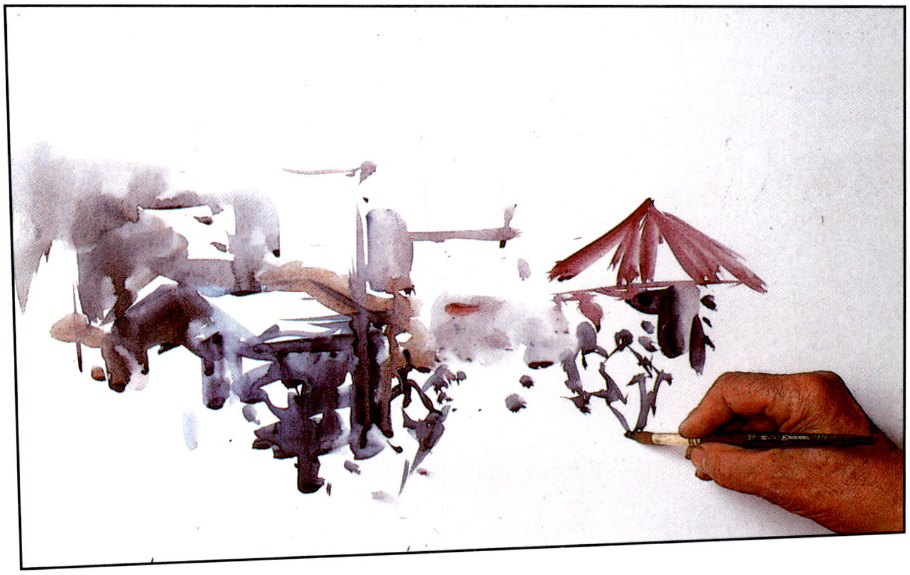

Abb. 271 bis 277: Martínez Lozano beim Malen zu beobachten, ist ein echtes Erlebnis. Erstens weiß man bei den ersten Strichen nie, was für ein Thema er darstellen wird. Zweitens besitzt er eine ganz erstaunliche Technik und Geschicklichkeit bei der Beherrschung des Mediums, hier die Aquarellfarben. Vor allem aber verblüfft seine beneidenswerte Schnelligkeit. Es ist schwierig, ihm zu folgen. Für die auf dieser Doppelseite gezeigten Stadien bis Abbildung 277, mit dem er das Aquarell schon abschließen könnte, hat er ganze elf Minuten benötigt.

Pepe blickt eine Weile fest auf das weiße Papier. Dann zündet er seine Havanna an. „Ein unverzichtbares Werkzeug, um zu malen, wie Gott es verlangt“, erklärt er. Entschlossen nimmt er etwas Indigo auf, hält die Pinselspitze in Richtung Papier und macht einige Handbewegungen, als probierte er einen Strich aus. Plötzlich zeichnet und malt er ein Gewirr aus Linien und Formen, deren Sinn man nicht erkennt (Abb. 271).
Paco, der Fotograf, sieht mich überrascht an und flüstert: „Was wird das? Etwas Abstraktes?“ Die drei Schüler lächeln vergnügt. Sie kennen Pepes Malweise.
Pepe hört nicht auf. Plopp, plopp, plopp. Es geht wie am Schnürchen (Abb. 272 und 273).
„Foto! Foto!“ zische ich. „Rasch, Paco, beeil dich. Du hättest die Nikon mit dem Motor mitbringen sollen.“
Nun klärt sich die Situation und mit ihr das Thema. Pepe wird einen Jahrmarkt malen. Links taucht schon eine Bude auf, im Hintergrund erkennt man die Häuser eines Stadtviertels, rechts das Dach eines Pferdekarussells und Leute. Pepe hat das Dach mit Krappkarmin gemalt und die Gestalten mit Indigo gezeichnet.
„Foto, Paco!“ (Abb. 274)
Mit demselben Rotmarderpinsel Nr. 10 und demselben Krappkarmin plus einer Spur Indigo malt Pepe einen waagerechten Fleck neben das Dach. „Was ist das denn?“ fragt man sich. Anschließend reinigt er den Pinsel, nimmt erneut Indigo auf und zeichnet oberhalb und zu beiden Seiten des Flecks einige perspektivische Striche, die ein weiteres Dach ergeben. Er kehrt zu Karmin zurück, malt eine Art Säule oder Stütze und hält einen Moment inne. Nun zeichnet er mit dem Rotmarderpinsel Nr. 10 und Krappkarmin die Spitze dieser roten Stütze, setzt einigemal in der Luft zu einem Kreis an und... Ja, sicher wie mit einem Zirkel zeichnet er aus der freien Hand einen Kreis als Beginn eines Riesenrads.
„Foto, Paco!“ (Abb. 275)

275

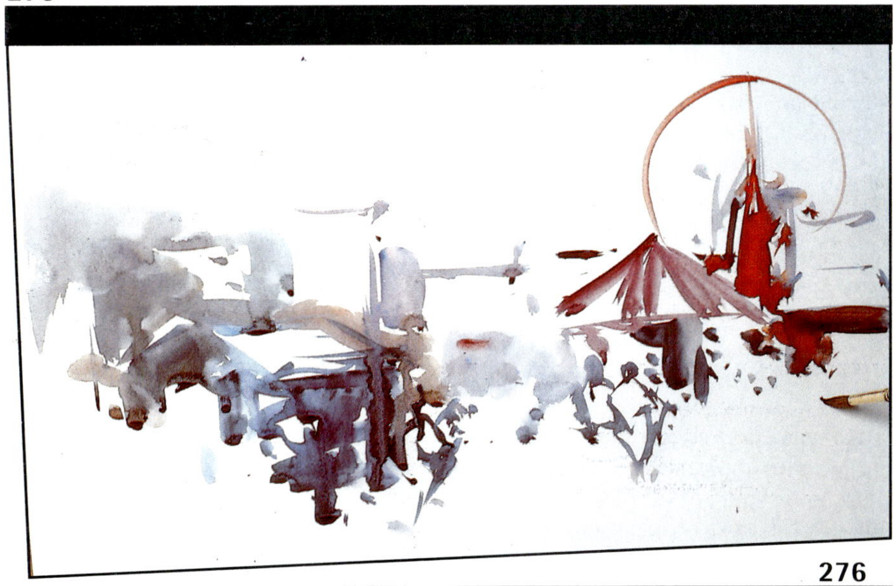

276

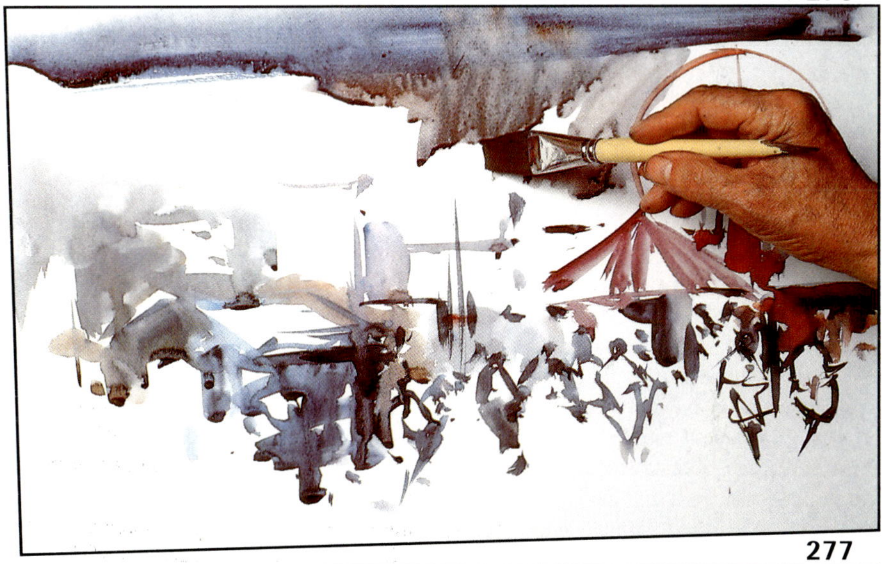

277

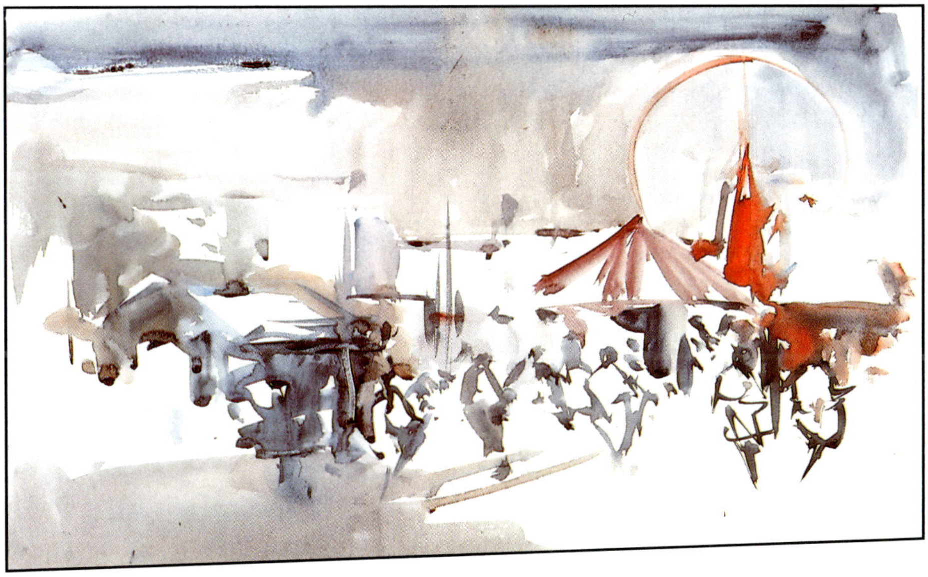

Eine Stadtlandschaft mit allen Farben

Pepe malt nun mit einem 2 cm breiten Flachpinsel und einer Mischung aus Ultramarinblau und etwas Indigo den Himmel. Zack! zieht er einen dunkelblauen Streifen mit soviel Wasser von einer Seite zur anderen, daß jeden Moment unzählige Tropfen das Papier hinabfließen können. Pepe weiß das natürlich, und er ist schneller als die Tropfen. Er taucht den Pinsel in den Wassereimer, drückt ihn am Rand aus, streift kurz über das Englischrot auf seiner Palette und senkt – plopp! – den Haarkörper auf die dunkelblaue Lasur. Dabei saugt er etwas Farbe ab und mischt gleichzeitig das Blau mit dem Rot. (Paco schießt rasch zwei Fotos, ohne daß ich ihn dazu auffordern muß. Abb. 276 und 277).

Pepe fährt inzwischen mit dem Himmel fort. Ungeheuer schnell säubert er den Pinsel, drückt ihn zur Hälfte aus, zieht die vorige Mischung über den ganzen Hintergrund und hellt ihn auf. Es entsteht warmes Grau, das als endgültige Farbe bis zum Schluß bleiben wird. Für die Häuser hat er Weiß ausgespart (Abb. 277).

Nun greift Pepe Martínez Lozano zu einem Gerät und einem Medium, das kein anderer Aquarellmaler so einsetzt wie er: Es sind ein Pinselstiel mit abgeschrägter Spitze und Chinatusche. Mit der Spitze zeichnet er die senkrechten und diagonalen Linien,

278

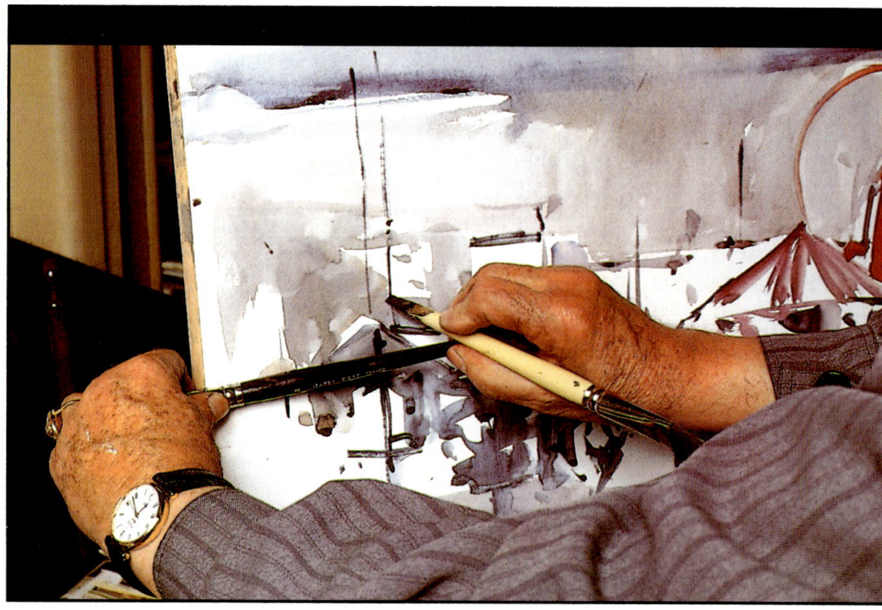

279

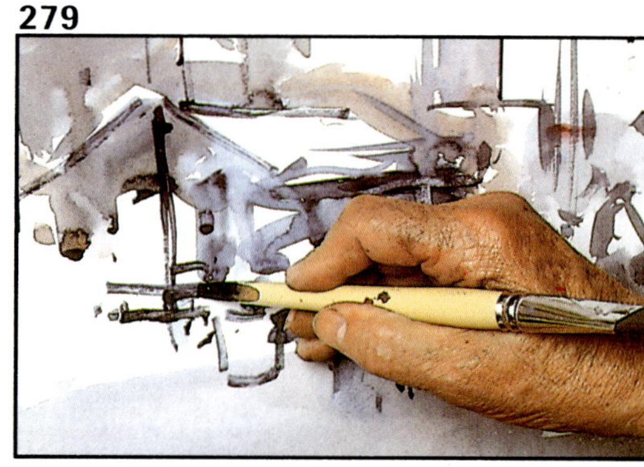

Abb. 278 und 279: Martínez Lozano arbeitet mit einer ungewöhnlichen, sehr persönlichen Technik, die man in fast allen seinen Aquarellen erkennt. Er zeichnet und malt mit Chinatusche oder so dunkler Farben wie Indigo, Ultramarinblau, Paynesgrau – oder einer Mischung von allen – und einem Pinsel mit abgeschrägtem Holzstiel, mit dem er sowohl breite als auch schmale Linien ziehen kann.

280

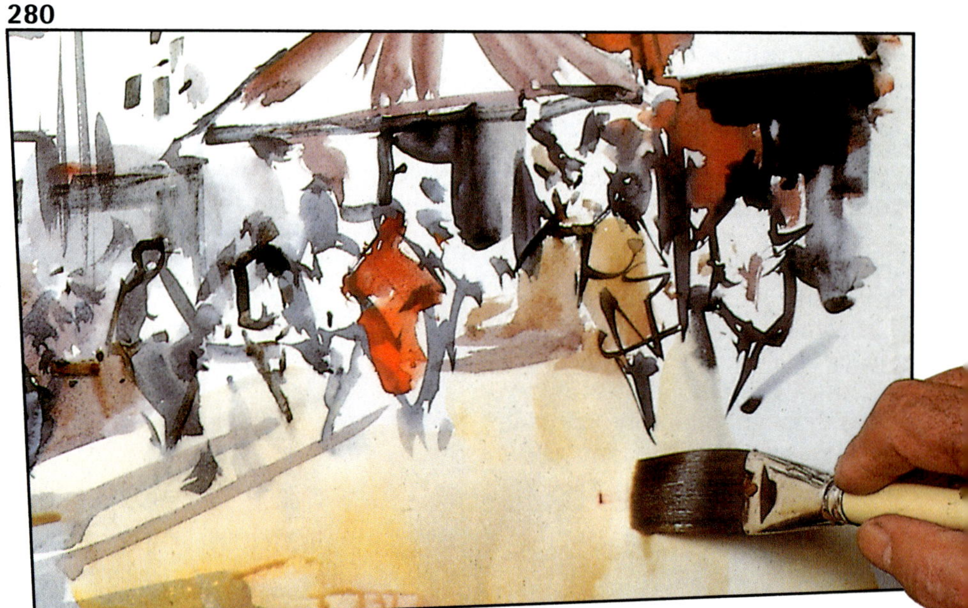

Abb. 280: Martínez Lozano springt von einer Stelle zur anderen und malt alles gleichzeitig: unten die Gestalten, oben den Himmel, auf der einen Seite das Riesenrad und ein Dach, auf der anderen Seite einen sonnigen Abschnitt. Er schreitet gleichmäßig voran, so daß er das Bild zu jedem Zeitpunkt abschließen könnte, zum Beispiel auch im vorigen Stadium von Abbildung 277, Seite 87.

281

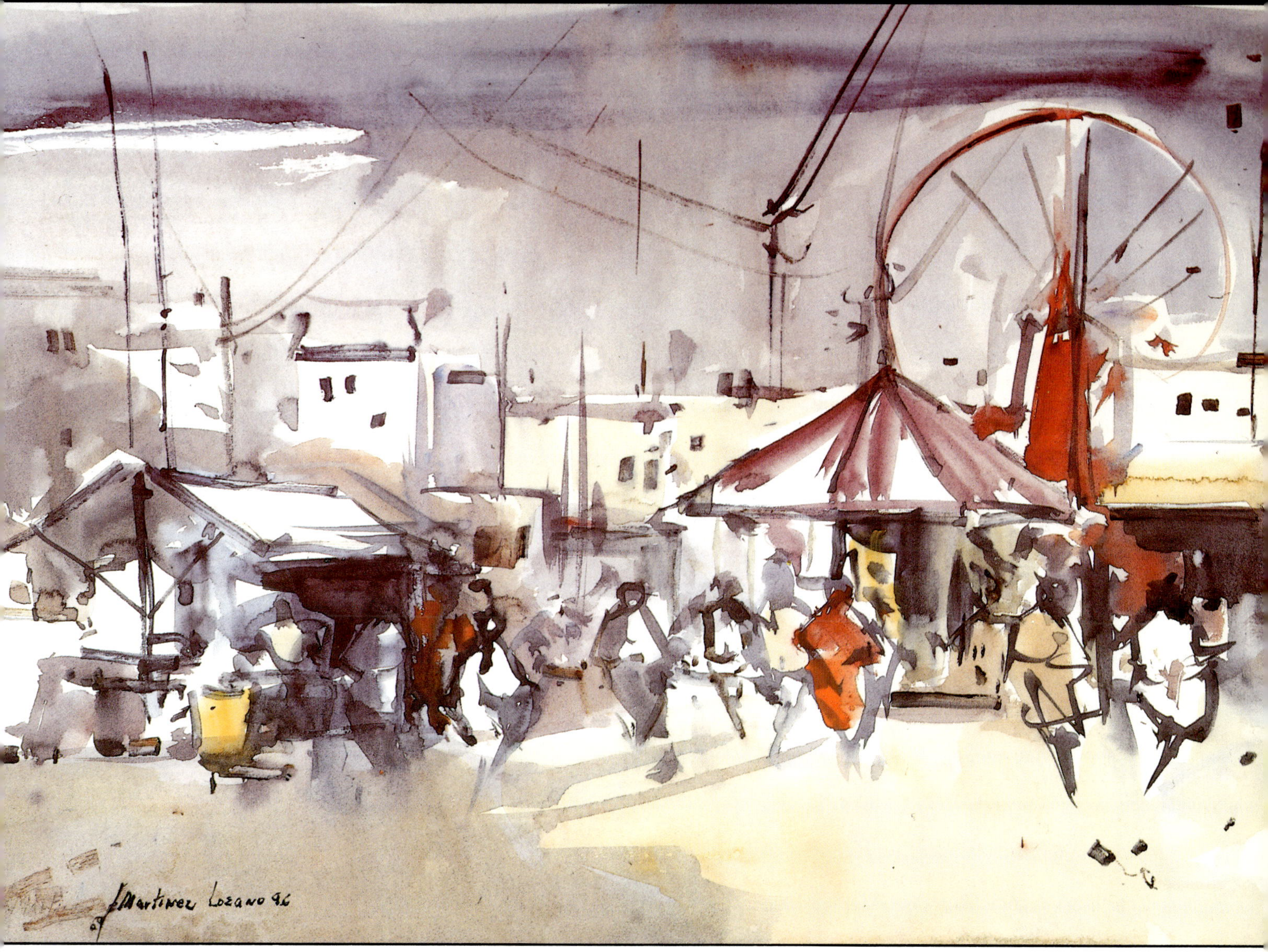

welche die Antennen, die Drähte etc. darstellen. Weitere breite senkrechte Striche zieht er für die Fenster und die Schornsteine und einige waagerechte für die Formen der flachen Dächer, die Schatten, die Sockel etc. Für diese waagerechten Striche nimmt er gelegentlich einen weiteren Pinsel als Lineal zur Hilfe (Abb. 278 und 279). Er zeichnet und malt ein paar Gestalten und legte die strahlenförmigen Sprossen des Riesenrads an. Zuvor hat er mit dunkler Farbe aus Ultramarinblau und Englischrot den Schatten links auf dem Boden gemalt. Mit einer Lasur aus Ocker stellt er nun die beleuchtete Fläche im Vordergrund dar (Abb. 280).

Endlich entspannt Pepe sich, atmet tief durch und retuschiert einige Details. Mit dem abgeschrägten Pinselstiel und Chinatusche zeichnet er zwei Fenster, einige Punkte auf dem Boden sowie etliche Linien und Striche. Dann sieht er mich lächelnd an und fragt: „Gefällt es dir?"

„Und ob es mir gefällt! Es ist ein ganz außergewöhnliches Bild", antworte ich und umarme den Freund.

Da signiert er es: J. Martínez Lozano.

Abb. 281: Vor einiger Zeit war ich in Martínez Lozanos Atelier in Terrassa und sah zu, wie er ein Aquarell für mein Buch „Landschaften als Aquarell" aus meinem Schritt-für-Schritt-Lehrgang malte. Damals erklärte er mir seine improvisierte Malweise: „Für mich gleicht ein Bild einem Film, der sich vor meinem inneren Auge abzeichnet. Ich sehe zum Beispiel ein Stadtviertel, einige Häuser, deren Farben und Kontraste." In diesem Fall sah er ein Stadtviertel, einen Jahrmarkt und etliche Leute.

Eine Landschaft mit allen Farben

Carboneras ist ein kleines Dorf in der Provinz Cuenca, wo es zahlreiche Wiesen und Ebenen gibt. Dort verbrachte ich einen sonnigen Hochsommertag und malte ein Aquarell, als die Harmonisierung in warmem Gelb, Ocker, Siena, Olivgrün und Umbra am stärksten war. Abbildung 282 zeigt das Foto meines Modells. Auf Abbildung 283 sehen Sie eine Verkleinerung des auf Seite 95 abgebildeten fertigen Werkes.

Ich beginne die Zeichnung wie immer mit einer Senkrechten und einer Waagerechten als Synthese des Rasters, den ich mir vor meinem Modell vorstelle und der mir die Berechnung der Maße und Proportionen erleichtert. Hier fällt mir zum Beispiel auf, daß die hintere rechte Ecke der Kirche genau auf der Senkrechten des Kreuzes liegt. Teilt man den Abstand zwischen dieser Mittelachse und dem rechten Rand des Bildes in vier gleiche Teile, erhält man die Breite der Kirche etc.

Um gut zu malen, muß man eben gut zeichnen können.

Ich zeichne das Dörfchen Carboneras mit allen Einzelheiten, bis ich das Ergebnis von Abbildung 284 erhalte, allerdings mit einem Unterschied. Statt des wolkenlosen Himmels stelle ich mir dicke Kumuluswolken vor, weil mir das leuchtende Blau des Modells nicht gefällt.

Abb. 282 bis 284: Das Modell: Carboneras de Guadazaón, ein kleines Dorf in der Provinz Cuenca (Abb. 282), und das fertige Bild, das eine kontrastreiche Interpretation innerhalb einer betont warmen Farbenskala aufweist (Abb. 283). Abbildung 284 zeigt meine Vorzeichnung, die ich wie immer mit einem Kreuz in der Mitte beginne, das mir die Berechnung der Maße und Proportionen erleichtert.

282

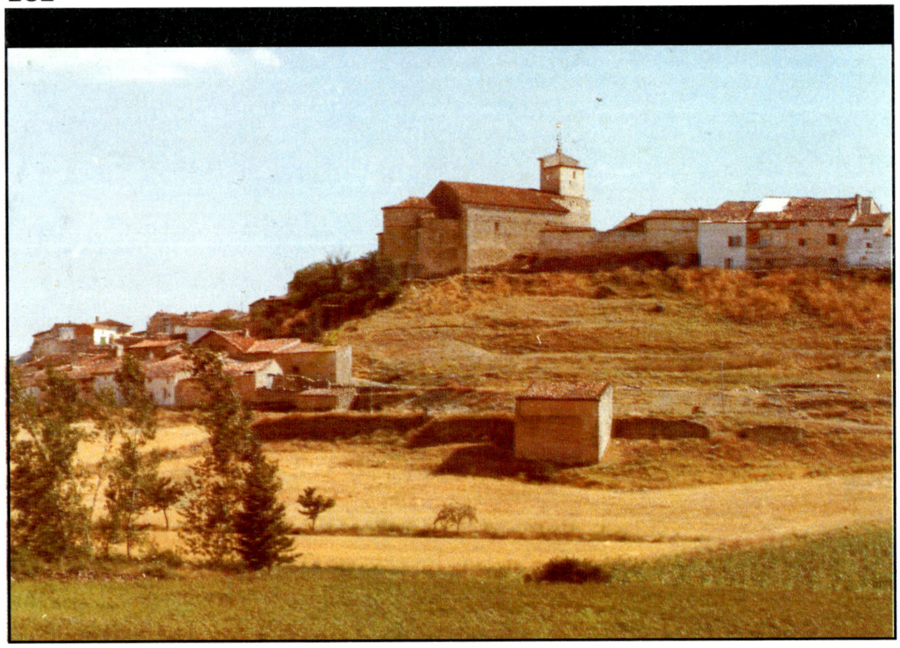

283

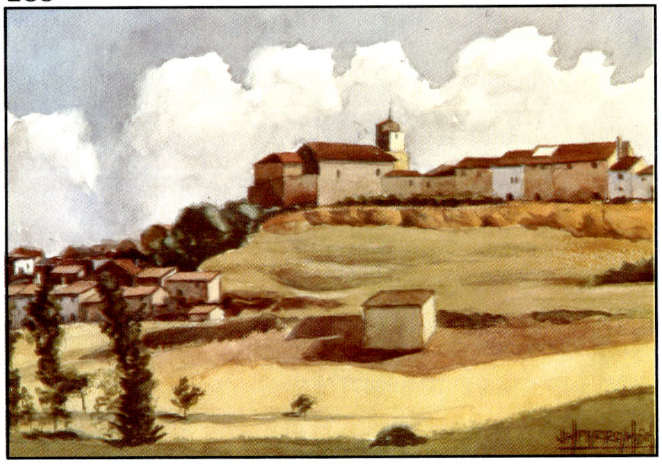

284

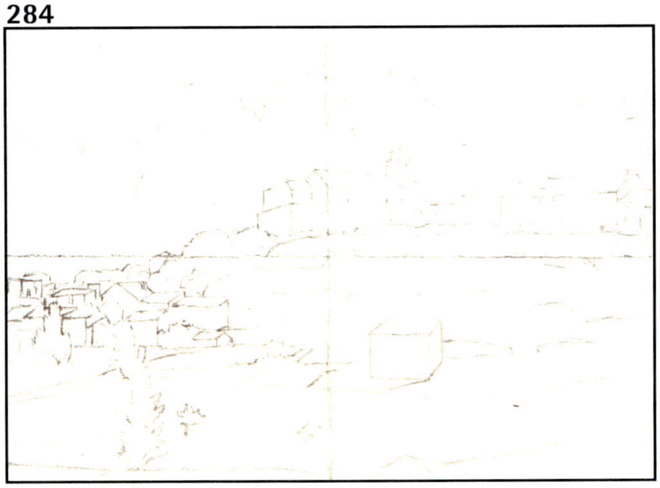

Wie Gaspar Romero bei seinem Seestück und alle anderen erfahrenen Maler beginne ich mit dem Himmel. Dies empfahlen auch der Impressionist Sisley – „Ich beginne stets mit dem Himmel“ – und der Romantiker Constable. Dazu feuchte ich die Fläche mit einem 2 cm breiten Flachpinsel an, jedoch nicht mit klarem Wasser, sondern mit einer so hellen Lasur aus Ultramarinblau, daß man sie kaum bemerkt. Auf diese Weise kann ich die Wolken besser aussparen (Abb. 285).
Anschließend male ich mit demselben Flachpinsel und einer graustichigen Mischung aus Kobaltblau, etwas Siena gebrannt und einer Spur Paynesgrau die Farbe des Himmels. Mit derselben Farbe, aber etwas weniger Blau, fahre ich auf dem trockenen Weiß fort und lege die schattigen Stellen der Wolken an. Ich sauge Farbe ab, füge weitere hinzu, verstärke und verwische, bis die Formen herausgearbeitet sind. Jetzt erkenne ich, daß ich die Farbe des Himmels verstärken muß. Dies erledige ich mit einer schwachen Lasur aus Kobaltblau, die für einen größeren Kontrast zu dem Weiß und dem blaustichigen Grau der Wolken sorgt. Vorher drehe ich das Aquarell auf den Kopf, damit sich die meiste Farbe am oberen Rand ansammelt. Ich male inzwischen mit meinem Lieblingspinsel, einem Rotmarderpinsel Nr. 12, mit dem ich praktisch das ganze Aquarell fertigstellen werde (Abb. 285 bis 287).

Abb. 285 bis 287: Den Himmel male ich mit Kobaltblau, dessen Leuchtkraft ich mit Siena und Paynesgrau abgestumpft habe. Dabei spare ich das Weiß für die Wolken aus und zeichne gleichzeitig deren Formen. Es folgen die Schatten der Wolken. Anschließend verstärke ich das Blau des Himmels, um einen größeren Kontrast zu dem Weiß der Wolken zu erhalten, und stelle das Aquarell auf den Kopf, damit der Himmel oben am dunkelsten wird.

285

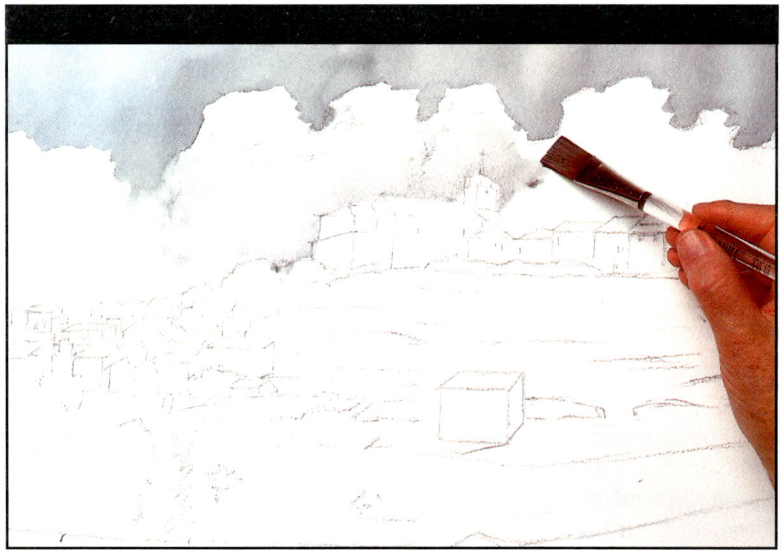

286

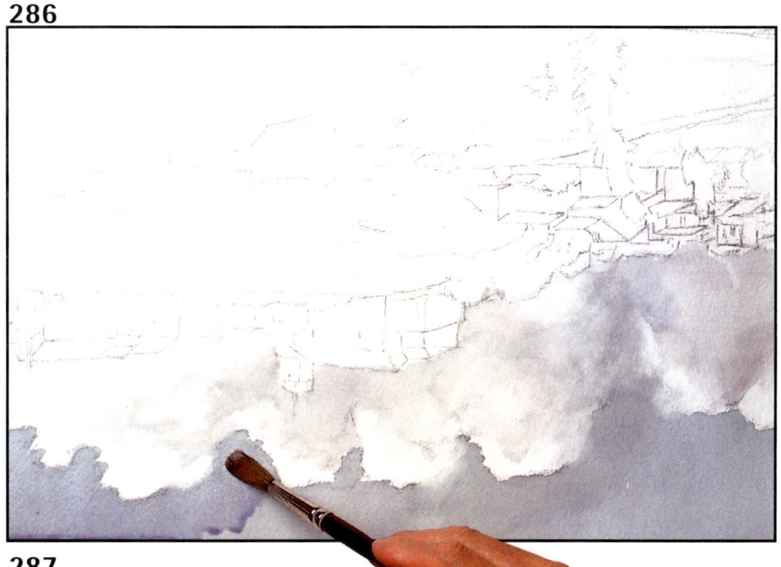

287

Eine Landschaft mit allen Farben

Ich möchte die Harmonisierung innerhalb einer warmen Farbenskala erreichen, jedoch mit ganz speziellen Kontrasten, die Cézannes berühmtem Ausspruch gerecht werden:

„Kontraste und Harmonisierung der Farben: darin besteht das ganze Geheimnis der Malerei."

Zunächst lege ich eine allgemeine Lasur aus Ocker mit einer Spur Ultramarinblau an, die von der Kirche über die obere Hausreihe bis zur Wiese im Vordergrund reicht (Abb. 288). Sie erleichtert mir nicht nur die Harmonisierung der Farben, sondern bricht auch das Weiß des Papiers und verhindert mögliche Fehler aufgrund von Simultankontrasten.

Anschließend male ich die Dächer und die Mauern der Kirche und der Häuser. Für die Dächer benötige ich kräftiges Englischrot und Kobaltblau. Die Mauern entstehen aus einer helleren Lasur von Englischrot, Ultramarinblau und gelegentlich einer Spur Chromoxidgrün (Abb. 289).

Für die Bäume links der Kirche benötige ich, wie Abbildung 290 zeigt, zunächst Chromoxidgrün, Permanentgrün und Ocker für die beleuchteten Stellen und anschließend leicht gebrochenes Dunkelgrün aus der Mischung von Chromoxidgrün, Karmin und einer Spur Ocker.

288

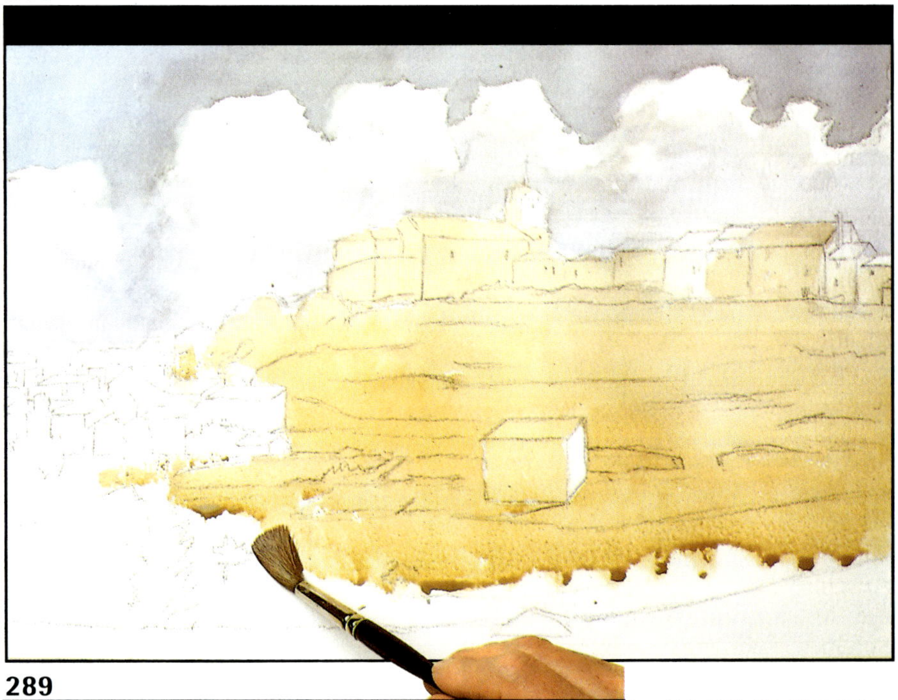

289

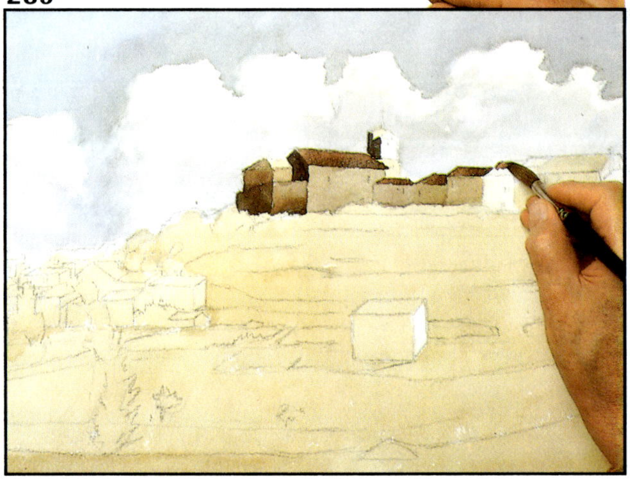

Abb. 288 bis 290: Ich überziehe den gesamten Boden zunächst mit einer Lasur aus Ocker und einer Spur Ultramarinblau und erhalte so die Grundlage für eine Harmonisierung in warmen Farben. Anschließend male ich die Kirche und die Häuser sowie die Bäume auf der linken Seite. Dabei bemühe ich mich von Anfang an um starke Kontraste zwischen Licht und Schatten.

290

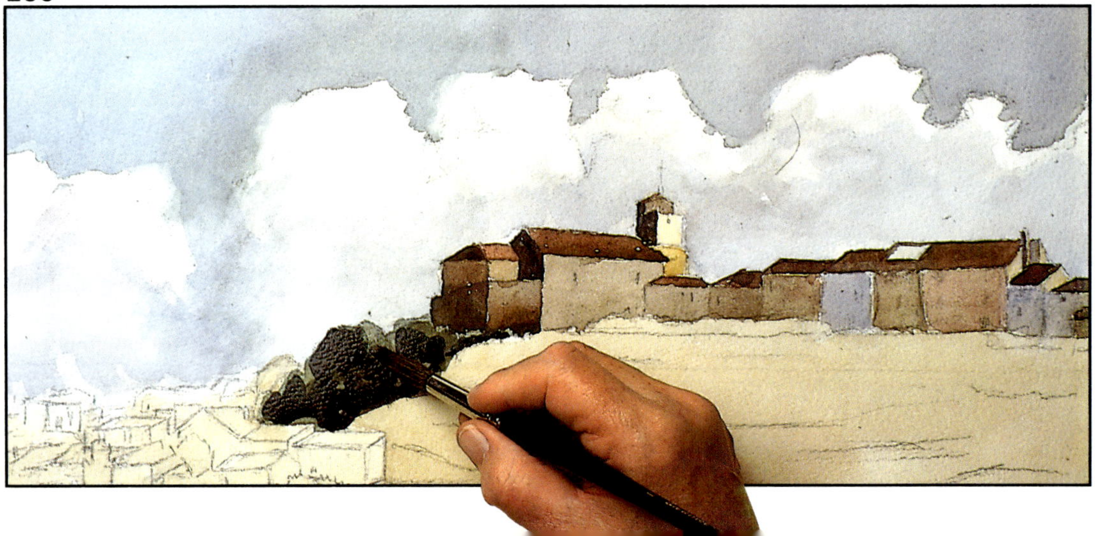

Unter Aussparung einiger weißer Stellen male ich mit gebrochenem Siena aus der Mischung von Ocker, Siena, einer geringen Menge Kobaltblau sowie einer winzigen Spur Permanentgrün die größte Fläche des Bodens. Zwischendurch mache ich immer wieder Probestriche auf einem Extrablatt – ein solches habe ich stets beim Malen zur Hand –, um die endgültige Farbe zu finden, was mir auch gelingt (Abb. 291 und 292). Auf Abbildung 292 ist bereits der Streifen für die Wiese im Vordergrund zu erkennen: kräftiges Chromoxidgrün mit Karmin, Ocker und einer Spur Preußischblau.
Es folgt der orangefarbene Streifen unterhalb der Kirche und der Häuser: Ocker, Rot und eine Spur Kobaltblau zum Abstumpfen des grellen Orange. Anschließend male ich das Dach und die Mauern des Häuschens oder Schuppens im Vordergrund sowie dessen Schatten und die Erdstreifen (Abb. 293).
Mit Umbra gebrannt und Ultramarin stelle ich die schattigen Unebenheiten innerhalb des orangefarbenen Streifens sowie den schmalen grünen Streifen im Vordergrund dar. Ich fahre mit der linken Häusergruppe fort, beginne mit den Dächern und male zum Abschluß die Vorderseiten. Die beleuchteten Seitenwände spare ich aus. Ich zeichne und verstärke die Formen und sorge mit Mischungen aus Ocker, Karmin und Chromoxidgrün, Ultramarinblau oder Paynesgrau für Kontraste. Es ist ein ziemlich kompliziertes Konglomerat aus Formen und Farben, das Sorgfalt und Ordnung erfordert (Abb. 294 und 295).

291

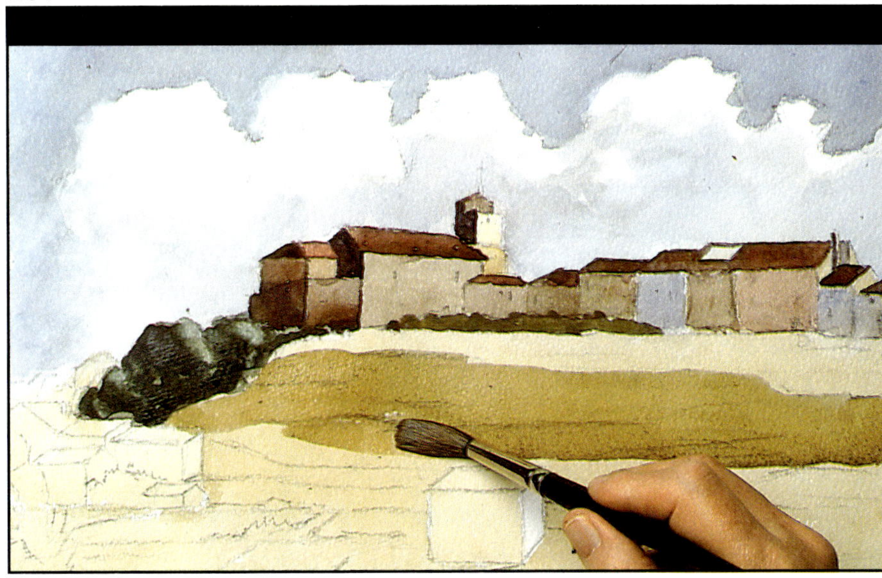

292

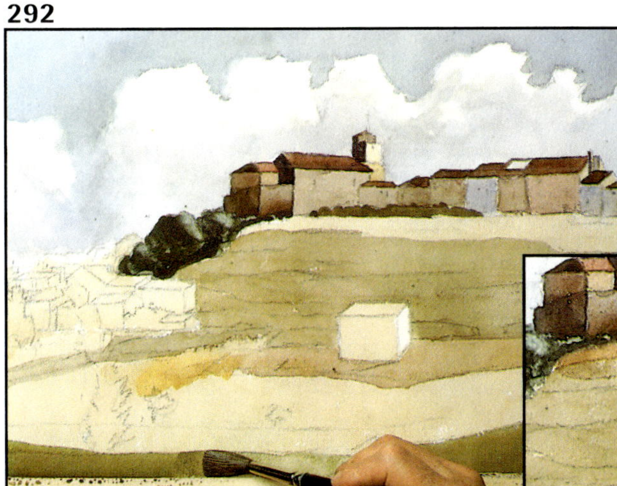

293

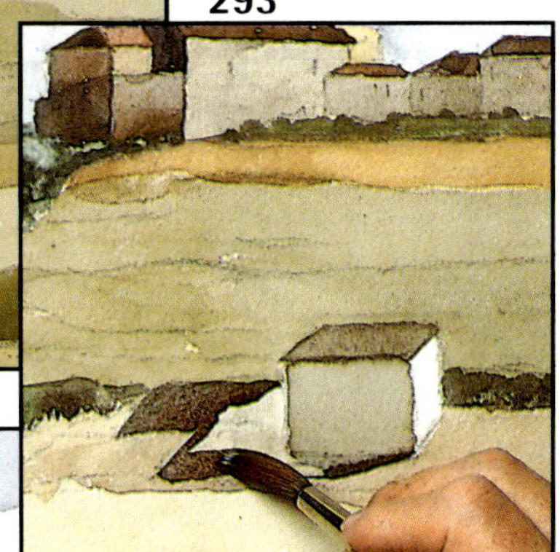

295

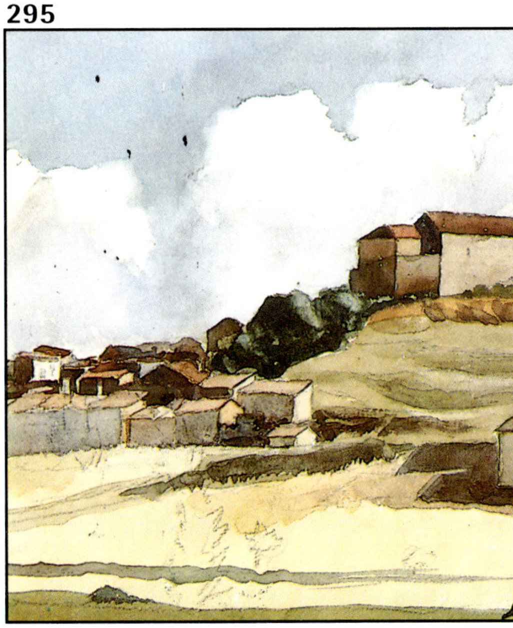

294

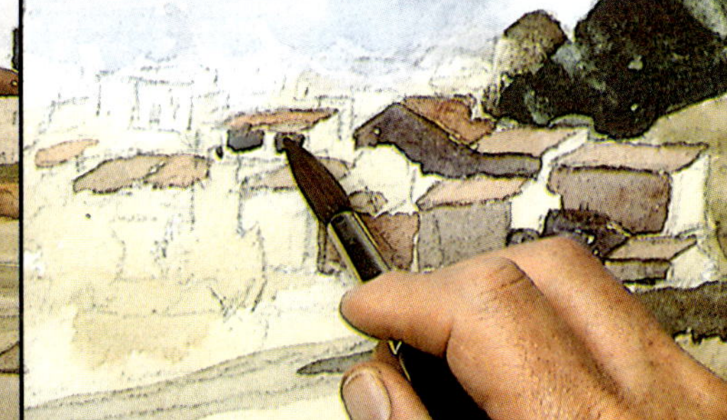

Abb. 291 bis 295: Die korrekte Farbe dieses dunkleren Erdstreifens ist für das Gelingen des Aquarells von entscheidender Bedeutung. Deshalb probiere ich solange, bis ich die exakte Nuance auf Anhieb anlegen kann und keine zweite Farbschicht benötige. Alles weitere ist einfach, auch wenn die Häusergruppe zur Linken einige Schwierigkeiten enthält.

Eine Landschaft mit allen Farben

Es fehlt noch ein Detail: das Dunkelgrün für die Schatten des Gebüschs oberhalb des orangefarbenen Erdstreifens (Abb. 296).

Das letzte Stadium des Aquarells beginne ich mit den drei Bäumen links im Vordergrund. Es handelt sich um schlanke, ziemlich vertrocknete Zypressen, für die ich zunächst Mittelgrün aus Chromoxidgrün, Ocker, Permanentgrün und etwas Karmin zum Abstumpfen benötige und anschließend dunkleres Grün aus Chromoxidgrün, Karmin und Preußischblau. Beide Grüntöne lege ich mit kleinen Peitschenhieben an und spare einige helle Stellen sowie die Lücken aus, durch die man die Häuser links im Bild erkennt (Abb. 297 und 298). Nach einigen weiteren Retuschen ist mein Bild fertig. Es ist ein Aquarell aus warmen, kontrastreichen Farben geworden, mit dem ich dieses zweite Buch von Parramóns Aquarellmalschule abschließe.

Abb. 296 bis 298: Kleine Details wie der dunkelgrüne Streifen unterhalb der Kirche sowie die drei Bäume entstehen. Sie sind ziemlich gleichförmig, tragen mit ihrer Form und Farbe neben dem Block der Häuser aber zum Aufbau der Komposition bei.

296

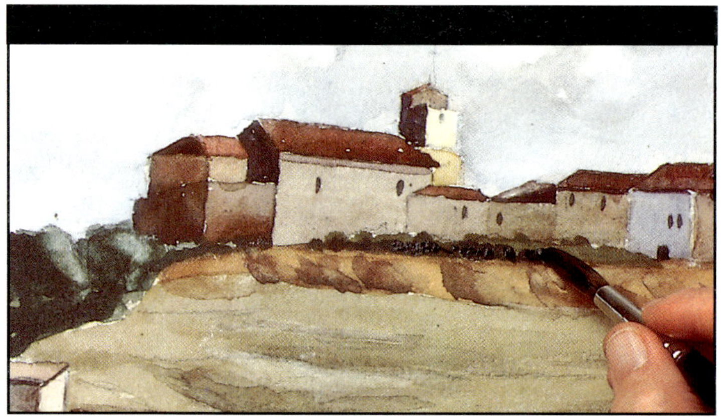

297

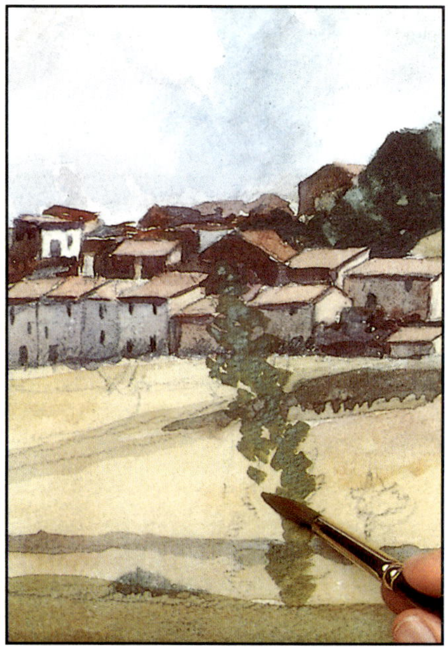

298

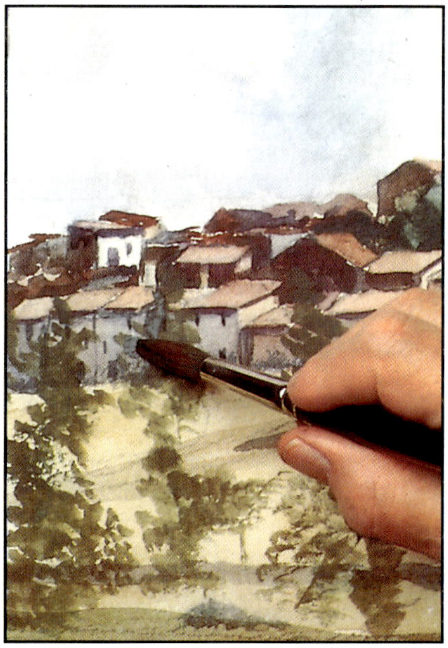

299

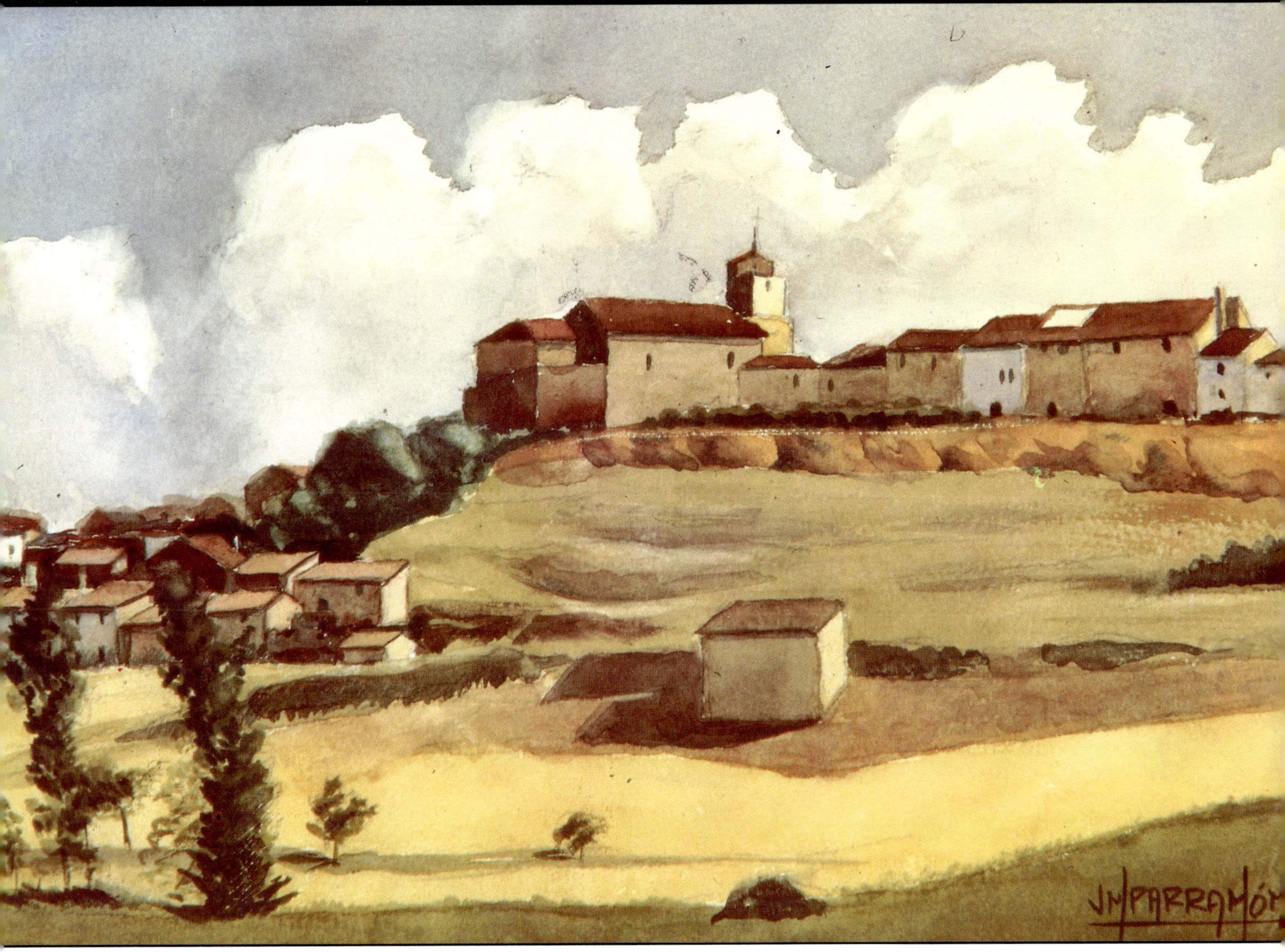

Abb. 299: Das fertige Aquarell. Drei Faktoren bilden die Grundlage für seine Qualität: Erstens das Thema mit seinen Formen und Farben, die von der Natur zu einem harmonischen Ganzen geordnet werden und eine ideale Komposition zum Malen ergeben. Zweitens die Farben, die zum Malen in einer Skala aus warmen gebrochenen Farben einladen und vom Graublau des Himmels bis zu den Häusern und dem Boden in Ocker und schmutzigem, gebrochenem Gelb reichen. Und drittens die Kontraste, angefangen von den Wolken und Dächern bis zu dem Spiel von Licht und Schatten innerhalb der Häuser, die von der Interpretation maximal betont werden.

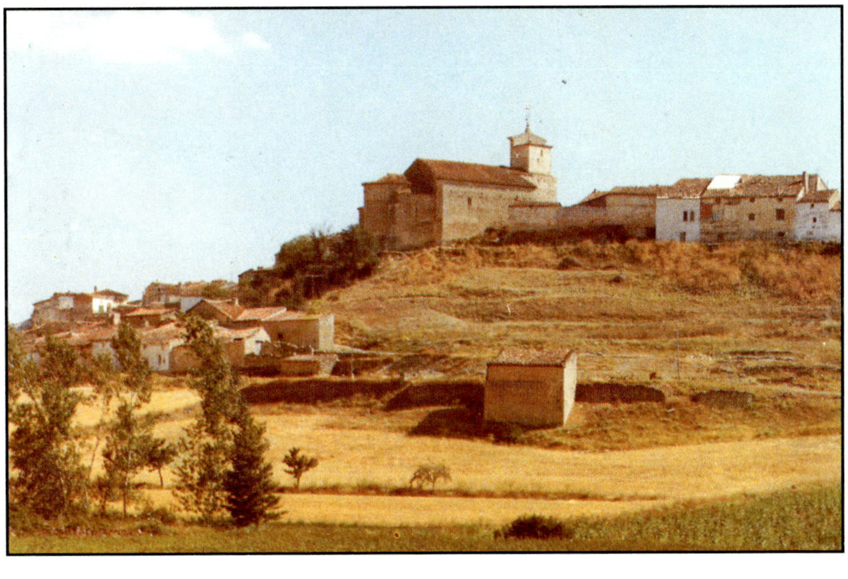

Danksagungen

Der Autor möchte folgenden Unternehmen, Firmen und Personen für ihre Mitarbeit an diesem Buch danken:
Agrupación de Acuarelistas de Cataluña für die freundliche Genehmigung zum Abdruck zahlreicher Aquarelle aus dem Besitz der Vereinigung, insbesondere ihrem Präsidenten José Martínez Lozano für die Anfertigung des Aquarells mit einer Stadtlandschaft, das auf den Seiten 87 bis 90 abgebildet ist.
José Gaspar Romero für seine Mitarbeit und die Redaktion der Texte sowie die freundliche Genehmigung zum Abdruck mehrerer Aquarelle und die Anfertigung des Seestücks von Seite 82 bis 86.
Gabriel Martín für seine Mitarbeit und die Redaktion der Texte.
Jordi Segú für seine uneigennützige Mitarbeit und die Anfertigung des Aquarells mit dem Anemonenstrauß von Seite 78 bis 80.
Paco Vila Masip und Manel Úbeda von der Firma Novasis für ihre Fotos und ihre Hilfe bei der Fotokomposition und der fotomechanischen Herstellung des Buches.
Und wie immer Vicenç Piera von der Firma Piera für seine Beratung bei der Auswahl des Materials und des Zubehörs zum Malen mit Aquarellfarben.

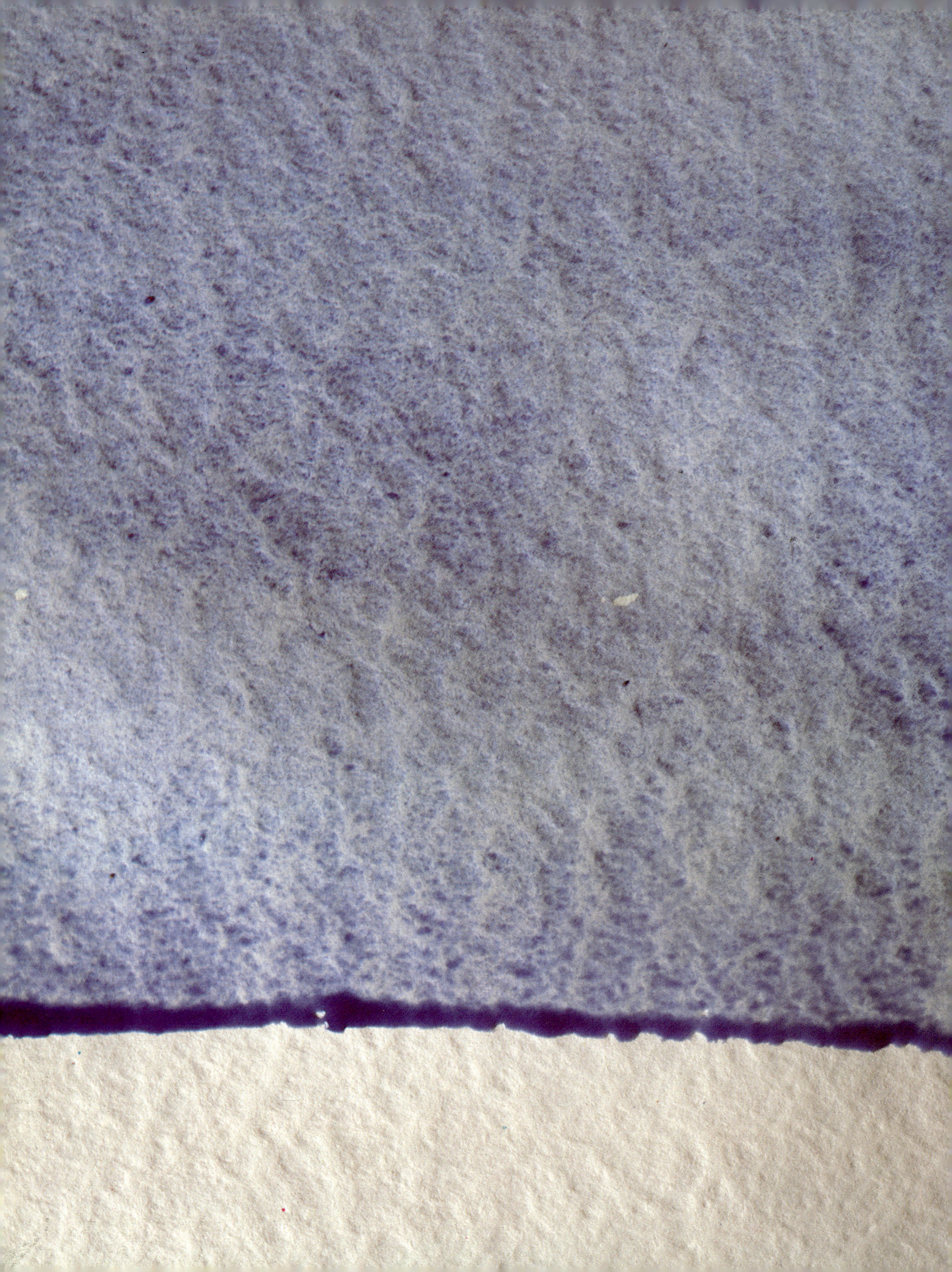